八仙山国家级自然保护区

森林生态系统研究

（二）

石福臣　邱振鲁　唐丽丽　刘国泉　赵铁建　著

南開大學出版社
天　津

图书在版编目(CIP)数据

八仙山国家级自然保护区森林生态系统研究. 二 / 石福臣等著. 一天津:南开大学出版社，2021.12
ISBN 978-7-310-06166-2

Ⅰ. ①八… Ⅱ. ①石… Ⅲ. ①自然保护区－森林生态系统－研究－天津 Ⅳ. ①S718.55

中国版本图书馆 CIP 数据核字(2021)第 236410 号

八仙山国家级自然保护区森林生态系统研究(二)
BAXIANSHAN GUOJIAJIZIRANBAOHUQU SENLINSHENGTAIXITONG YANJIU(ER)

南开大学出版社出版发行
出版人:陈　敬
地址:天津市南开区卫津路 94 号　　邮政编码:300071
营销部电话:(022)23508339　营销部传真:(022)23508542
https://nkup.nankai.edu.cn

河北文曲印刷有限公司印刷　全国各地新华书店经销
2021 年 12 月第 1 版　　2021 年 12 月第 1 次印刷
230×170 毫米　16 开本　16 印张　4 插页　290 千字
定价:88.00 元

如遇图书印装质量问题，请与本社营销部联系调换，电话:(022)23508339

《八仙山国家级自然保护区森林生态系统研究》

（二）

编 委 会

前　言

八仙山国家级自然保护区，位于天津市蓟州区东北部燕山山脉东麓南翼，地理坐标为北纬 40°10′47″～40°13′56″，东经 117°31′55″～117°33′53″。保护区总面积 1049 hm^2，其中核心区 550 hm^2，占比 52.4%；缓冲区 300 hm^2，占比 28.6%；实验区面积 199 hm^2，占比 19.0%。保护区属暖温带季风性大陆气候，年均温 9～10℃。7 月份平均气温 23.4℃，极端最高气温 34.5℃；1 月份平均气温-7.2℃，极端最低气温-21℃。年积温 3800～3900℃，全年太阳辐射总量 501.6 kJ（$cm^2·a$），年平均降雨量 968.5 mm。

保护区的森林经历了原始林、清代末期的人为掠夺式砍伐、建国后的营造人工油松林以及封山育林、自然恢复等森林发育过程，形成了当前以北暖温带典型落叶阔叶林为主的原始次生森林生态系统。保护区内植物群落类型多样、种类丰富，特别是栓皮栎、蒙古栎、辽东栎、槲栎、槲树、核桃楸、紫椴、糠椴、蒙椴、白蜡、臭檀等种群数量大且集中分布，形成了物种多样性丰富并极具华北植物区系和东北植物区系混合过渡特征的群落景观格局。

2017 年出版的《八仙山国家级自然保护区森林生态系统研究（一）》（东北林业大学出版社），以保护区内固定监测样地为基础，针对保护区内的植被分类、典型森林群落组成、结构及物种多样性进行了阐述，尤其对保护区内集中分布的国家重点保护野生植物（黄檗、紫椴、核桃楸）的资源储量及种群年龄结构进行了详实的调查与报道，并对不同生境下的典型森林群落碳储量、土壤理化性质和土壤微生物等特征进行了分析。《八仙山国家级自然保护区森林生态系统研究（二）》的主要内容包括：

1. 自然保护区森林生态系统动态监测篇：该篇在 2020 年暑期对三块 1 hm^2 固定样地进行复查的基础上，统计并描述了不同立地条件下保护区森林群落的组成、优势种特征、乔木层的更新、死亡、径级结构、空间结构、竞争关系、生物量及碳储量等现状，并将这些现状指标与 2014 年初次调查时进行比较，综合评价森林发育过程中的动态变化特征及影响因素。

2. 自然保护区森林群落物种分布与共存篇：该篇以保护区落叶阔叶林中优

势木本植物为对象，基于最大熵模型（MaxEnt）、广义线性混合模型（GLMM）、联合物种分布模型（JSDM）、谱系发育、空间种间关联等方法，预测了全球气候变化背景下林中濒危植物适生区的分布，研究了优势木本植物对地形的响应，并从植物生态策略角度分析了该响应的机理，解析了群落中物种间的共存模式，探讨了群落物种的共存机制，以期揭示落叶阔叶林群落物种分布与共存过程及其影响因素，为保护区科学管理提供依据。

3. 自然保护区特色植物资源篇：该篇对保护区中特色比较明显的野生山樱花，从种群生态学、群落生态学以及繁殖生物学角度进行细致的研究。

本书是对八仙山国家级自然保护区森林生态系统持续监测成果的阶段性总结，一方面为保护区的森林生态系统结构和功能动态变化研究提供基础资料，同时也为森林生态系统生物多样性保护和自然保护区科学管理提供参考。

本书数据获得过程中，得到中央林业改革发展资金和天津市科技计划项目种业科技重大专项资助，并得到天津八仙山国家级自然保护区的鼎力支持，在此表示衷心感谢！

限于我们的业务水平和编写经验，错误和遗漏之处在所难免，恳请广大读者批评指正。

石福臣

2021年6月

目　录

第一篇　自然保护区森林生态系统动态监测

第二篇 自然保护区森林群落物种分布与共存

第三篇　自然保护区特色植物资源

第一篇

自然保护区森林生态系统动态监测

第 1 章　森林群落组成

植物种群结构动态和其生态适应策略一直都是植物种群研究领域的核心问题。种群结构是森林生态系统的重要指示特征之一，植物种群结构动态通常包括数量结构动态、空间结构动态和年龄结构动态。种群密度是种群最基本的数量特征，指单位面积或者体积重的个体数。林业工作中，尤其是森林经营工作中，涉及森林抚育间伐的政策决定，都需要对目标种进行种群密度的调查分析。自然条件下，植物的种群密度会受到更新能力、死亡率以及所处区域生态环境的调控和影响，进而呈现一定的起伏变化（苗艳明，2008）。胡玉佳等（1988）研究了青梅（*Vatica chinensis*）的种群数量动态，依据平均数量和平均密度的关系，提出了种群增长的矩阵模型。此外还可以根据密度与个体数量级分布的关系来建模，吴国伟等（1988）通过测定棉花的净光合产物及其各器官间的分配构建出生长发育模拟模型。种群空间结构包括水平结构和垂直结构，水平结构主要由种群径级结构、年龄结构及冠幅结构来反映，垂直结构主要指种群的高度结构（卢杰等，2013）。植物种群空间结构可以反映立地环境对不同种群的影响以及群落中的种群配置，对研究确定种群特征、种群间相互关系以及种群和环境间的关系具有非常重要的作用（任珩，2012）。种群空间格局的研究开始于 20 世纪 20 年代，Stowe 和 Wade 在 1979 年提出小尺度空间结构的概念，Rees（1996）等的研究表明，小尺度种间分离将会削弱种间竞争，Mack 和 Harper（1977）、Molofsky（1999）和杨艳锋（2008）等众多学者从不同立地环境和其特定种群的研究中均发现种群的分布格局受种内竞争和种间关系的影响，且气候和光照等环境因子也对种群结构具有直接作用（黄良美等，2008）。年龄结构也是种群的重要特征之一，静态生命表和存活曲线是研究种群年龄结构的主要工具，并可依据其进一步阐明种群生存规律。1988 年 Roos 利用数值积分法建立了具有年龄结构的种群模型（Roos，2010）。Sulsky（1994）完善了带有生长与死亡率结构的种群模型，并对比了 Euler 法、隐式法和特征线法等数值法。Angulo 等（2004）首次将二阶特征法应用于具有年龄结构的种群模型。Yousefi 等（2012）对非线性年龄结构进行研究，并提出具有可操作性的数值模型。气候变化和遗传效应的影响会造成种群迁移现象，Li 等（2017）构建了反应扩散种群模型来研究不同地区的种群结构，并证明其非线性稳定型。森林系统中的种群分布格局也会受到随机因素的影响，Maruyama（1955）通过研究连续马尔可夫过程来建立随机方程，以及 Rumelin（1982）定义的随机微分方程，随着随机因素的引入，种群模型结果可更完善地反映种群年龄结构特征。

本章以 2020 年 7～8 月对八仙山国家级自然保护区的阴坡、山脊和阳坡三种典型生境的各 1 hm^2（100 m×100 m）永久监测样地的每木检尺复查数据（乔木层 DBH≥3 cm 的每木名称、胸径、高度、更新、死亡）为依据，总结归纳不同立地条件下森林群落的物种组成、优势种特征、种群径级结构特征，并与 2014 年样地建立时的每木检尺数据进行比较，对各样地乔木层总体以及主要树种种群的更新、死亡和径级结构变化进行分析，以期探讨不同立地条件物种种类及径级结构下乔木层更新、生长和死亡的状况。

【研究方法】

样地复查方法

2014 年于八仙山国家级自然保护区的阴坡（A）、山脊（B）和阳坡（C）建立了三个永久监测样地，并对样地内胸径（DBH）≥3 cm 的树木进行了每木检尺，记录种名、测量胸径、树高，评价生长状况等指标；2020 年 7、8 月，对三个样地树种进行了每木检尺复查，被纳入记录的标准以及记录指标同初查，无原树号的个体即为“新增个体”。

数据分析

计算乔木层树种重要值，并以其作为下文主要物种和其他物种的划分依据，计算方法如下：

$$乔木层树种重要值=\frac{相对频度+相对多度+相对胸高断面积}{3}$$

主要树种的选择以重要值、多度为主要依据，并做到每个生境均有优势种和林下种被选入分析。

计算各样地的种群更新率。将 2020 年复查数据与 2014 年初查数据进行每木一一对应，增加新记录的 DBH≥3 cm 的乔木，计算样地各样地乔木层整体及主要树种的种群更新率（公式 1）、死亡率（公式 2）。更新率和死亡率计算方法如下：

$$更新率=\frac{复查时新增记录DBH\geqslant 3\ cm个体数}{初次调查时记录DBH\geqslant 3\ cm个体数} \tag{1}$$

$$死亡率=\frac{复查时记录到的死亡个体数}{初次调查时记录到的个体总数} \quad (2)$$

更新率和死亡率的计算使用 Excel 2016 软件进行。

分析群落的径级结构。径级结构变化分析以 2 cm 作为径阶，绘制各样地乔木层主要树种初查与复查时各径级个体数目分布柱状图，分析及作图使用 R 语言基本程序包完成。

1.1　物种组成

1.1.1　不同立地条件下物种组成现状与动态

A 样地共记录到物种 33 种，分属于 24 属 18 科，其中 17 属为单种属，占比 70.8%，椴树属（*Tilia*）和丁香属（*Syringa*）属内各有三个物种，梣属（*Fraxinus*）、槭属（*Acer*）、桦木属（*Betula*）、栎属（*Quercus*）、朴属（*Celtis*）属内各有两个物种。B 样地共记录到物种 34 种，分属于 22 属 14 科，其中 13 属为单种属，占比 59.1%，椴树属内有四个物种，榆属（*Ulmus*）内有三个物种，梣属、鹅耳枥属（*Carpinus*）、桦木属、栎属、朴属、桑属（*Morus*）、槭属和丁香属属内各有两个物种。C 样地共记录到物种 39 种，隶属于 28 属 19 科，其中 19 属为单种属，占比 67.9%，栎属有四个物种，槭属有三个物种，丁香属、鹅耳枥属、梨属（*pyrun*）、朴属、槭属、桑属、榆属各有两个物种。

与 2014 年初次调查时相比，各立地条件下均记录到少量新物种出现，其中个别立地条件出现了因死亡而丧失物种的现象。如 A 样地增加了君迁子（*Diospyros lotus*）和南蛇藤（*Celastrus orbiculatus*），这两种植物分别属于柿树科君迁子属（*Diospyros*）和卫矛科南蛇藤属，这也是 A 样地中首次出现的科属；B 样地增加了山楂（*Crataegus. pinnatifida*），也是该生境中新出现的属，但原来所记录的唯一一棵南蛇藤死亡，使该生境下乔木层物种减少 1 科、1 属、1 种；C 样地中新增加了鸡爪槭（*Acer palmatum*）这一物种，未出现新的科属。

1.1.2　不同立地条件下物种多度特征现状与动态

经调查不同立地条件样地中，DBH≥3 cm 的树木个体数存在一定差异。其中，A 样地为 1256 个，多度在前 13 名的物种占到了总体个数的 86.26%；B 样地为 1174 个，多度在前 14 名的物种占到了总体个数的 90.1%，C 样地为 2002

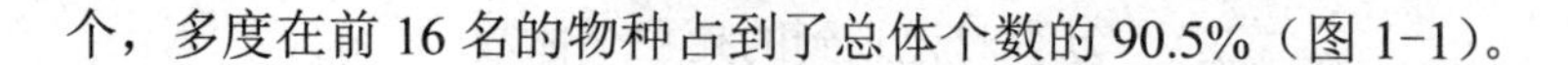

个，多度在前 16 名的物种占到了总体个数的 90.5%（图 1-1）。

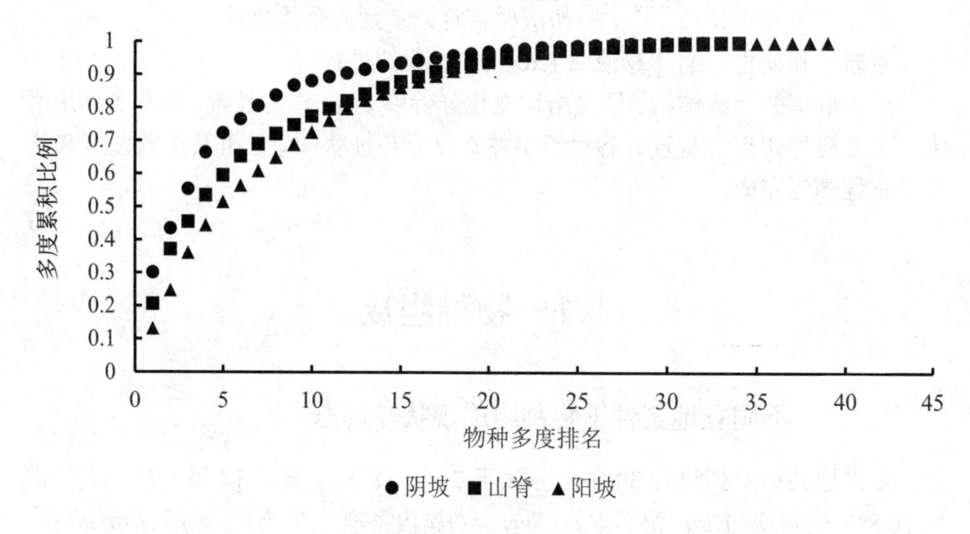

图 1-1　不同立地条件下乔木层树种多度累积分布图

与 2014 年相比，各立地条件样地中，DBH≥3 cm 的树木个体数均有增加，但多度变化特征因立地条件而异。A 样地中，依据 2014 年初次调查数据记录，多度前 13 名物种占总体个数 90.6%，而 2020 年多度前 13 名物种仅占比 86.26%，说明 A 样地中优势较高的物种所占比例有所下降，群落各物种比例有均匀化的趋势。B 样地中，原纪录为多度前 14 名物种占比总体个数的 91%，此处多度前 14 名物种占比 91.3%与之接近。C 样地中，原纪录为多度前 16 名物种占比 90.5%，此处记录到多度前 16 名物种仍占比 90.5%。B 样地和 C 样地中总体上优势物种的优势度未发生明显的改变。

1.2　优势种特征

2020 年，在 A 样地中，胸高断面积大于 5 m^2/hm^2 的树种共 5 种，从大到小依次为蒙古栎、紫椴、油松、白蜡和臭檀，胸高断面积之和占样地总胸高断面积和的 55.37%。在 B 样地中，胸高断面积大于 5 m^2/hm^2 的树种共 6 种，从大到小依次为蒙古栎、紫椴、核桃楸、臭檀、槲栎、鹅耳枥，胸高断面积之和占样地总胸高断面积和的 78.19%。在 C 样地中，胸高断面积大于 5 m^2/hm^2 的树种共 8 种，从大到小依次为槲栎、白蜡、蒙古栎、油松、栾树、桑、核桃楸、栓皮栎，胸高断面积之和占样地总胸高断面积和的 62.77%。三个样地中，栎属树种的胸高断面积都较高，尤其是蒙古栎，说明栎属树种在群落中占据优势地位。国家重点保护植物紫椴在 A、B 样地占据优势，核桃楸则在 B、C 样地占据优势地位。

与 2014 年相比，A 样地胸高断面积前五名排序没有变化，但其胸高断面积占比却从 69.46%下降到 55.37%，说明阴坡样地优势种群的优势度在下降；B 样地树种胸高断面积前六名，鹅耳枥与槲栎的面积排序发生了互换，山脊样地胸高断面积占比与 2014 年基本一致；C 样地胸高断面积较高的树种排序发生了较大的变化，其中表现最明显的是核桃楸位次的明显下降和白蜡位次的明显提升，胸高断面积之和占比较 2014 年明显上升，从 47.20%上升到 62.77%，说明阳坡样地优势种群的优势度不断提高。

1.3　乔木树种径级结构特征

1.3.1　不同立地条件下乔木层整体径级结构

A 样地：2020 年，A 样地乔木层径级结构呈现增长型，胸径在 8 cm 左右的个体数目占比最高。与 2014 年相比，整体径级结构分布变化不大。由于原有个体的胸径的增加，胸径的分布范围比 2014 年初次调查时更大。小径级个体比例略有增加，DBH 在 10～40 cm 之间的个体比例有所下降(图 1-2A 和图 1-2B)。

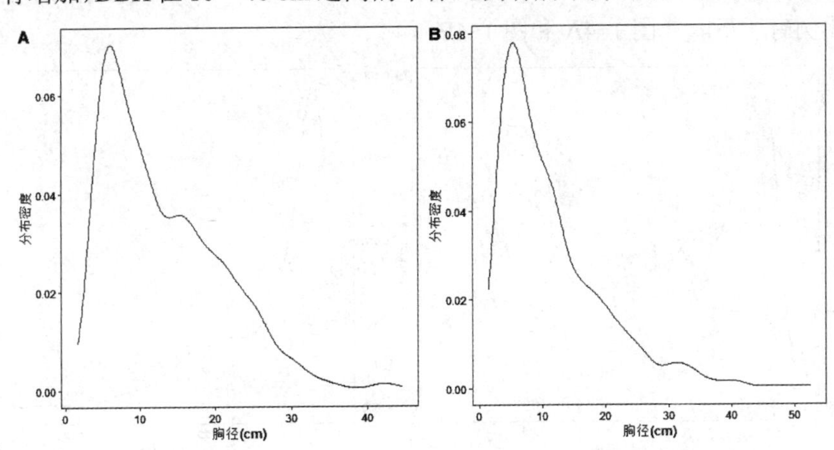

图 1-2　A 样地乔木层整体径级结构分布密度动态（A：2014 年；B：2020 年）

B 样地：2020 年，B 样地乔木层径级结构呈现增长型，胸径在 10 cm 左右的个体占比例最高。与 2014 年相比，乔木层整体结构也未发生明显变化。且由于个体径向增粗与原径级较大个体的死亡之间的平衡，径级分布范围也无明显改变。小径级个体所占比例略有增加，DBH 在 15～30 cm 范围的个体所占比例有所下降（图 1-3A 和图 1-3B）。

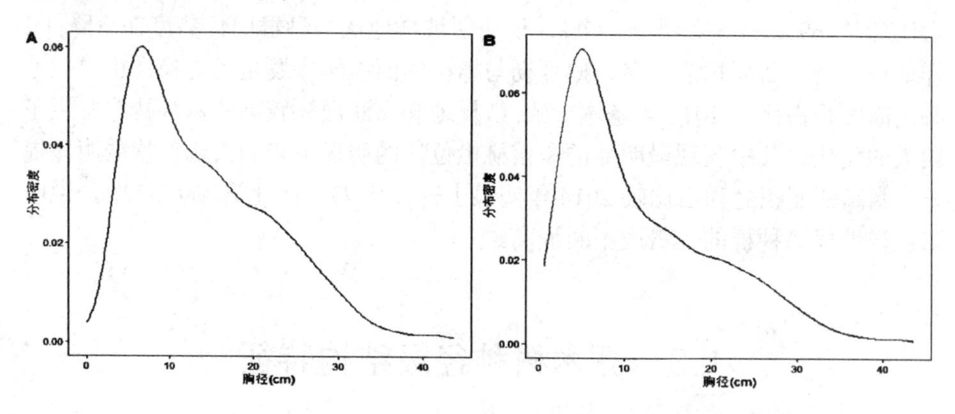

图 1-3　B 样地乔木层整体径级结构分布密度动态（A：2014 年；B：2020 年）

C 样地：2020 年，C 样地乔木层径级结构呈现增长型，胸径在 6 cm 左右的个体占比例最高。与 2014 年相比，乔木层整体径级结构变化明显，小径级个体所占比例明显增加，这与其更新率高的结果一致，也导致了分布密度最高的径级比 2014 年有明显下降。由于较大径级个体的死亡与径向生长之间的平衡，群落径级分布范围与初查时相比基本一致。DBH 在 15～30 cm 范围内的个体所占比例有所下降（图 1-4A 和图 1-4B）。

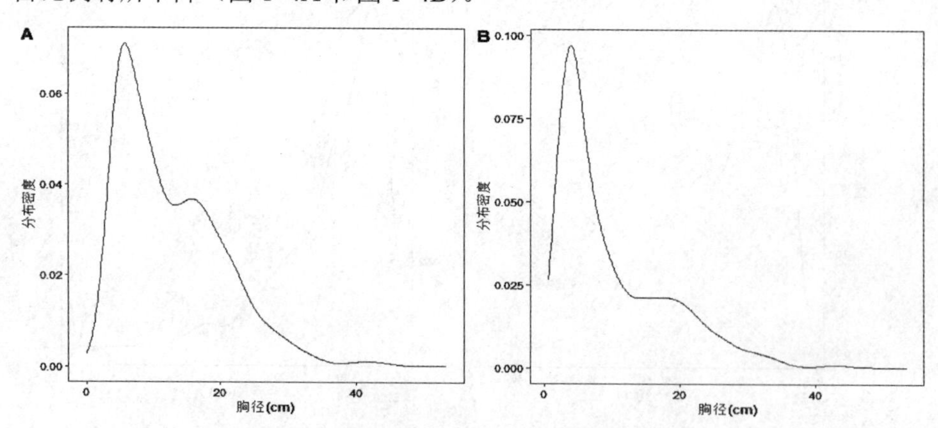

图 1-4　C 样地乔木层整体径级结构分布密度动态（A：2014 年；B：2020 年）

1.3.2　不同立地条件下主要树种径级结构

（1）A 样地

白蜡：2020 年，种群结构呈现增长型，DBH 在 4～6 cm 范围的个体数量最多，为 85 棵，大径级个体数目相对较少，20 cm 以上的个体总共 4 棵，且出现了径级断层现象，20～26 cm 径级以及 28～30 cm 径级无个体分布。与 2014 年相比，种群经过生长、死亡与更新过程，整个种群的径级结构未发生改变，但小径级树木（DBH：2～4 cm）个体数目（从 27 棵增加到 71 棵）与所占比例均增加，说明在森林发育过程中，白蜡种群更新情况良好。大径级个体数目一直较少，说明白蜡生长到一定胸径和高度，在与群落优势种的资源竞争中处于劣势，抑制了其生长。另外，繁殖能力强的中、大径级树木的个体数目和比例也有所增加，为白蜡种群进一步的更新和种群扩大提供了后代繁衍能力的保证（图 1-5）。

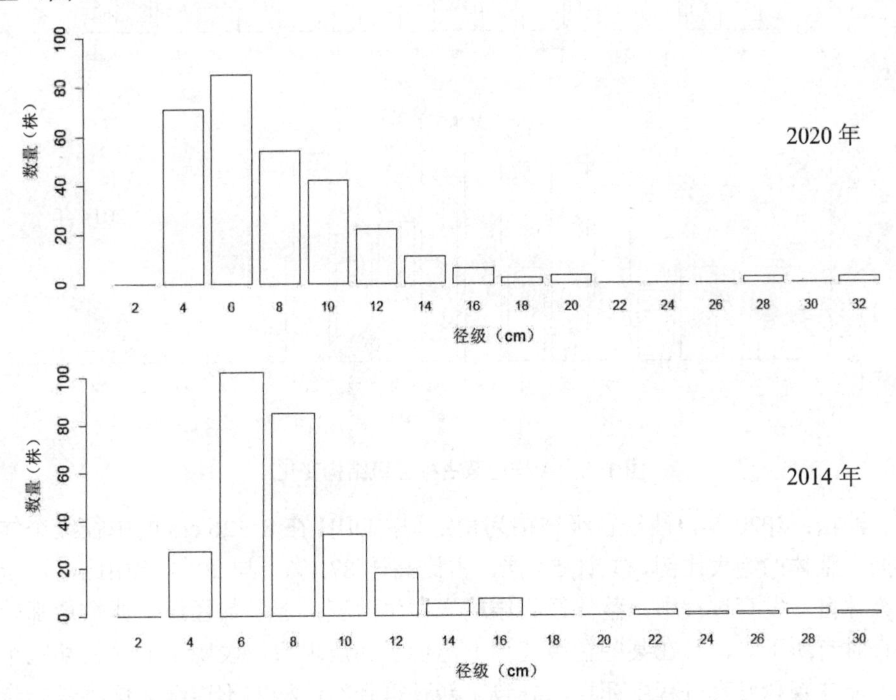

图 1-5　A 样地白蜡径级结构

蒙古栎：2020 年，种群径级结构呈稳定型，DBH 在 16～20 cm 的个体占比例最高，共计 26 株，小径级和大径级个体占比少，种群数量分布呈现随 DBH

增加的单峰状态。与 2014 年相比，种群结构未发生改变，个体的胸径都在缓慢增长，大径级个体数目略有增加，但中小径级数目都在下降，DBH≤8 cm 的个体数由 16 棵下降到 12 棵，说明蒙古栎种群更新及幼苗生长状态不佳。这一现象很可能是因为蒙古栎为群落优势种，喜光，林下荫蔽的环境不适宜其生长。预测在将来的森林发育过程中，蒙古栎还将继续保持群落径级结构的稳定。随着森林郁闭度的增加、林隙的减少，蒙古栎的更新将受到抑制，而大径级树木的死亡将创造新的林隙，为蒙古栎幼苗的生长提供条件（图 1-6）。

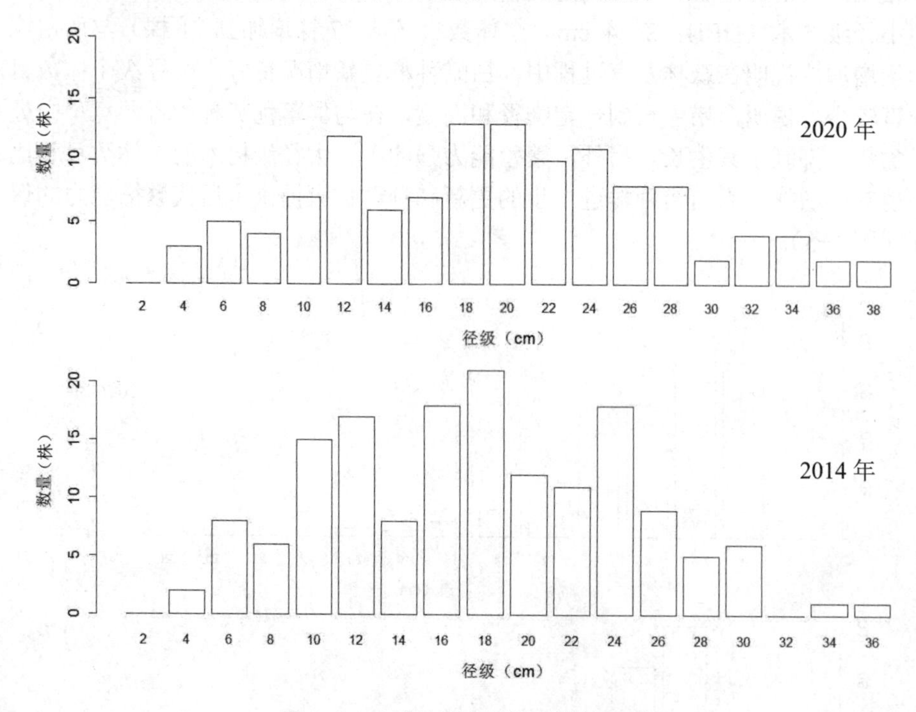

图 1-6　A 样地蒙古栎径级结构变化

油松：2020 年，油松径级结构为稳定型，DBH 在 8～26 cm 的中径级个体占据了整体的绝大比例，共计 54 棵，占比高达 87.1%。与 2014 年相比，油松在森林自然发育过程中，整体径级结构未发生改变，但多数径级个体数量都较初查时有所下降，且在某些径级范围上出现了断层现象，表明了油松的某些个体可能在森林发育过程中死亡，导致了新种群径级结构的不连续。这将进一步影响油松种群的繁殖、更新，油松种群可能在森林自然发育过程中被其他阔叶树种取代而逐渐衰退，种群密度也将逐渐下降（图 1-7）。

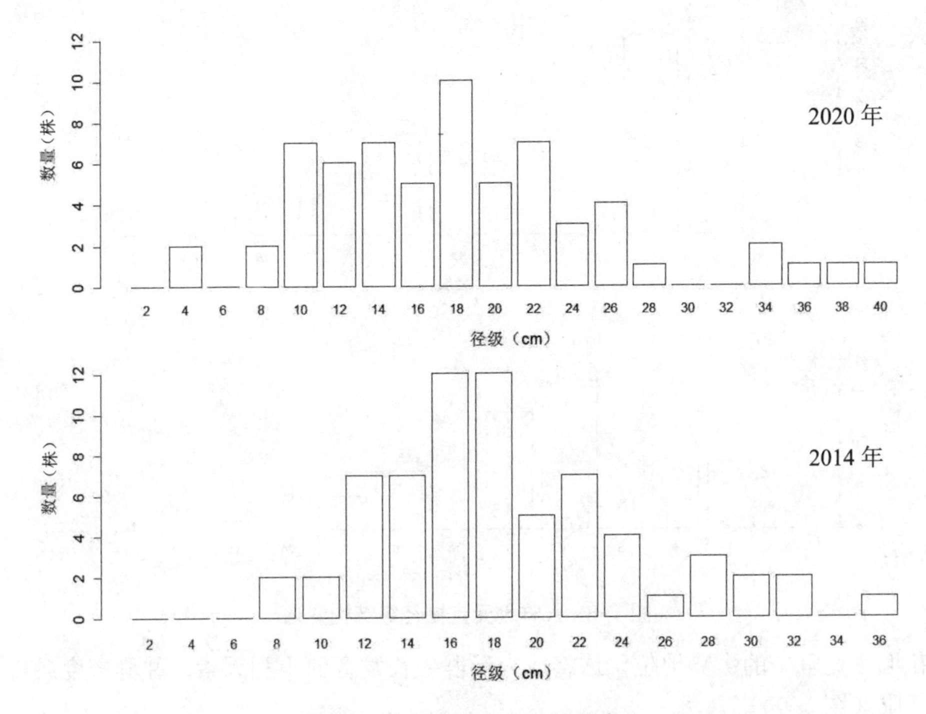

图 1-7　A 样地油松径级结构变化

元宝槭：2020 年，种群结构呈现增长型，种群数量分布随 DBH 的增加而呈下降趋势，DBH 在 2～8 cm 的个体占据了种群总数的绝大比例，共计 68 棵，占比 54.8%。与 2014 年相比，种群结构未发生变化，现存种群小径级、大径级个体数目较初查时多有所增加。这说明元宝槭种群的繁殖、幼苗的生长均呈现良好的趋势，原有的中、大径级树木生长状态也较好，所以形成了更多的大径级个体。但原有中小径级个体，可能在该样地生境下生长较为缓慢，所以导致了现有中径级个体数目及比例的减少，这可能是由于中、小径级的元宝槭个体受到了更多的资源竞争压力（图 1-8）。

中国黄花柳：2020 年，种群结构为增长型，群落中几乎全部中国黄花柳个体均为 DBH 2～12 cm 的小径级树木，共计 70 株，中、大径级个体由于死亡较多，出现了严重的断层，20 cm 以上个体仅记录到 8 株。与 2014 年相比，种群数量有明显的下降，种群结构未发生改变，在将来一段时间的森林发育过程中，中国黄花柳种群将继续保持增长型，但死亡率较高导致了各径级个体数目均有所下降，由于中、大径级树木存在的“断层”，种群幼苗的产生会减少，整个种群将可能逐步过渡到稳定型并最终走向衰退。较高的死亡率或许说明了中国黄

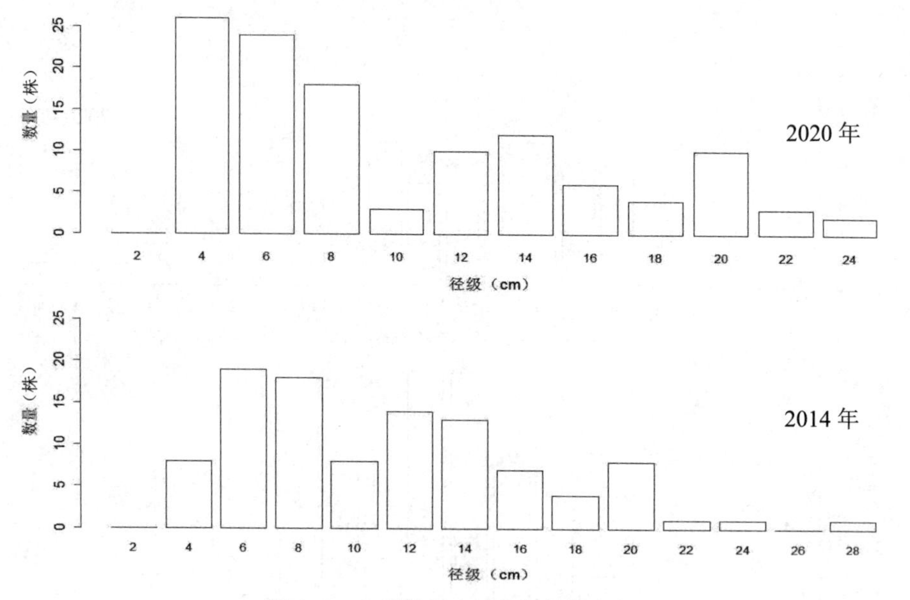

图 1-8 A 样地元宝槭径级结构变化

花柳在竞争中的劣势地位，这将成为种群生长发育的不利因素，种群密度或将下降（图 1-9）。

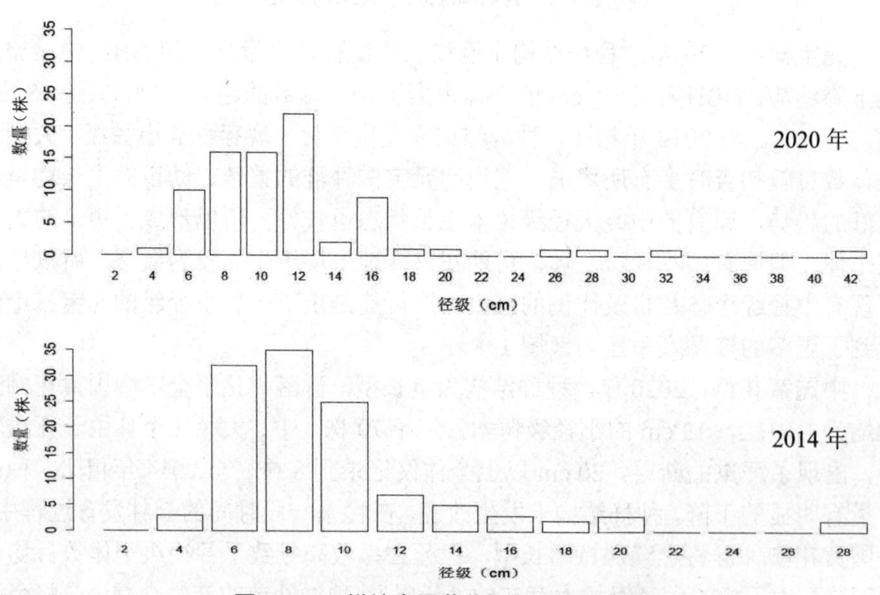

图 1-9 A 样地中国黄花柳径级结构变化

紫椴：2020 年，紫椴种群结构呈现“增长-稳定”型过渡阶段特征，中、小径级个体占比例高，6～16 cm 径级个体数为 55 棵，占比为 55%，小径级和大径级个体比例均较少。与 2014 年相比，种群结构由初查时前的增长型，发育到现在的“增长-稳定”型过渡阶段，即中小径级个体数目依旧保持较高的比例，中间径级个体数目和比例有所增加，整个种群的密度在群落中有明显的增加。预测群落将进一步向“稳定型”过渡，个体密度将进一步增加（图 1-10）。

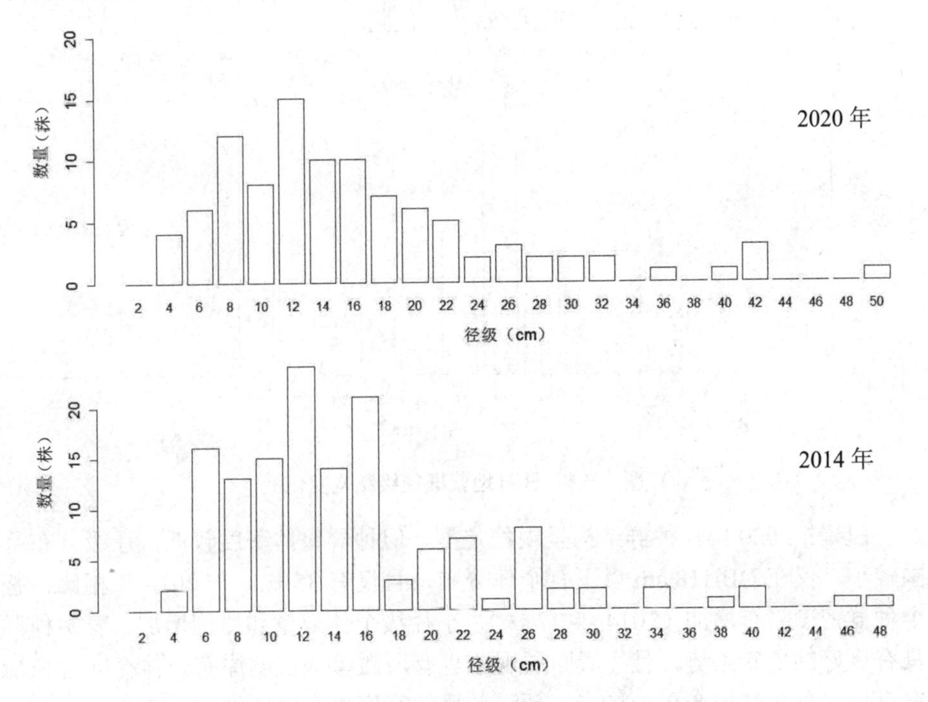

图 1-10　A 样地紫椴径级结构变化

（2）B 样地

紫椴：2020 年种群结构呈现“增长-稳定”型过渡特点，中、小径级个体占比高，2～16 cm 径级个体共计 35 棵，占比 45.5%。中、大径级在分布上出现了断层现象。与 2014 年相比，种群在森林的生长发育和更新过程中，密度增加，小径级、中小径级个体的数量和比例都有增加，种群结构呈现由稳定型向“增长-稳定型”过渡的趋势。且由于整个种群中个体的径向生长，种群的径级范围有明显增加，由最大径级 36～38 cm 扩大到 42～44 cm。中、大径级个体保证了种群的繁衍和竞争上的优势，预测种群密度将进一步增大（图 1-11）。

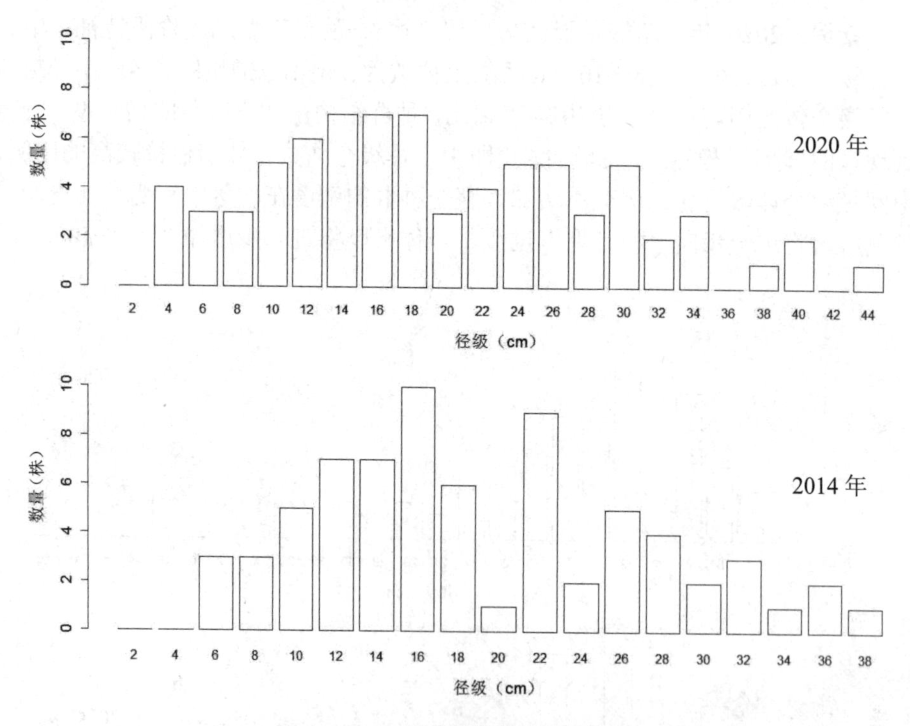

图 1-11　B 样地紫椴径级结构变化

白蜡：2020 年，种群结构呈现稳定型，但种群整体密度较低，径级分布范围较小，仅在 DBH18 cm 以下有个体分布，且仅有 35 株。与 2014 年相比，整个种群密度略有增加（2014 年 27 株），小径级个体数量和比例增加，表明种群具有良好的更新态势，且径级断层现象也有所改善，说明原有个体径向生长情况良好。种群结构会更加稳定，预测种群的密度也会继续增加（图 1-12）。

臭檀：2020 年，种群结构为“增长-稳定”过渡型，种群内 DBH4 cm 以下和 28～32 cm 个体数目很少，分别仅为 2 棵和 2 棵。中间各径级范围个体数目相对较多，DBH 在 6～8 cm 的个体占比例最高，共记录到 12 株，占比 15.8%。与 2014 年相比，种群径级结构在五年间的变化并不明显，有更新个体出现，但小径级个体数目略有减少，这可能是由于原有小径级个体在几年间进入了更高的径级。由于大径级个体的死亡，种群径级分布范围有所减少。从当前种群结构看，在不考虑其他环境和种间因素作用的前提下，臭檀种群结构将在一定时间内保持稳定（图 1-13）。

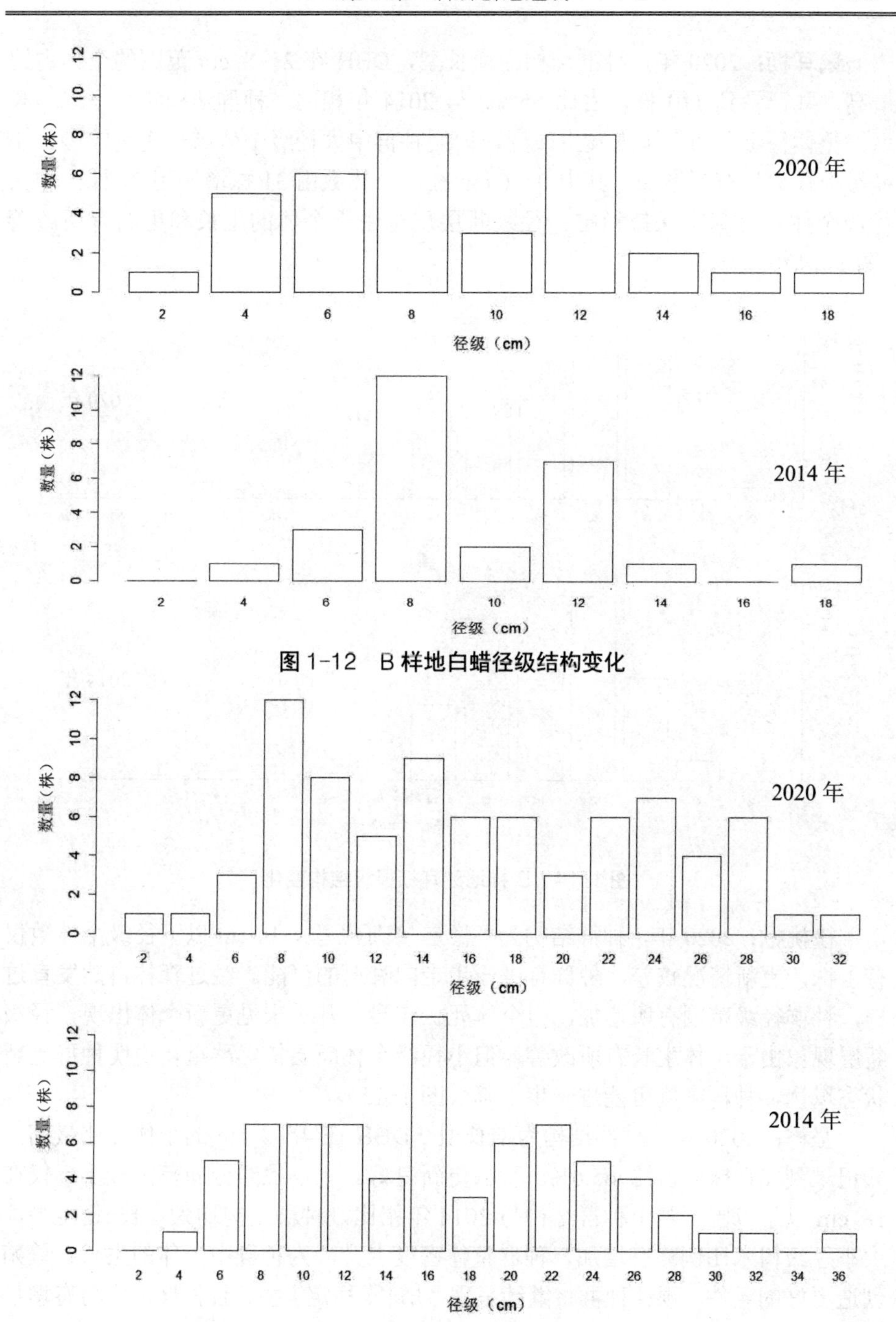

图 1-12　B 样地白蜡径级结构变化

图 1-13　B 样地臭檀径级结构变化

鹅耳枥：2020 年，种群结构为增长型，DBH 在 2～8 cm 范围的个体占比最高，共记录到 110 株，占比 55%。与 2014 年相比，种群结构始终呈现增长型，整体径级分布范围未发生改变，说明种群中大径级个体增长速度较慢。小径级个体数目有所增加，其中 0～6 cm 径级个体数由 31 株增加到 72 株，中大径级个体数目基本保持稳定。径级断层现象由于个体的生长和更新有所改善（图 1-14）。

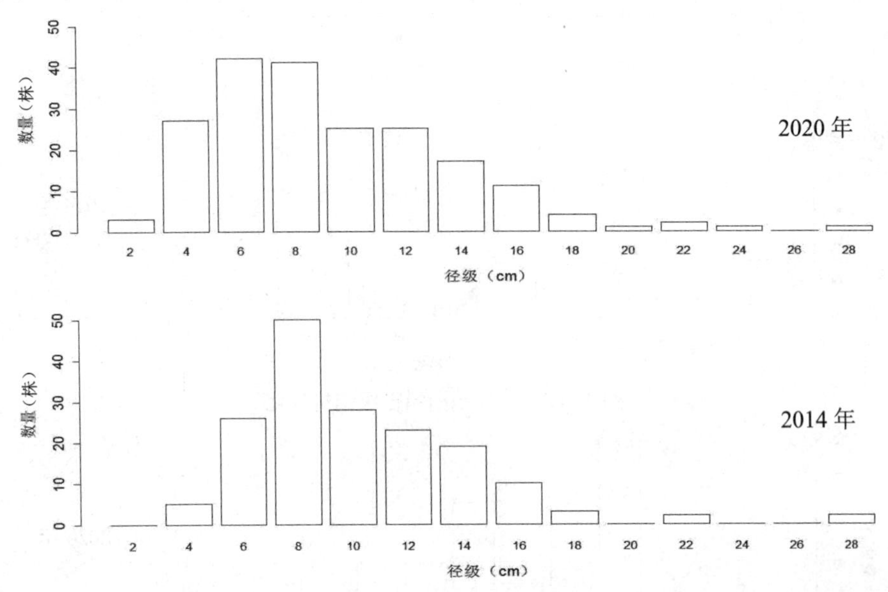

图 1-14　B 样地鹅耳枥径级结构变化

核桃楸：2020 年，种群结构为“稳定-衰退”型，14 cm 以下径级个体数仅有 1 株，更新情况较差，种群有进一步走向衰退的可能。经过森林自然发育过程，种群径级范围有所增加，但个体死亡较多，几乎未见更新个体出现，径级断层现象由于个体生长有所改善，但小径级个体断层依然严重，说明种群更新状态堪忧，种群密度可能进一步下降（图 1-15）。

坚桦：2020 年，种群结构为增长型，DBH 在 4～8 cm 的个体占比最高，共记录到 61 株，占比 65.6%，种群更新良好。种群径级分布范围较小，仅在 18 cm 以下范围。整个种群结构与 2014 年相比，种群结构均为增长-稳定型，中小径级树木比例略有增加，种群整体密度上升，为种群中个体的生长、繁殖创造更好的条件，预计种群将继续呈现“增长-稳定”型，且种群密度将有增加趋势。但由于原有大径级个体的死亡使种群径级分布范围有所减小（图 1-16）。

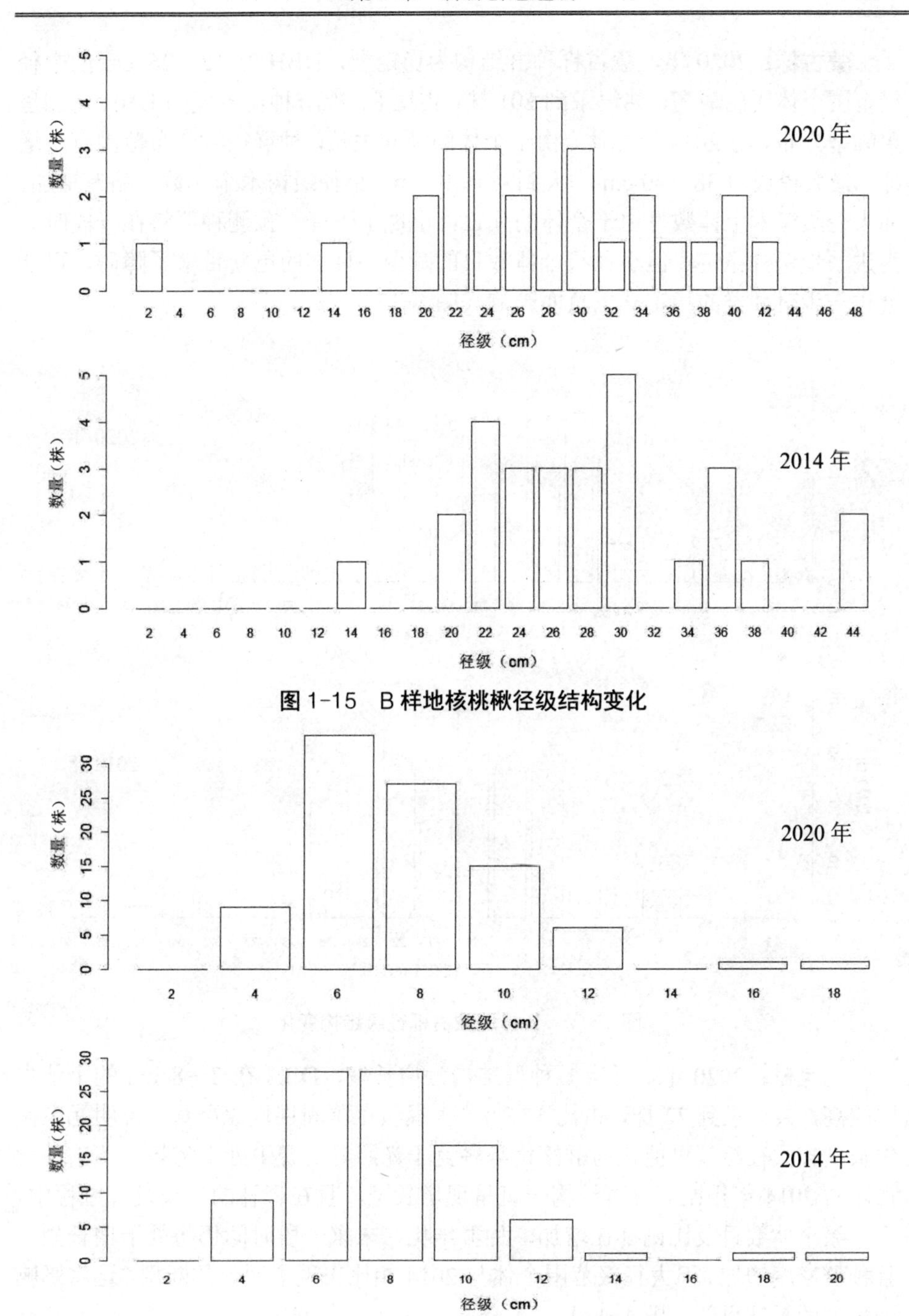

图 1-15　B 样地核桃楸径级结构变化

图 1-16　B 样地坚桦径级结构变化

蒙古栎：2020 年，蒙古栎种群结构为稳定型，DBH 在 12～26 cm 的中径级范围个体比例最高，共记录到 201 株，占比 81.7%。种群多度随 DBH 增加呈单峰型分布。与 2014 年相比，由于个体的径向生长，种群径级分布范围有所增加，最大径级由 38～40 cm 增大到 46～48 cm。小径级树木个体数目略有增加，而大径级树木个体数目由于个体的死亡，出现了下降。预测种群将在一段时间内进一步保持稳定，但小径级个体数目的减少为种群的更新带来了障碍，可能会进一步对种群的稳定产生负面影响（图 1-17）。

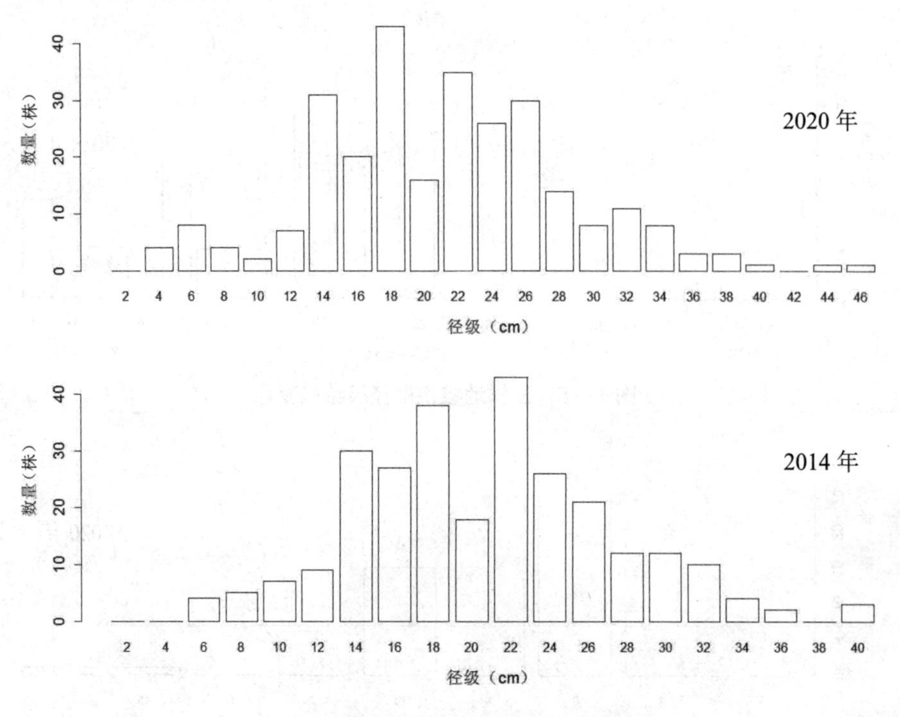

图 1-17　B 样地蒙古栎径级结构变化

元宝槭：2020 年，元宝槭种群结构为增长型，DBH 在 2～8 cm 的个体占比较高，共记录到 72 株，占比 67.3%。大径级范围断层现象严重，说明元宝槭生长到较大径级，可能在与群落优势种竞争光照等资源中处于劣势，多出现死亡。与 2014 年相比，种群结构一直呈现增长型，且在森林的生长发育过程中，小径级个体数目及比例都在增加，种群结构在未来一段时间仍将处于增长型，且种群密度增加。但大径级范围个体与 2014 相比出现了明显的断层，这将影响到种群的长期更新（图 1-18）。

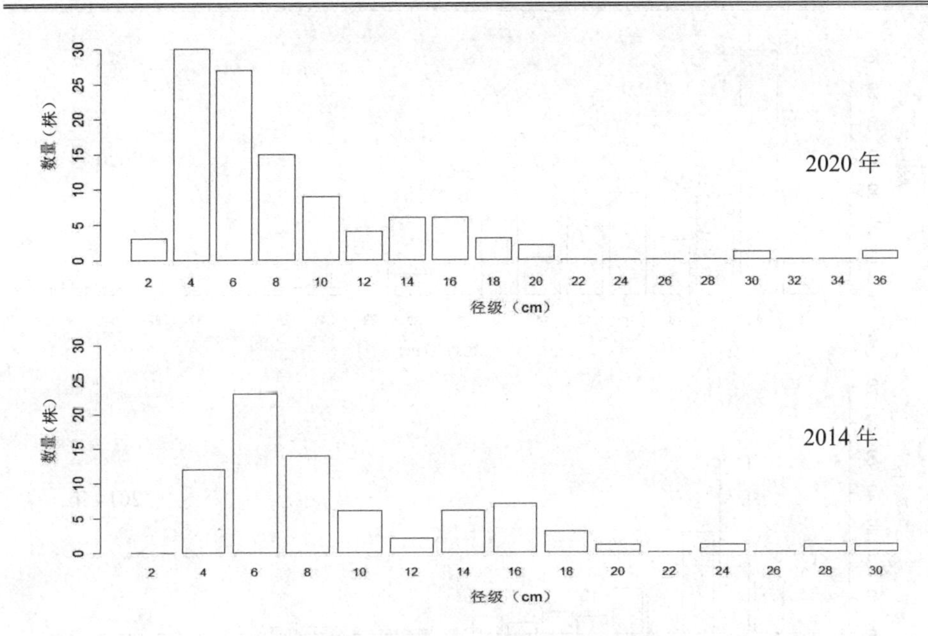

图 1-18 B 样地元宝槭径级结构变化

（3）C 样地

白蜡：2020 年，种群结构为增长型，DBH 在 2～4 cm 的个体占比最高，共记录到 72 株，占比 29.4%，在大径级范围有断层现象。与 2014 年相比，种群结构未发生变化，且中、大径级个体数量也有所增加，为种群的不断繁衍更新提供了保证。种群内很少出现大径级个体，说明白蜡种群的径向生长还有较大的空间。但由于受到群落中优势种造成的竞争压力，白蜡种群的径向生长阻力较大。尤其是现存白蜡种群中已经没有了原先 36 cm 以上径级的个体，说明大径级白蜡个体在种间竞争中处于劣势而被淘汰。随着群落发育，C 样地的白蜡种群结构将在一定时间内继续保持增长型（图 1-19）。

鹅耳枥：2020 年，种群结构为增长型，DBH 在 2～10 cm 的个体占比较高，分布范围为 28 cm 以下，且未出现径级断层现象。与 2014 年相比，径级分布范围和种群密度均有所增加，种群更新状态良好，出现了 2 棵胸径在 0～2 cm 的个体。4～6 cm 径级种群数目下降，由 27 棵下降到 9 棵，可能是有原该径级个体经过径向生长进入了更高级的径级，而更小径级的个体却增长较慢，未能很好地补充这一径级。与 2014 年初次调查时相比，中、小径级个体数目均明显增加，表明更新良好，预计未来一段时间，种群将以更快的速度生长和更新，种群密度将进一步增大（图 1-20）。

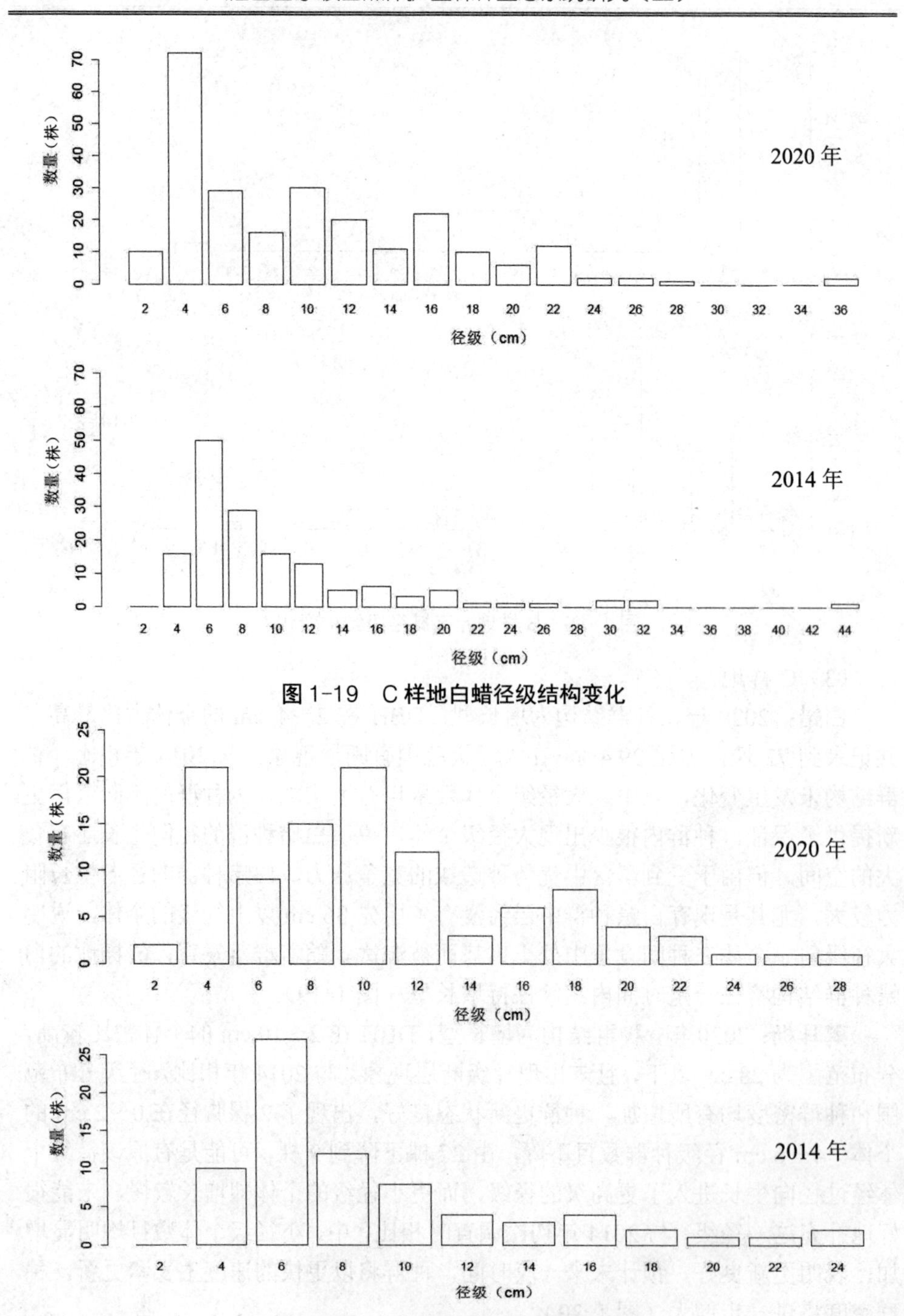

图 1-19 C 样地白蜡径级结构变化

图 1-20 C 样地鹅耳枥径级结构变化

核桃楸：2020 年，种群径级结构为增长型，DBH 在 2～6 cm 的个体占比例最高，共记录到 33 株，占比 47.1%，中、大径级断层现象严重。与 2014 年相比，种群在森林的生长发育过程中，小径级个体数目略有增加，表明核桃楸的种子在 C 样地的萌发、生长与更新能力较 B 样地和阴坡强。整体种群密度有一定程度的下降，且现存种群径级结构范围比初次调查时明显缩小，最大径级由 44～46 cm 缩小到 32～24 cm。主要表现在中、大径级个体死亡较多，种群径级结构出现了明显的断层，虽幼龄树木仍存有一定数量，但种群更新能力将逐渐下降。未来种群密度将进一步下降，受到其他树种对其竞争的影响，核桃楸种群未来可能将逐步走向衰退（图 1-21）。

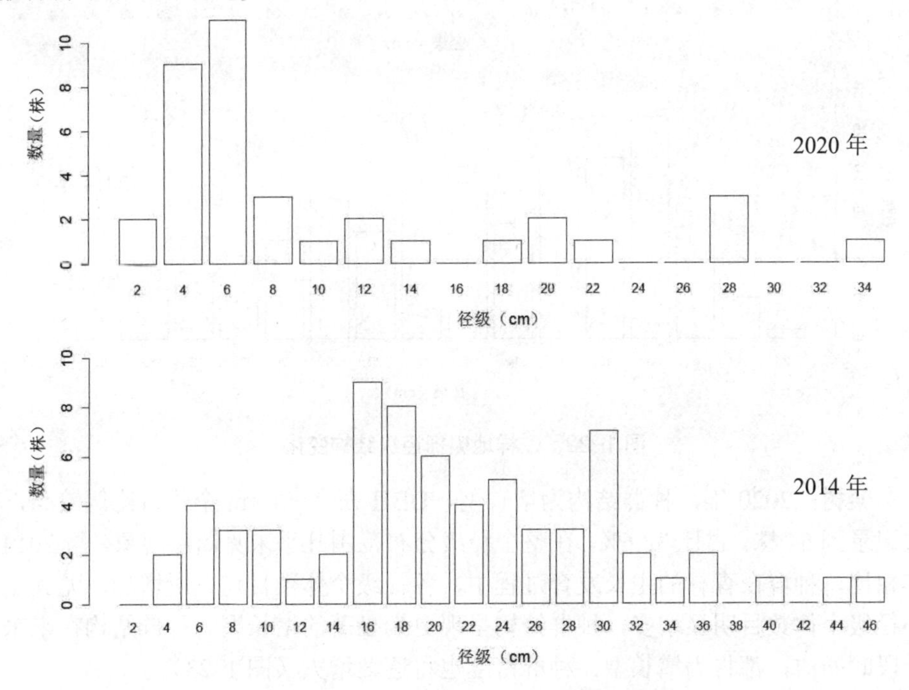

图 1-21　C 样地核桃楸径级结构变化

槲栎：2020 年，种群结构为增长型，DBH 在 0～6 cm 的个体占比较高，共记录 79 株，占比 44.4%，在大径级范围出现了断层现象。与 2014 年相比，种群结构由稳定型向增长型过渡。径级范围有所扩大，说明种群径向生长良好，小径级个体数目增加，0～6 cm 径级个体由 24 株增加到 79 株，表明种群更新良好。径向生长导致了径级范围扩大，但由于某些范围径级个体径向生长速度较快，到达了较大径级范围，而中间的某些径级范围并没有个体可以达到，从而导致了现存种群在 34～40 cm 径级的断层。预测槲栎种群未来的更新、生长均有较好的保证（图 1-22）。

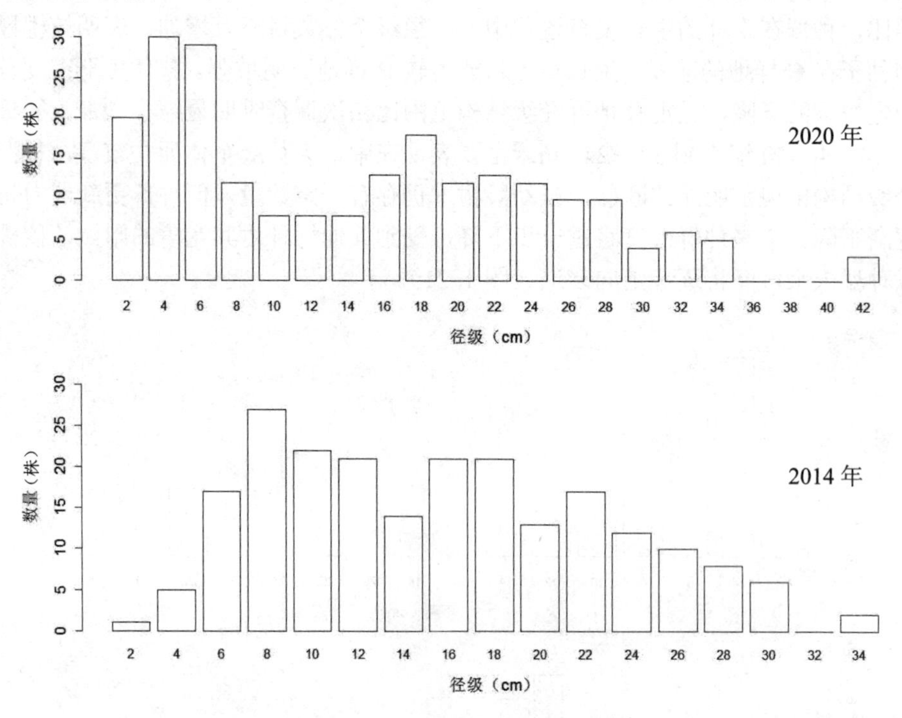

图 1-22　C 样地槲栎径级结构变化

栾树：2020 年，种群结构为增长型，DBH 在 2～6 cm 个体占比例较高，共记录到 54 株，占比 38.6%，在整个径级分布范围几乎未见断层现象。与 2014 年相比，种群在森林的生长发育过程中，各径级个体数目均有所增加，尤其是小径级个体数目明显增多，种群结构呈现更为显著的增长型。种群结构在未来一段时间内，都将为增长型，种群密度也将逐渐增大（图 1-23）。

蒙古栎：2020 年，种群结构为“增长-稳定”型，小径级个体较多，8 cm 以下径级个体 43 株，占比 43.9%，整个种群在所分布的径级范围基本无断层现象。与 2014 年相比，种群个体数目、密度无明显变化，但由于生长和更新，原种群“断层”的径级得到了补充。原有较大径级个体的死亡使现存种群径级分布范围缩小。种群整体径级结构依旧为“增长-稳定”型（图 1-24）。

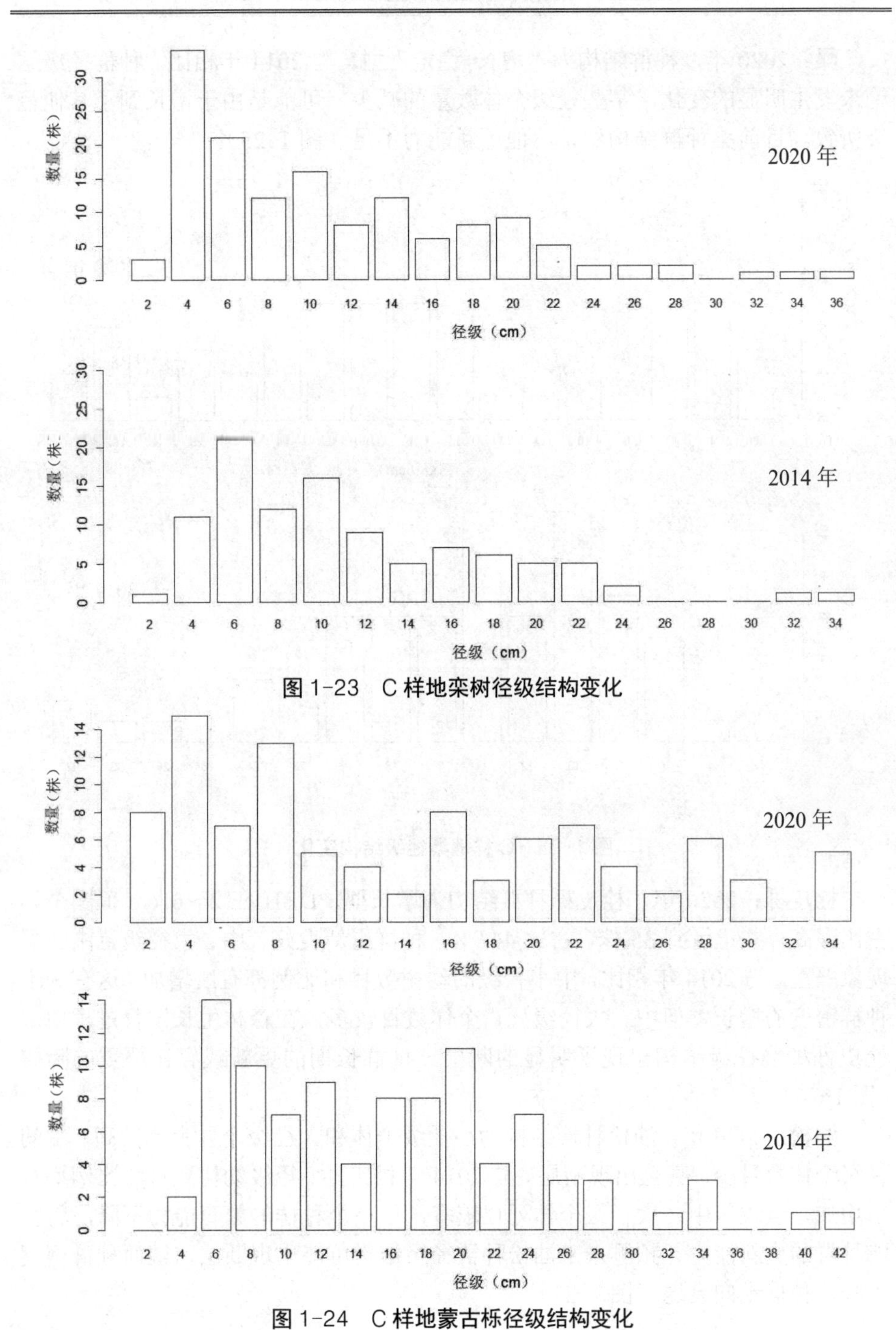

图 1-23　C 样地栾树径级结构变化

图 1-24　C 样地蒙古栎径级结构变化

桑：2020 年，种群结构为“增长-稳定”型。与 2014 年相比，种群径级结构未发生明显的变化，某些径级个体数量的减少，可能是由于增长到了其他径级所致。目前桑种群结构稳定，但更新能力不足（图 1-25）。

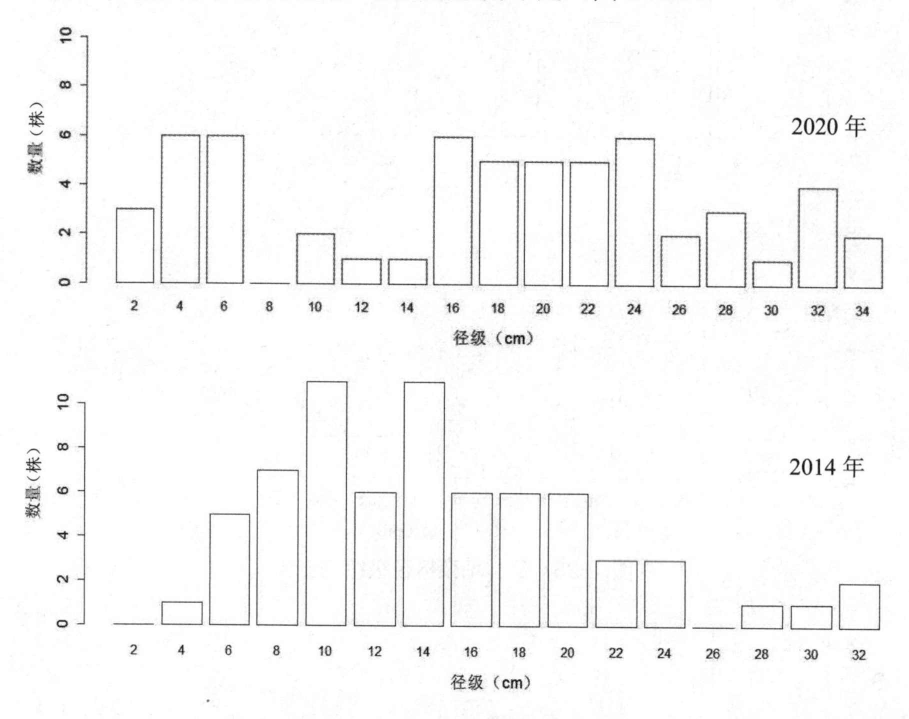

图 1-25 C 样地桑径级结构变化

栓皮栎：2020 年，栓皮栎种群结构为增长型，DBH 在 2～6 cm 范围个体占比最高，共记录到 35 株，占比 44.9%，种群更新良好，中、大径级范围断层现象严重。与 2014 年相比，中小径级的幼树数目和比例都有所增加，这有利于种群密度的增长，但中、大径级死亡个体数目较多，在森林生长发育过程中，栓皮栎种群径级结构出现了明显的断层。种群长期的更新或存在严重的障碍（图 1-26）。

油松：2020 年，油松种群结构为小径级个体和大径级个体占比较高，中间径级个体数目少，甚至出现断层。与 2014 年相比，小径级幼树数目和比例均有所增加，但成年中、大径级个体死亡较多，使整个种群的繁育能力下降，将影响种群的更新能力。预测未来油松种群径级结构可能出现断层，继而种群密度下降，种群走向衰退（图 1-27）。

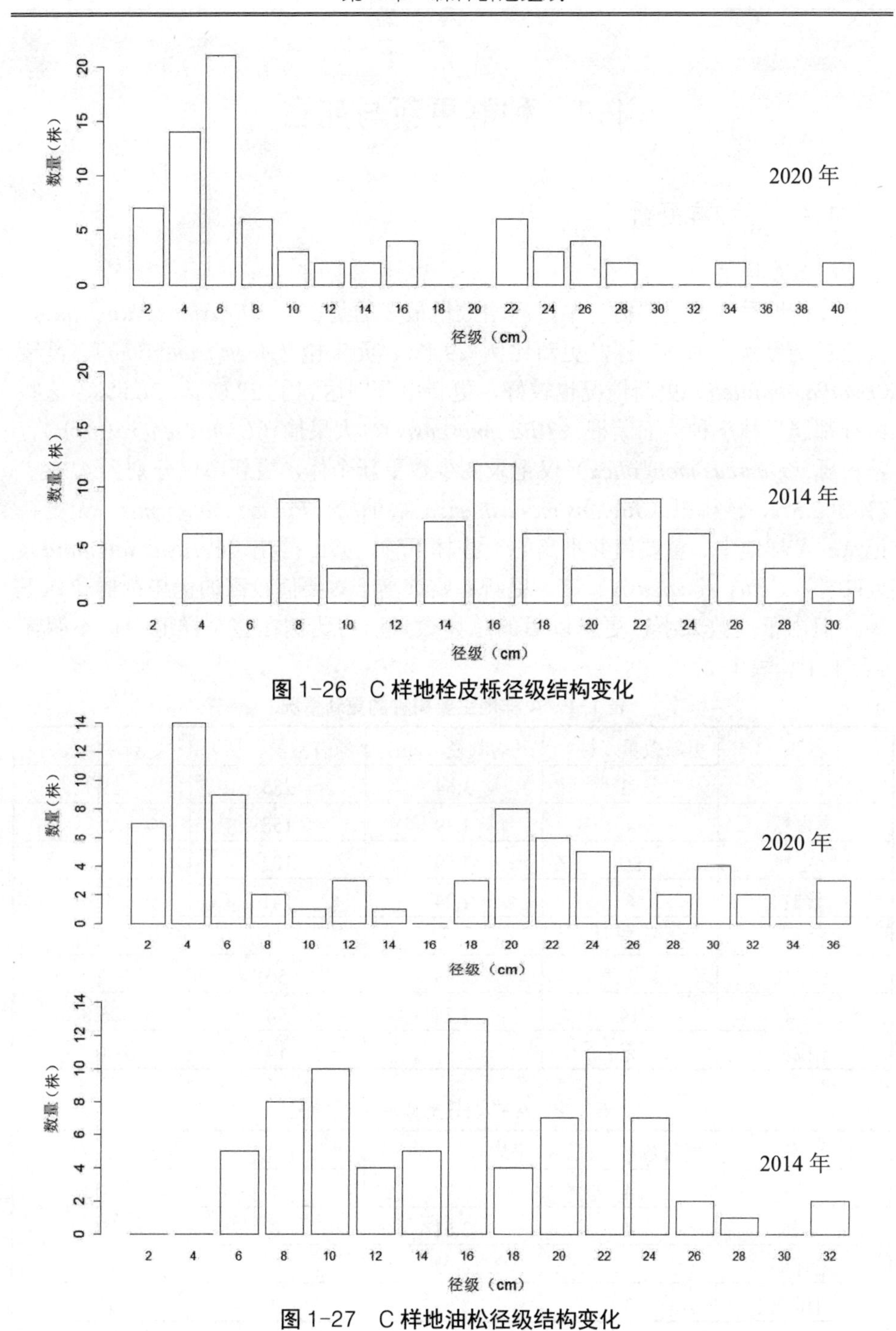

图 1-27　C 样地油松径级结构变化

1.4 种群更新与死亡

1.4.1 种群更新

（1）A 样地

A 样地乔木层主要树种中，新增数量最多的是白蜡（*Fraxinus chinensis*），共记录到更新乔木 83 棵，更新比例 29.1%，元宝槭（*Acer truncatum*）、臭檀（*Evodia dahilleii*）更新情况也较好，更新率分别达到了 28.6%和 36.8%，这些树种都属于林下种。而紫椴（*Tilia amurensis*）、大果榆（*Ulmus macrocarpa*）、蒙古栎（*Quercus mongolica*）仅记录到少数更新个体，更新率仅分别为 4.3%、2%和 2.5%，核桃楸（*Juglans mandshurica*）、油松（*Pinus tabuliformis*）无更新记录。A 样地中，重要值并不高的一些林下种，如山樱花（*Cerasus serrulata*）、大叶朴（*Celtis koraiensis*）等，更新率要远高于重要值较高的优势种群和林下种，但由于基数太小，更新以后的总体数量所占比例在整个样地中仍不明显（表 1-1 和表 1-2）。

表 1-1 A 样地主要树种的更新情况

树种	更新数量（棵）	平均胸径（cm）	原有数量（棵）	更新率（%）
白蜡	83	3.64	285	29.1
蒙古栎	4	4.39	158	2.5
元宝槭	30	3.59	102	28.6
紫椴	6	4.24	141	4.3
油松	无		67	0
大果榆	1	2.93	50	2
臭檀	14	3.74	38	36.8
核桃楸	无		14	0

表 1-2 A 样地其他树种更新情况

树种	更新数量（棵）	平均胸径（cm）	原有数量（棵）	更新率（%）
大叶朴	4	3.98	4	100
丁香	4	3.61	8	50
鹅耳枥	7	4.02	29	24.1
山樱花	3	3.63	2	150

（2）B 样地

B 样地中重要值较高的树种中，新增数量最多的为鹅耳枥（*Carpinus turczaninowii*），共记录到 32 棵更新乔木，更新率 19.0%，更新率最高的是元宝槭，共记录到 30 棵更新乔木，更新率 39.0%。此外，白蜡更新率 25.9%也较高，紫椴、臭檀的更新率分别为 7.0%和 6.8%，而核桃楸（3.6%）、坚桦（*Betula chinensis*）（2.2%）、蒙古栎（1.85%）更新率及更新数量均很少。其他树种中，大叶朴、小叶朴（*Celtis bungeana*）的更新率分别达到了 430.3%和 280%，种群的数量也都有了几倍的增加，大果榆（*Ulmus macrocarpa*）、丁香（*Syzygium aromaticum*）更新率分别为 61.9%和 39.4%（表 1-3 和表 1-4）。

表 1-3　B 样地主要树种的更新情况

树种	更新数量（棵）	平均胸径（cm）	原有数量（棵）	更新比例（%）
蒙古栎	5	3.78	271	1.85%
鹅耳枥	32	3.36	168	19.0%
元宝槭	30	3.54	77	39.0%
臭檀	5	5.06	74	6.8%
坚桦	2	3.58	91	2.2%
核桃楸	1	1.91	28	3.6%
紫椴	5	3.77	71	7.0%
白蜡	7	3.66	27	25.9%

表 1-4　B 样地其他树种更新情况

树种	更新数量（棵）	平均胸径（cm）	原有数量（棵）	更新比例（%）
大果榆	13	3.68	21	61.9%
大叶朴	39	2.84	9	430.3%
丁香	13	4.82	33	39.4%
小叶朴	14	3.43	5	280%

（3）C 样地

C 样地中重要值较高的树种中，小叶朴、大叶朴更新率分别达到了 422.7%和 245.8%，种群数量在五年间发生了几倍的增加。白蜡、臭檀更新率也分别达到了 83.3%和 61.7%，种群数量与五年前相比也发生了明显的增加。而桑（*Morus alba*）、槲栎（*Quercus aliena*）仅分别有 7.2%和 5.5%的更新率，种群的数量几乎不变，核桃楸更是未记录到更新个体的出现。其他树种中，更新数量和比例最多的都是丁香，共记录到 53 株更新个体，比例达 151.4%，元宝槭更新率为 105.6%，种群数量成倍增加，鹅耳枥、栾树（*Koelreuteria paniculata*）分别记录到 43 棵和 48 棵更新个体，更新率分别为 58.1%和 47.1%（表 1-5 和表 1-6）。

表 1-5　C 样地主要树种的更新情况

树种	更新数量（棵）	平均胸径（cm）	原有数量（棵）	更新比例（%）
槲栎	12	3.30	217	5.5%
白蜡	125	3.97	150	83.3%
桑	5	4.83	69	7.2%
蒙古栎	11	3.23	97	11.3%
小叶朴	186	3.40	44	422.7%
核桃楸	0		68	0
大叶朴	118	3.24	48	245.8%
臭檀	29	3.90	47	61.7%

表 1-6　C 样地其他树种更新情况

树种	更新数量（棵）	平均胸径（cm）	原有数量（棵）	更新比例（%）
丁香	53	3.71	35	151.4%
鹅耳枥	43	3.34	74	58.1%
栾树	48	3.37	102	47.1%
山樱花	7	4.51	12	58.3%
元宝槭	19	3.03	18	105.6%

1.4.2　种群死亡情况

（1）A 样地

A 样地共记录到死亡乔木 86 棵，死亡时平均胸径 8.97 cm，其中死亡数量前四名的树种是：①中国黄花柳（*Salix sinica var. sinica*），死亡 48 棵，占 A 样地死亡乔木的 55.8%，占中国黄花柳总数的 41.03%，死亡个体平均胸径 8.75 cm，低于种群总体平均胸径 12.54 cm，说明死亡的中国黄花柳并不是自然生长、衰老死亡，很可能是竞争淘汰的结果。②油松，死亡 13 棵，占 A 样地死亡乔木的 15.12%，占油松总数的 19.40%，死亡个体平均胸径 9.43 cm，也远低于平均胸径 12.85 cm，说明小径级个体在森林发育的过程中，受到的竞争压力更大，被淘汰的概率更高。③白蜡，死亡 5 棵，占 A 样地死亡乔木的 5.81%，占白蜡总数的 1.76%，死亡个体平均胸径 8.35 cm，远低于种群平均胸径 13.50 cm，同样证明了资源竞争导致了小径级白蜡个体的死亡。④臭檀，死亡 4 棵，占 A 样地死亡乔木的 4.65%，占臭檀总数的 10.53%，死亡个体平均胸径 13.34 cm，略高于种群平均胸径 11.72 cm。

（2）B 样地

B 样地共记录到死亡乔木 73 棵，死亡时平均胸径 9.93 cm，其中死亡数量前四名的树种是：①核桃楸，死亡 10 棵，占 B 样地死亡乔木的 13.70%，占核桃楸总数的 40%，死亡个体平均胸径 7.93 cm，远低于种群平均胸径 13.44 cm，说明中小径级个体死亡较多。②元宝槭，死亡 9 棵，占 B 样地死亡乔木的 12.33%，占元宝槭总数的 11.84%，死亡个体平均胸径 7.93 cm，远低于种群平均胸径 17.08 cm，同样说明中、小径级个体死亡比例较高。③软枣猕猴桃（*Actinidia arguta*），死亡 8 棵，占 B 样地死亡乔木的 10.96%，占软枣猕猴桃总数的 50%，死亡个体平均胸径 12.35 cm，低于种群平均胸径 15.37 cm，说明死亡个体中，中、小径级所占比例较高。④大果榆，死亡 7 棵，占 B 样地死亡乔木的 9.59%，占大果榆总数的 35%，死亡个体平均胸径 9.74 cm，也远低于种群平均胸径 20.95 cm。

（3）C 样地

C 样地共记录到死亡乔木 95 棵，死亡时平均胸径 9.43 cm，其中死亡数量前四名的树种是：①核桃楸，死亡 18 棵，占 C 样地死亡乔木的 18.95%，占核桃楸总数的 26.47%，死亡个体平均胸径 8.23 cm，大于种群平均胸径 5.39 cm，说明死亡个体中，中、大径级占比较高，中小径级个体在群落中具有一定的资源竞争力。②槲栎，死亡 15 棵，占 C 样地死亡乔木的 15.79%，占槲栎总数的 6.91%，死亡个体平均胸径 10.37 cm，明显高于种群平均胸径 7.40 cm，死亡个体中，中、大径级占比较高。③栓皮栎（*Quercus variabilis*），死亡 9 棵，占 C 样地死亡乔木的 9.47%，占栓皮栎总数的 11.11%，死亡个体平均胸径 6.24 cm，远低于种群平均胸径 20.63 cm，死亡个体中中、小径级占比高。④油松，死亡 8 棵，占 C 样地死亡乔木的 8.42%，占油松总数的 10.13%，死亡个体平均胸径 7.56 cm，明显低于种群平均胸径 15.31 cm，死亡个体中，小径级占比高（图 1-28）。

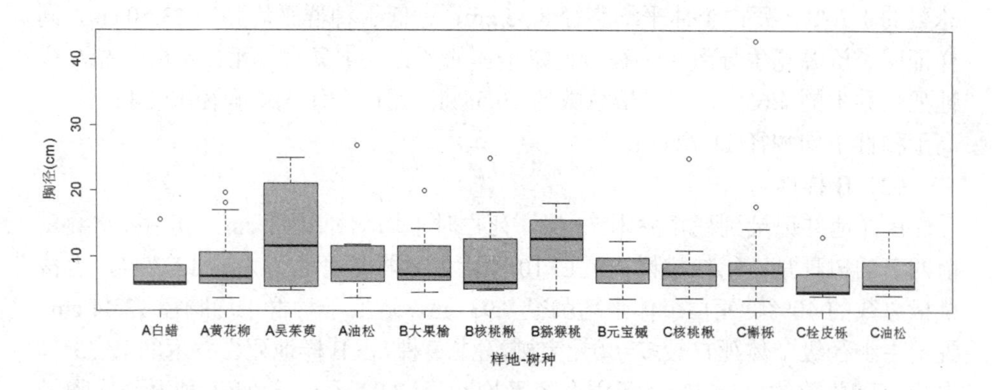

图 1-28　三个样地死亡数量前四名树种死亡时胸径箱型图

【讨论】

物种组成与优势种特征

各立地条件下的乔木层物种均有所增加，且有新物种的出现。A 样地新出现了君迁子和南蛇藤，也是该立地条件下乔木层新出现的科属；B 样地增加了山楂，也是新出现的属，但是原先记录到的唯一一株南蛇藤死亡，使卫矛科南蛇藤属在 B 样地丧失；C 样地新增加了鸡爪槭，未出现新的科属。这些新出现的物种均仅记录到 1～2 株个体存在，可能是由于自然扩散或者动物、人为的因素将种子携带到相应的生境。从多度上看，A 样地原多度较高的物种优势度有所下降，林下物种得到较好的更新，这可能是由于阴坡光照不足，限制了优势种的径向生长而有利于林下树种的生长和更新，同时，阴坡温度可能相对较低，水分蒸腾较少，土壤水分含量及营养物质含量保持更好（康冰等，2011）；B 样地和 C 样地多度较高的树种仍保持其原有多度优势，说明在几年的森林生长发育过程中，林冠层优势种与林下种在生长上基本保持原有的平衡。

对物种优势度的研究结果表明，自然保护区各种立地条件的林地内均有明显的优势种，其中栎属树种如蒙古栎在各样地优势度均较高。与 2014 年比较，A 样地优势度前 5 名物种胸高断面积的占比明显下降，这可能是因为阴坡光照不足，限制了林冠层优势种的径向生长，而林下种径向生长较快导致（任丽华等，2010）。B 样地的优势种排序和优势种胸高断面积所占比例均未有明显改变。C 样地与 2014 年相比，当前核桃楸的优势度明显下降、白蜡的优势度明显提升。此外，C 样地中林下种在林冠层创造的良好荫蔽条件下，更新良好且径向生长速率快，胸高断面积之和在样地的占比提高，造成了优势种胸高断面积占比的

下降，从 73.03%下降到 62.77%

主要树种径级结构特征

比较三个样地中主要树种的径级变化情况，A 样地中，仅有白蜡、元宝槭种群结构依然保持增长型，且中小径级个体数量增加，其余树种如蒙古栎、紫椴更新数量较少，种群年龄结构依然保持“稳定型”，油松、中国黄花柳由于更新差和死亡个体数目较多，种群径级结构出现了更为明显的断层，整体径级结构偏向中、大径级分布，种群将逐渐走向“衰退型”结构。

B 样地中，紫椴、白蜡、元宝槭、鹅耳枥种群径级结构保持增长型或由于较多更新个体的出现而由稳定型向稳定-增长型过度。坚桦、臭檀种群径级结构和比例基本上保持不变，而核桃楸和蒙古栎种群径级结构有向“衰退型”发育的趋势。

C 样地中除核桃楸和油松径级结构分布出现断层，并有向“衰退型”发育的趋势外，其余主要树种径级结构都保持增长型或由稳定型向增长型过渡。这与前面分析的 C 样地更新率最高，死亡率最低的结果一致，也与主要树种更新、死亡情况的分析一致。样地中优势种多为喜光乔木树种，林冠层郁闭度高，为林下种的生长、更新创造了良好的条件，但这种荫蔽条件却不利于优势种较小个体本身的生长和更新。

白蜡、蒙古栎在所研究的三种立地条件下均为重要值较高的物种，但它们在森林生长发育过程中，其种群的变化情况却不尽相同。白蜡在三个样地中，种群密度均有所增加，且径级结构保持增长型，而蒙古栎在 C 样地中，更新与死亡比例几乎相同，种群密度保持稳定，种群结构依然保持稳定型，而 B 样地的蒙古栎种群更新较少，整体径级分布进一步向大径级偏移，有向“衰退型”发展的趋势。三种生境中，蒙古栎的平均胸径与高度均较大，为群落中的优势种，同时也是喜光树种。在群落层次结构完整，乔木层盖度较高的次生林生态系统中，较高的郁闭度使蒙古栎幼苗萌发、生长时不能获得足够的光照资源，从而限制其光合作用，使有机物合成、积累减少，从而不利于更新；而径级大、高度高的蒙古栎个体，可以获取到更多的光照资源，从而合成、积累更多的有机物，有利于自身的生长。这导致了蒙古栎整体径级结构分布的“右移”。白蜡为林下种，不断发育的乔木层优势种创造的林下荫蔽环境，为其种子的萌发（马艳华等，2008），幼苗的生长都创造了有利的条件，而个体高度较高或者长时间生长在强光照环境下的白蜡个体却得不到很好的生长发育，所以其种群结构保持增长型，种群密度也将继续增加，但个体分布状态所导致的种内和种间对资源的竞争或将成为种群在群落中进一步生长发育的限制因素。

三种生境中的油松种群在森林的生长发育过程中，种群密度均明显下降，并且出现了明显的断层现象，说明当年栽植的人工油松林随着群落的天然化过程，逐渐衰退并被阔叶树种所代替。种群密度同样下降明显的还有核桃楸种群，较多个体的死亡导致了径级“断层”越来越明显，说明样地生境不利于核桃楸的生长和繁殖或者是种间的竞争限制了核桃楸对光照、水分、土壤等资源的利用。由于其种子大小和重量均相对较大，很难随风扩散到其他地方，在母树周围进行萌发和生长则受到母体的负密度制约作用，在对光照、土壤养分的竞争中处于劣势。这样一来，种子的萌发和幼苗的生长受到了影响，进一步影响了种群的更新，使种群密度进一步下降。

林木更新情况

本研究以本次调查新记录到的 DBH≥3 cm 的乔木个体作为更新标记，所得数据既反映了乔木层树种的繁殖能力，也体现了从幼苗到幼树的生长过程。比较三个样地整体的更新情况，C 样地更新个体数目及比例均高于 A 样地和 B 样地两种立地条件。从立地条件分析，C 样地坡向为南或东南、西南，平均海拔 581 m，日照时间长，有利于植物捕获更多的光能进行光合作用，从而积累更多的有机物用于个体的生长发育和繁殖。C 样地树种更新最好也与乔木层优势种的喜光特性有关，优势种的生长增加了冠层的郁闭度，为林下耐阴种的生长和更新创造了良好的条件，同时也可能通过优势种凋落物量的增加，促进凋落物-土壤微生物-土壤成分-植物群落的碳、氮循环，使土壤中的养分增加，从而促进样地中植物的生长发育和繁殖更新。B 样地平均海拔 833 m，且为山脊，地形条件可能导致土壤中养分流失较快，从而不利于植物的生长与更新。A 样地为阴坡生境，光照的不足限制了光合作用的速率，从而使有机物合成受到影响，抑制了整个生境中优势种和林下种的生长、更新，是该生境中乔木层树种更新状况最差的原因。

各个生境中重要值较高的树种中，A 样地的白蜡、元宝槭和臭檀，B 样地的鹅耳枥、元宝槭和白蜡，C 样地的大叶朴、小叶朴、白蜡、臭檀更新比例都比较高。其中，C 样地的这些树种更新率都超过了 50%，B 样地也都超过了 20%，这些树种在各个样地中多为林下种。而 A 样地的蒙古栎、油松、核桃楸，B 样地的蒙古栎、核桃楸，C 样地的槲栎更新比例很低或未记录到更新乔木，它们均为各个样地的优势种。可以看出，各样地优势种的更新情况较林下种要差得远。优势种多为喜光树种，在整个群落中，它们长得高大，以获取更多的光照，形成的大面积的林荫为林下种的更新、生长提供了良好的条件，而优势种自身的幼苗由于受到光照的限制未能获得较好的更新和生长条件。另一方面，这些优势种的种子都比较大，在母树周围的萌发和幼苗生长均受到母树对光照、水分和土壤养分的竞争作用限制。

核桃楸与水曲柳、黄檗并称东北三大硬阔，其在植物地理区系上呈“散状分布”，在温带和亚热带北缘均有分布，在我国小兴安岭、长白山、完达山脉和辽宁东部广泛分布，大兴安岭林区、河北、天津、山西、河南少量分布，多散生于海拔 400～1000 m 的向阳沟谷和山坡，为喜光阳性树种。相关研究表明，在八仙山国家级自然保护区，200～1000 m 海拔范围，均有核桃楸群落的分布。此次对样地进行复查及分析结果表明，三个样地中的核桃楸只有在 B 样地记录到少量更新个体，A 样地、C 样地均未记录到更新存在，这可能是核桃楸母树及群落中其他林冠层树种对在其冠层下进行的幼苗更新与萌发起到了限制作用。

林木死亡情况

本次样地复查和数据分析结果表明，三个样地中死亡数量前四名的树种，多数死亡时的平均直径小于种群总体的平均直径，说明死亡并非由于自然衰老所致，而是由于竞争导致的光照、养分不足造成了更多中、小径级个体的死亡。各生境死亡数量大的树种中，优势种出现较多，包括 A 样地的中国黄花柳、油松，B 样地的核桃楸，C 样地的槲栎、栓皮栎、核桃楸。分析其原因，可能因为优势种多为喜光树种，中、小径级个体在林下得不到充足的光照，在与喜阴的林下种的竞争中处于劣势而被淘汰。

【结论】

三种生境相比，乔木层树种更新情况最好的为 C 样地，A 样地的更新情况最不理想；由于受光照的影响，喜阴性林下种的更新数量和比例要远远高于喜光的优势种。多数种群的径级结构经过森林生长发育过程继续保持增长型或稳定型，但如油松、核桃楸等种群由于死亡较多及生长、更新状态较差，出现了径级结构的严重断层现象。

第 2 章　森林群落空间结构

本章以八仙山自然保护区的三个永久监测样地为代表，进行物种分布空间结构的分析。对乔木层全部个体以及多度前三名的物种进行空间分布格局以及一元（角尺度 W、大小比 U、混交度 M）分布、二元（W-U、W-M、U-M）分布情况分析与比较、评价，以期从林木分布的空间结构角度探讨解释森林群落的发育状态。

【研究方法】

将每个 100 m×100 m 的样地划分为 100 个 10 m×10 m 的样格，并用细钢丝绳标记边界。丈量 DBH≥3 cm 的每棵乔木距离其所在样格边界顶点的位置，并根据样格顶点距样地原点的距离从而计算出其在整个样地中的坐标值。

结构参数一元分布的数据分析：用 Winkelmass1.0 软件（Hui & Gadow，2002）计算出每株林木的角尺度、混交度和大小比之后，依据一维元离散型随机变量的计算过程可以计算出每个结构参数的一元分布。

结构参数二元分布的数据分析：①借助空间结构分析软件 Winkelmass（Hui & Gadow，2002）实现每块样地的角尺度、混交度和大小比数计算（这个过程仅需一步操作，这三个指标的值可同时被计算出来）。计算出来的每个指标都包含五个不同的等级，也就是 0.00、0.25、0.50、0.75 和 1.00，每个等级包含有若干（n）株树，它们代表了处于某个相同状态的林木的株数或者说是具有相同特征状态的结构单元数量，五个等级的数量之和就等于该样地的个体数量。②由于任何一块样地的三个指标个体数量和取值等级均相同，因此将同一块样地的任意两个指标在 Excel（2016 版）中排序（为了消除边缘效应，在这之前需要删除缓冲区内的数据，此处缓冲区指距离样地每边 2.5 m 以内的区域），依次计算出一个指标的五个等级分别在另外一个指标的五个等级上的数值及株数（共 25 种组合），然后将这些数值除以样地核心区内（此处指除去缓冲区的样地区域）的株数便得到两个指标联合后的频率值，也就是二元分布。

2.1　群落空间结构参数分析概述

森林结构是森林动态和生物物理过程共同作用的结果，具有普遍性、可视性和可解释性，已经成为研究森林生态功能和生物多样性的有效途径（Kuuluvainen，2000；Franklin et al.，2002；惠刚盈和克劳斯·冯佳多，2003；Franklin & Pelt，2004；Pommerening & Stoyan，2008），其与森林组成和森林功能共构成了森林的三大特征。森林结构的探索和研究，有助于在森林生态学中探索各类森林自然现象，了解森林发展历史、功能和生态系统将来的发展方向。

不同物种组成及其空间分布形式构成了森林空间结构。空间结构决定了林木之间的竞争态势及空间生态位，它在很大程度上决定了森林的稳定性、发展的可能性和经营空间大小，直接关系到森林生态系统功能的发挥和生物多样的保存（胡艳波等，2003；惠刚盈等，2007）。林分结构是研究森林结构的基础，量化不同林分结构之间的关系可以帮助简化测量、了解和管理森林结构的过程（Spies，1998）。广义上，林分结构量化方法可以划分为非空间的和空间的分析方法两大范畴（Kint et al.，2003）。其中，非空间结构指标以单值形式表达林分单方面的结构特征，常与个体空间属性无关。空间结构分析方法从不同空间尺度上刻画了林木大小和种类的分布格局。传统的空间结构指数提供了对森林结构包括树木位置、混交状况和大小分化等有意义的描述，这些形式和结构简单的函数，易于计算和解释，并且大多数都可以进行统计检验。但同时，它们也存在很明显的不足之处，即仅能提供的少量群落特征信息，自然也就很难深入地反映驱动森林结构变化的原因。常用的空间格局统计方法包括 g(r) 函数和 K(r) 函数，两者在空间格局统计与评价上各有千秋。概率密度函数 g(r) 在不同尺度上探测空间格局的能力更强（Wiegand & Moloney，2004）。K(d) 函数及其转换式 L(r) 函数更适合零假设模型的证实。近年来，基于 4 株最近相邻木的空间结构参数（混交度、大小比、角尺度）是新林分空间结构分析方法的典型代表。

角尺度（W_i）描述了参照树周围 n 株最近相邻木围绕参照树的分布规则程度，其被定义为 α 角小于标准角 α_0（一般选择 72°）个数占考察的最近相邻木（一般选择 4 棵）的比例。角尺度＝0.00，有 4 个 α 角都大于或等于标准角 α_0，即 4 株相邻木很均匀地围绕参照树分布；角尺度＝0.25，有 3 个 α 角大于标准角 α_0，即 4 株相邻木均匀地围绕参照树分布；角尺度＝0.50，有 2 个 α 角大于

标准角 α_0，即 4 株相邻木随机地围绕参照树分布；角尺度＝0.75，有 1 个 α 角大于标准角 α_0，即 4 株相邻木不均匀地围绕参照树分布；角尺度＝1.00，有 0 个角大于标准角 α_0，即 4 株相邻木很不均匀地围绕参照树分布。角尺度的取值落在[0,1]之间，其值越小，说明分布格局越趋向均匀，反之，格局越趋向聚集分布。而且角尺度的均值亦能有效地反映出树种或林分的总体分布格局（如图 2-1 所示）。

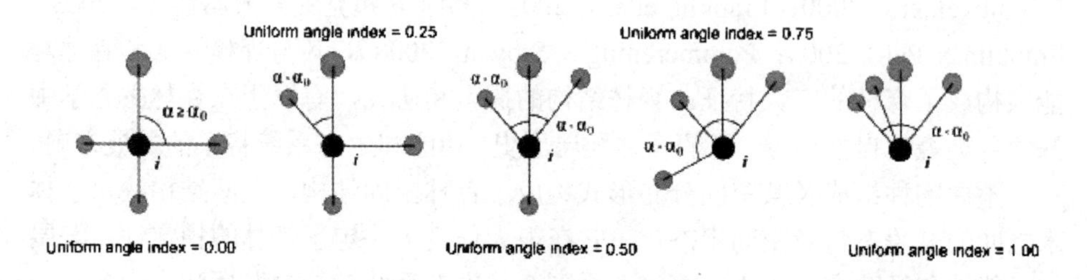

图 2-1　角尺度的 5 种判别格局

混交度（M）表明了任意一株参照树的最近 4 株相邻木为其他树种的概率，它以一元频率分布形式表达了树种间的隔离程度，它对某个树种组成比例及其在林地上的分布敏感。混交度＝0.00，有 0 株相邻木与参照树不是同一树种；混交度＝0.25，有 1 株相邻木与参照树不是同一树种；混交度＝0.50，有 2 株相邻木与参照树不是同一树种；混交度＝0.75，有 3 株相邻木与参照树不是同一树种；混交度＝1.00，有 4 株相邻木与参照树不是同一树种。混交度的取值区间为[0,1]，越接近于 0，说明与参照树同种相邻木越多，即树种间隔离程度越小或者说是种内聚集程度越高；相反，M_i 值越接近 1，说明与参照树同种的相邻木越少，即树种隔离程度越高或是种内聚集程度越低。实质上，M_i 值不仅可以用来分析林分中某个个体周围或某个种群周围的分布状态，它的均值亦能很好地表达林分的整体混交程度（如图 2-2 所示）。

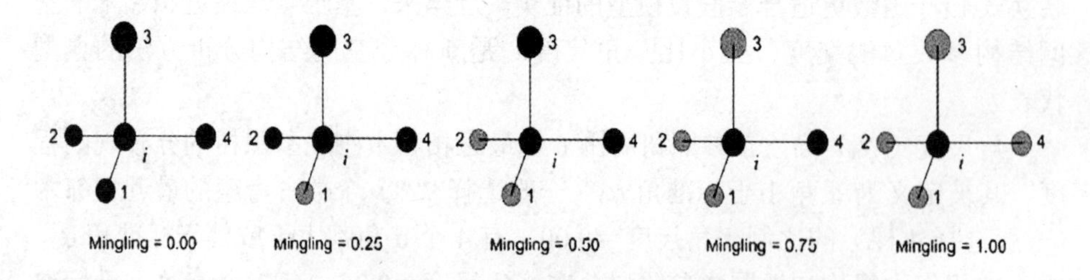

图 2-2　混交度的 5 种判别格局

大小比数（U）被定义为大于参照树的相邻木占所考察的 n 株最近相邻木的比例，它量化了参照树 i 的最近 n 株相邻木中有多少株大于或小于参照树的情形，以一元频率分布的形式刻画了林分中不同大小林木的个体差异，可视为不同林木在空间排列上的大小混交状况。大小比数明确了不同大小树木在林分中的生长地位，也就是优势（U=0.00）、亚优势（U=0.25）、中庸（U=0.50）、劣势（U=0.75）和绝对劣势（U=1.00）5 种生长状态（图 2-3）。

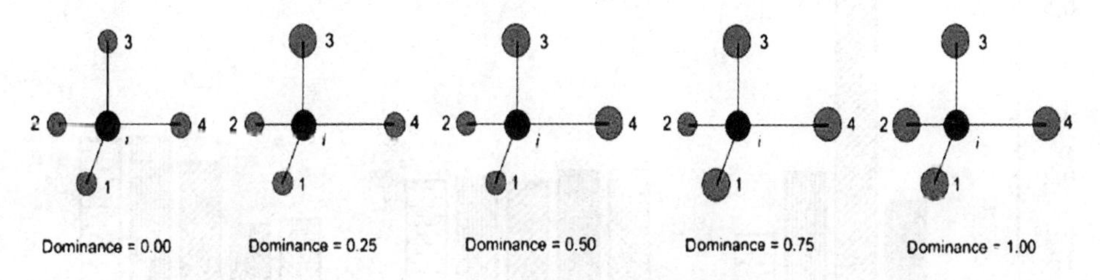

图 2-3　大小比的 5 种判别格局

一元分布指标仅能提供林分或种群的单方面或整体的结构特征，而无法提供林分内具有某类共同特征的林木的微观结构特征。结构参数的一元分布无法展示结构单元中其他两种属性分布状况，这将不利于对林分空间结构的深刻认识。但应注意到，角尺度、混交度和大小比数这 3 个结构参数之间是相互独立的，即上述提及的 3 个指标之间各自描述不同的林分空间属性，且每个结构参数均有相同的取值等级（也就是 0.00、0.25、0.50、0.75、1.00），这两个特征（独立和取值等级相同）为它们之间数学上的二元提供了必要条件。3 个结构参数二元后可得到角尺度-混交度、角尺度-大小比数和混交度-大小比数 3 种不同的结构组合即 3 种二元分布，这些二元分布可能允许进一步认识林分空间结构特征。

2.2　群落空间结构一元分布特征

2.2.1　群落空间结构一元分布现状

（1）群落整体空间结构

A 样地中，乔木层整体空间结构一元分布状态表现为角尺度呈单峰型分布，大小比呈均匀型分布，混交度呈递增分布。从角尺度个体比例分布情况看，W=0.5 的随机分布个体占比 60.8%，而均匀分布的个体几乎没有，聚集分布的个体数量也不足 10%，说明该立地条件下，乔木层树种在分布上多由随机因素决定。大小比均匀分布说明 A 样地整体上种群内部以及种群之间在与邻近木的胸径指标上没有表现出明显的优势或劣势。混交度上表现出的个体比例增加，说明 A 样地中更多的目标树种周围环绕着不同种的树（图 2-4）。

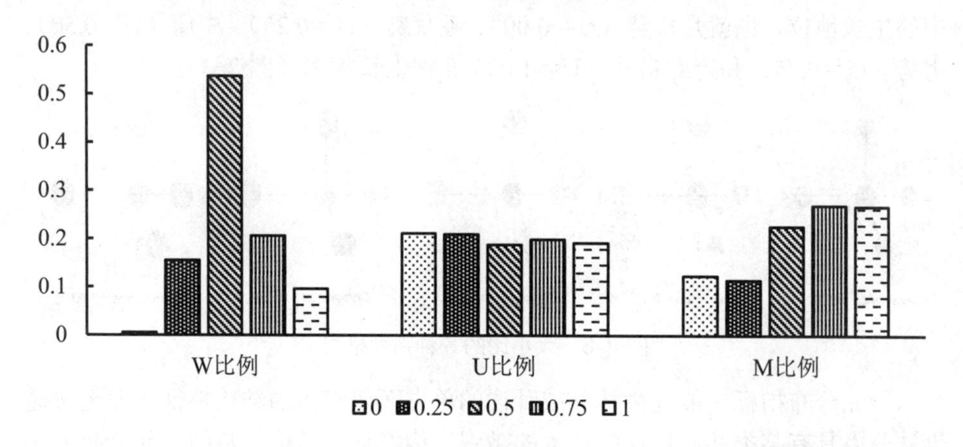

图 2-4　A 样地乔木空间结构一元分布

B 样地中，群落中乔木层树种角尺度呈单峰型分布，W＝0.5 的个体比例高达 59.5%，W＝0 分布的个体均极少；大小比各个等级个体数量基本一致，说明该立地条件下乔木树种的胸径大小在整体上无数量差异；混交度则呈现上升的分布趋势，说明 B 样地中更多的个体周围分布着不同种类的邻近木（图 2-5）。

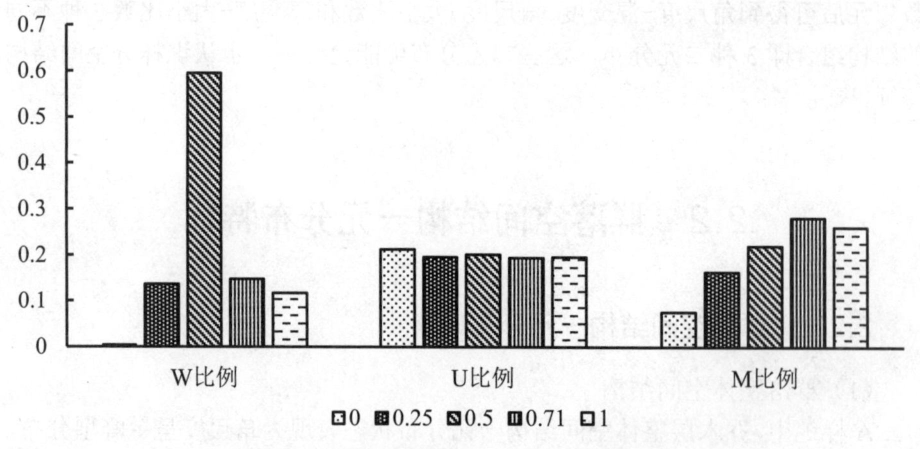

图 2-5　B 样地乔木空间结构一元分布

C 样地中，个体比例在角尺度下的分布呈单峰型，随机分布（W＝0.5）个体比例高达 60.9%；在大小比各个等级上分布均匀，而在混交度的分布上表现出明显的种间高度混交而种内聚集程度低的特点，其中 M＝0.75 和 M＝1 两个高混交等级个体比例之和远远超出 90%（图 2-6）。

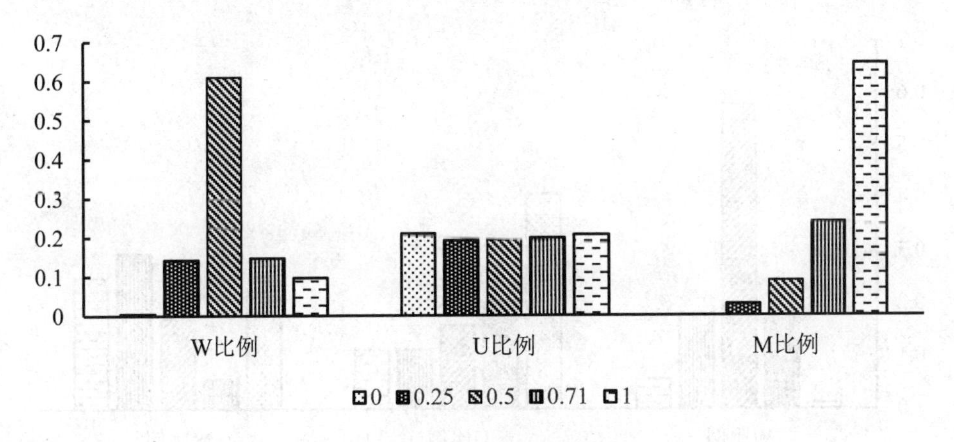

图 2-6　C 样地乔木空间结构一元分布

（2）主要树种空间结构

A 样地

白蜡： A 样地白蜡种群个体比例在角尺度的分布呈现单峰型，W＝0.5 随机分布个体最多，高达 50.4%；大小比个体分布比例呈增加趋势，即与邻近木相比，多数目标个体胸径小于一半以上的邻近木；混交度个体比例最高的在 M＝0.75 等级上，且高度混交个体明显多于低度混交个体，说明多数白蜡个体的邻近木中有一半以上是不同的树种（图 2-7）。

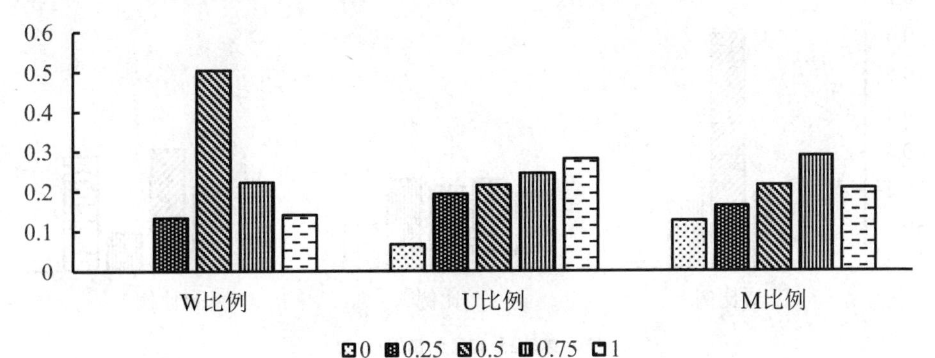

图 2-7　A 样地白蜡空间结构一元分布

蒙古栎：A 样地中蒙古栎的角尺度一元分布也呈现单峰型，W＝0.5 随机分布的个体占 58.0%，个体比例在大小比等级上的分布则呈现递减，说明多数蒙古栎个体在与邻近木的胸径比较中占据优势，大于一半以上邻近木的胸径；混交度的分布则较为随机，但也表现出高混交度个体比例高的现象（图 2-8）。

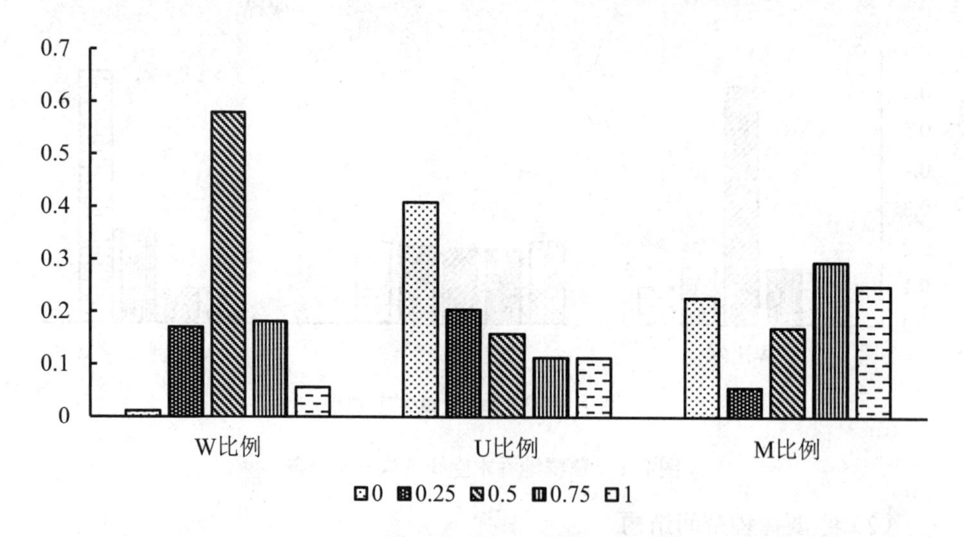

图 2-8　A 样地蒙古栎空间结构一元分布

紫椴：个体比例在角尺度的分布表现出明显的单峰型，随机分布个体比例高达 60.8%；个体比例在大小比等级的分布上表现为除 U＝1 完全劣势等级比例最低以外，其余四个大小比等级平均分布；个体比例在混交度的分布上表现出随机的状态（图 2-9）。

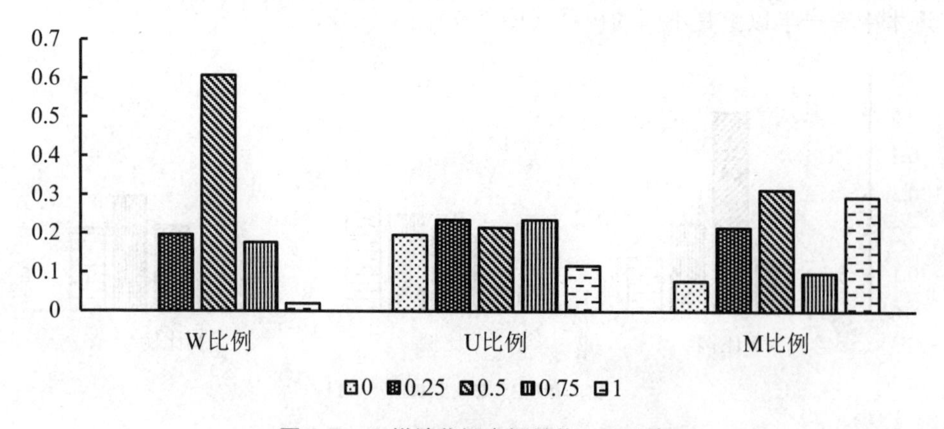

图 2-9　A 样地紫椴空间结构一元分布

B 样地

鹅耳枥：由图可知，B 样地鹅耳枥在角尺度一元分布上，未出现很均匀分布的个体，随机分布个体比例最高，为 60.2%；大小比分布特征则表现为更多的参照树分布在 U>0.5 的三个等级上，表明更多的鹅耳枥参照树其胸径小于周围一半以上的邻近木。混交度的一元分布则没有显著的规律，只是 M=0 的个体比例很小，说明鹅耳枥为参照树时，邻近木都为同种的频率很小（图 2-10）。

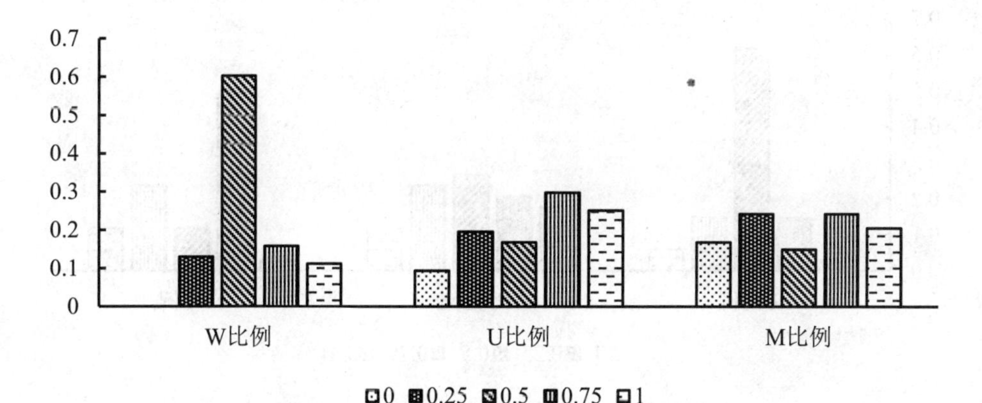

图 2-10　B 样地鹅耳枥空间结构一元分布

蒙古栎：由图可知，蒙古栎在角尺度一元分布上，呈现单峰变化趋势，随机分布个体比例高达 60.1%；大小比分布则表现为随大小比值的增加，个体比例明显下降的趋势，说明胸径大于邻近木棵数越多的参照木所占比例越高；混交度呈现单峰格局分布，这说明其种内聚集程度和种间隔离程度均不高，相同或不同的物种可能随机出现在参照树的周围（图 2-11）。

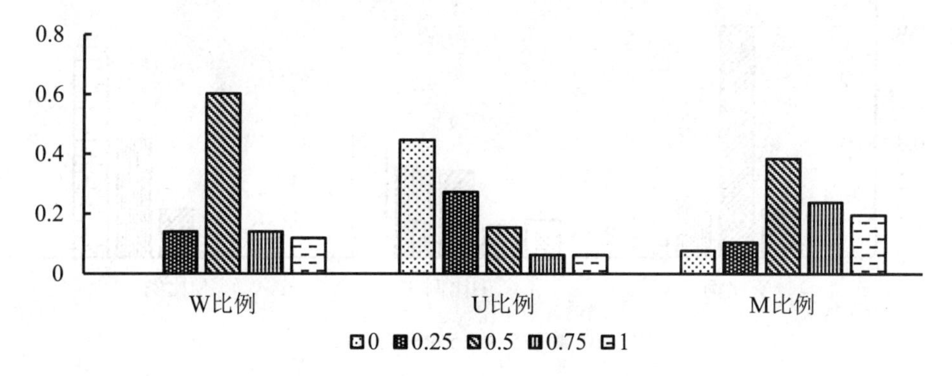

图 2-11　B 样地蒙古栎空间结构一元分布

元宝槭：由图可知，元宝槭的角尺度一元分布呈现典型的单峰特点，随机分布个体比例高达 61.8%；大小比分布特征表现为随大小比数值增加，个体比例显著增加的趋势，说明与邻近木相比较，胸径小于邻近木棵数越多的参照木所占比例越高，也说明更多的元宝槭在与邻近木的胸径竞争中处于劣势。混交度的分布则表现出更多的个体倾向于与其他物种为邻近木的高度混交分布（图 2-12）。

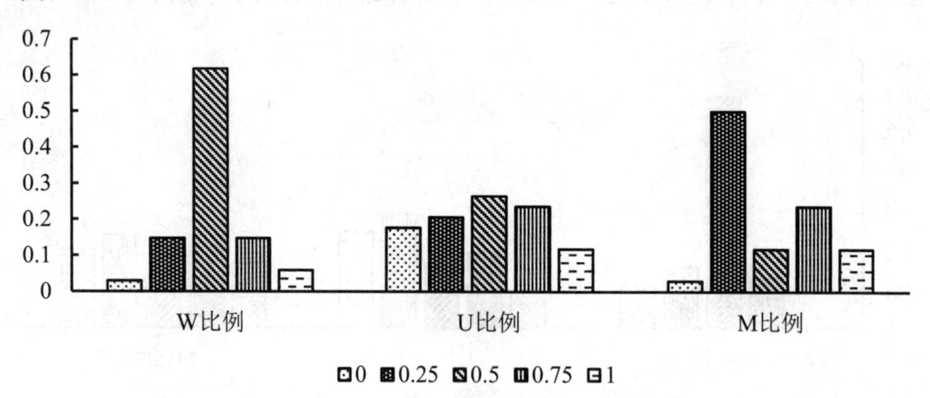

图 2-12 B 样地元宝槭空间结构一元分布

C 样地

白蜡：白蜡种群个体比例在角尺度上呈单峰分布，W＝0.5 随机分布个体最多；在大小比上随等级增加呈递增分布，说明白蜡种群的胸径小于绝大多数邻近木的胸径；在混交度的分布上也呈递增的特点，M＝0.75 和 1 的比例几乎占据全部，说明白蜡种群种间混交程度很高而种内聚集程度很低（图 2-13）。

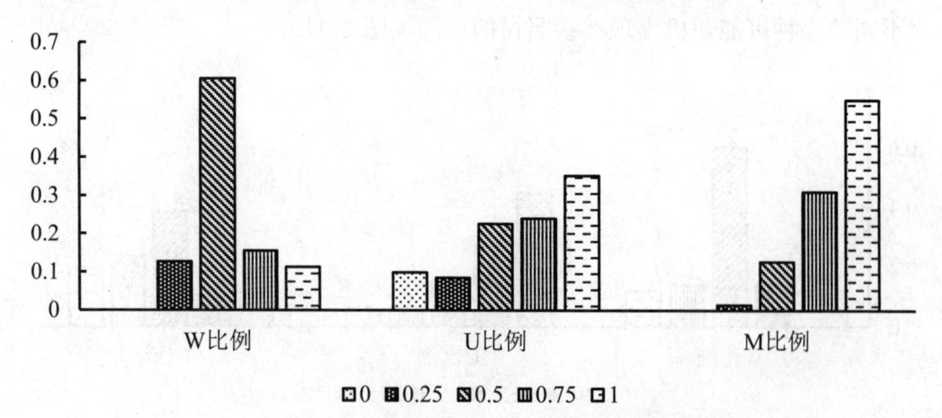

图 2-13 C 样地白蜡空间结构一元分布

蒙古栎：蒙古栎种群的个体比例在角尺度的分布上呈单峰型，在大小比的分布上呈递减趋势，证明了蒙古栎种群在同邻近木的竞争中多处于优势，在混交度的分布上呈递增状态，种内聚集程度很低而种间混交程度很高（图 2-14）。

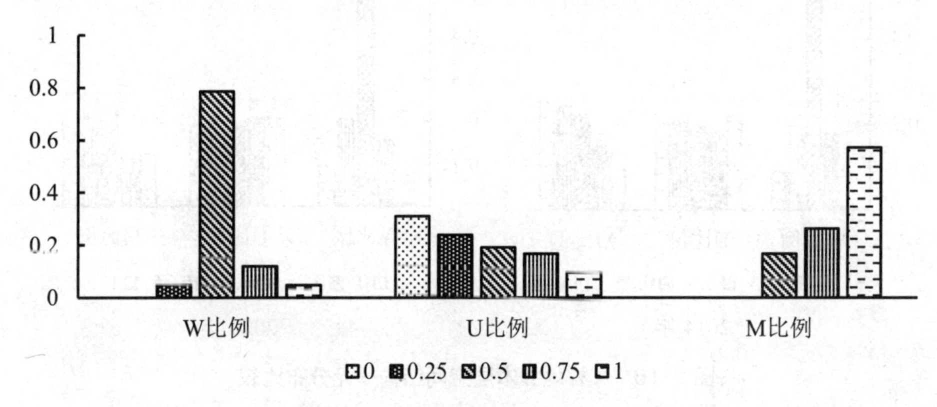

图 2-14　C 样地蒙古栎空间结构一元分布

槲栎：槲栎种群个体比例在角尺度上呈单峰分布，在大小比上，0，0.25 和 0.5 三个等级比例较高，0.75 和 1 两个等级比例较低。在混交度上则为先上升后下降，最高比例出现在 M＝0.75 等级上（图 2-15）。

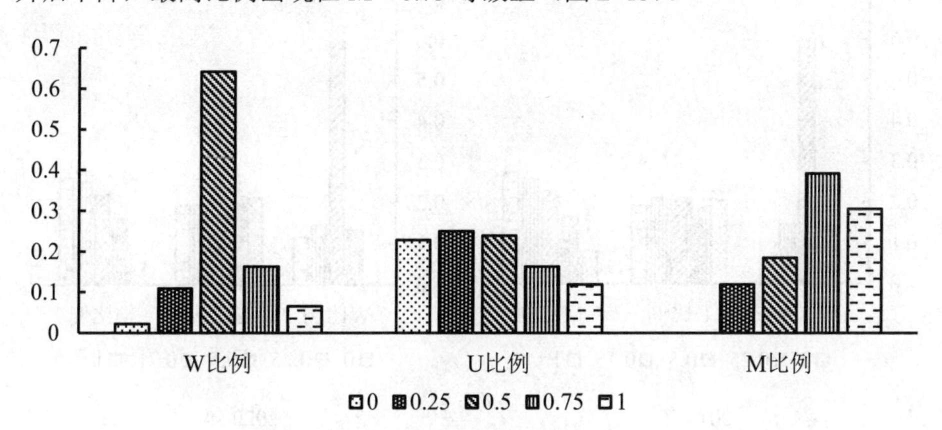

图 2-15　C 样地槲栎空间结构一元分布

2.2.2　群落空间结构动态

（1）群落整体空间结构

A 样地中，2020 年与 2014 年相比，乔木层整体个体比例空间结构一元分布状态几乎没有发生变化，说明经过几年的森林生长发育过程，个体的空间分布位置、与邻近木的大小比关系和混交度几乎都没有发生变化（图 2-16）。

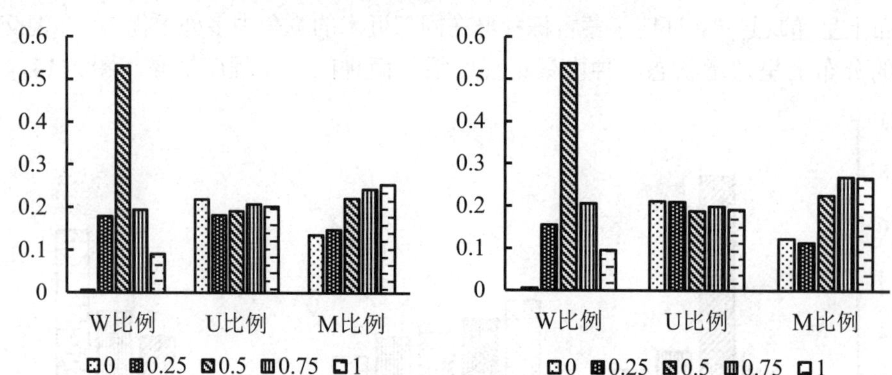

图 2-16　A 样地乔木层空间结构一元分布比较

B 样地中，群落乔木层整体角尺度、大小比和混交度三种一元分布参数没有明显的改变，只是在混交度分布上，M＝0.75 和 M＝1 的个体所占比例有所改变，且 2020 年的大小比的分布上变得比 2014 年更加均匀（图 2-17）。

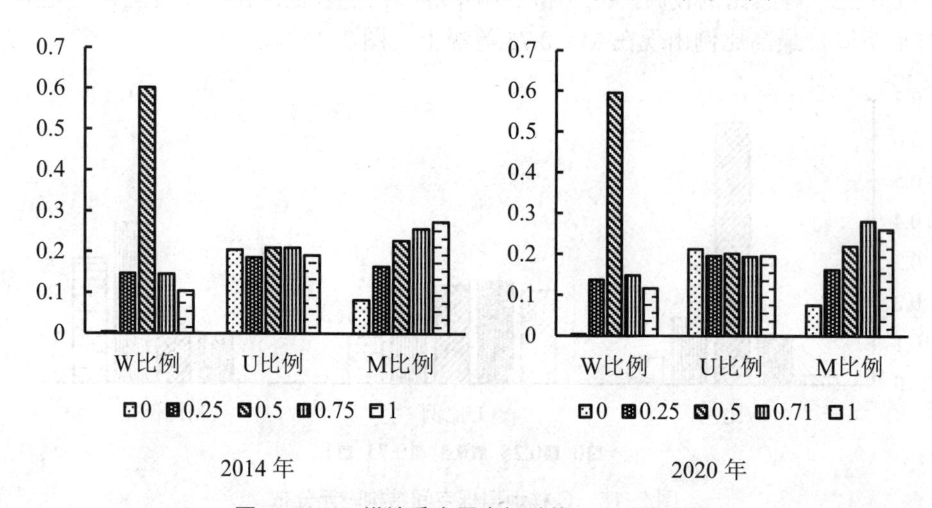

图 2-17　B 样地乔木层空间结构一元分布比较

C 样地中，2020 年与 2014 年相比，个体比例在角尺度和大小比的分布上没有明显变化，在混交度的分布上则表现出高度混交个体 W＝0.75 和 1 等级占比例增加的现象，说明种间混交程度进一步加强（图 2-18）。

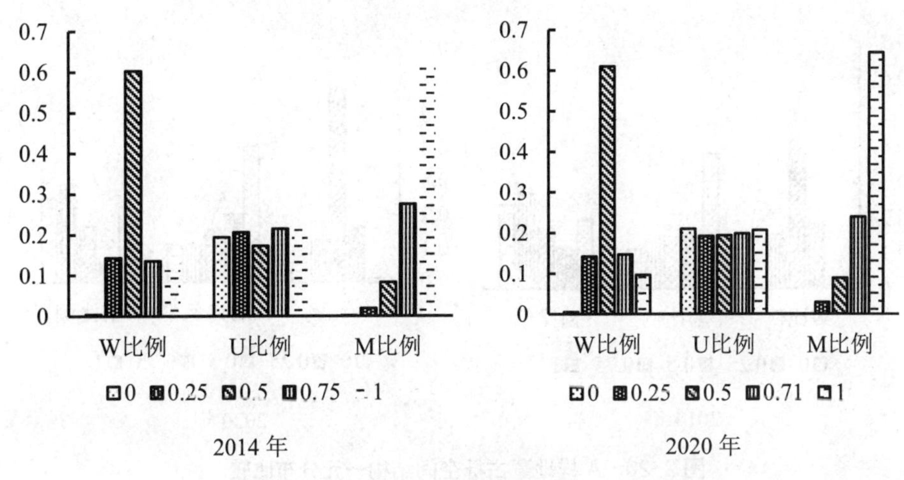

图 2-18　C 样地乔木层空间结构一元分布比较

（2）主要树种空间结构

A 样地

白蜡：2020 年与 2014 年相比，白蜡个体比例在大小比的分布上表现出递增趋势更为明显的特点，个体比例在角尺度与混交度的分布状体上均没有发生改变（图 2-19）。

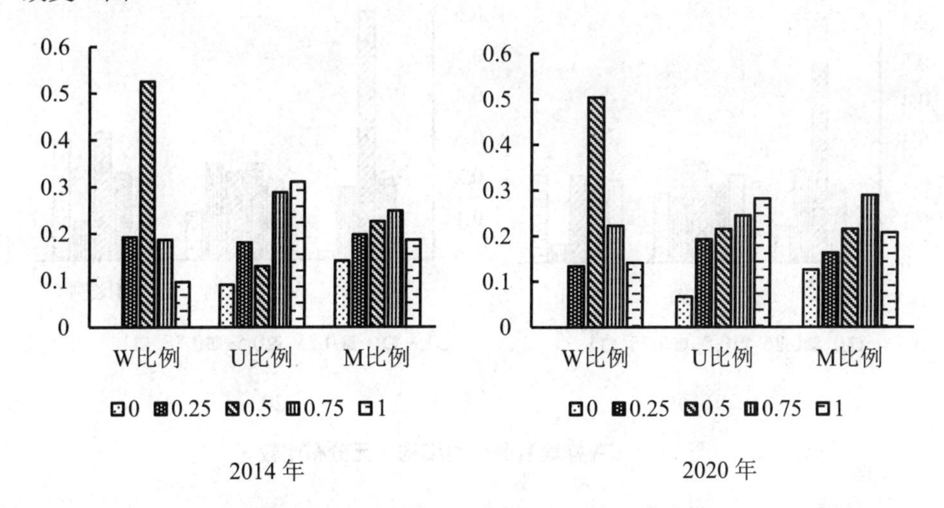

图 2-19　A 样地白蜡空间结构一元分布比较

蒙古栎：2020 年与 2014 年相比，蒙古栎种群空间结构一元分布状态几乎没有发生变化（图 2-20）。

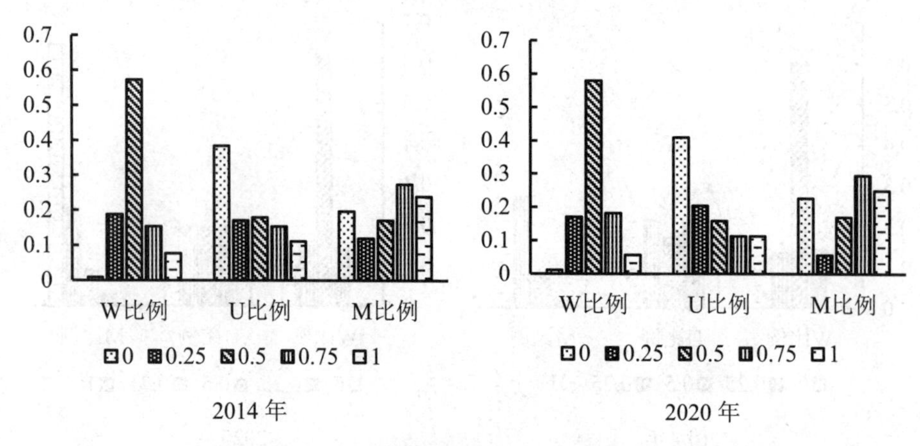

图 2-20 A 样地蒙古栎空间结构一元分布比较

紫椴：2020 年与 2014 年相比，紫椴种群空间结构一元分布状态没有发生明显的变化，仅仅表现在混交度 M＝0–M＝0.5 三个等级个体比例由 2014 年单峰分布变化为 2020 年递增分布，说明低度混交个体减少，证明在森林生长发育过程中，更多的其他树种分布到蒙古栎的周围（图 2-21）。

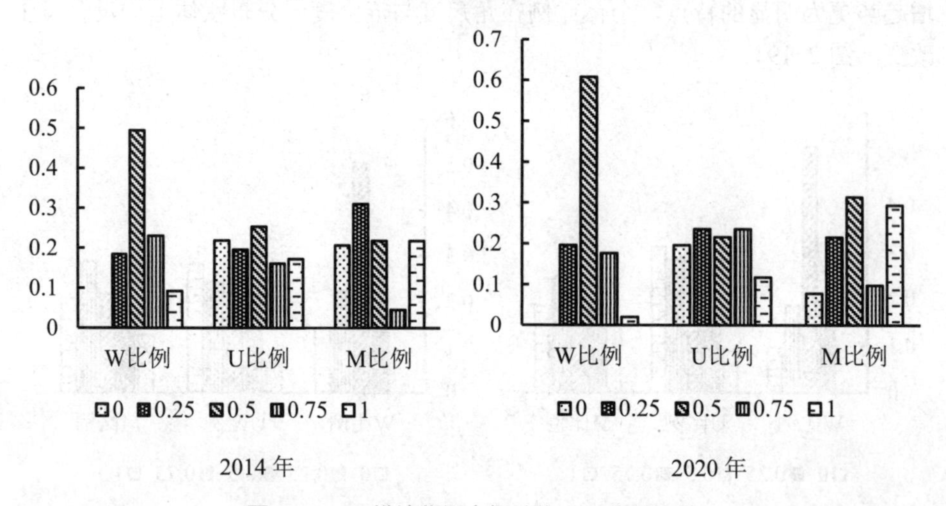

图 2-21 A 样地紫椴空间结构一元分布比较

B 样地

鹅耳枥：2020 年，该种群在群落中的一元分布参数大小比和混交度分布上发生了小幅度变化。在大小比上，U＝0.5 的个体比下降，U＝1 的个体比例上升，说明种群经过森林的发育过程后，更多的个体与邻近木相比在胸径上处于绝对劣势。在混交度上，中度混交个体比例有所下降而高度混交个体比例有所增加（图 2-22）。

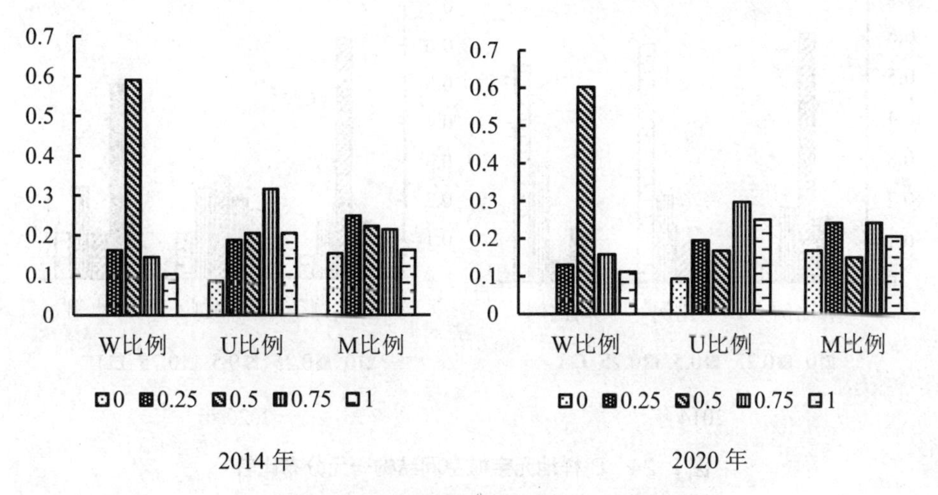

图 2-22　B 样地鹅耳枥空间结构一元分布比较

蒙古栎：该种群 2020 年的空间结构参数一元分布情况与 2014 年相比，无论从趋势上和比例上都未发生明显的变化（图 2-23）。

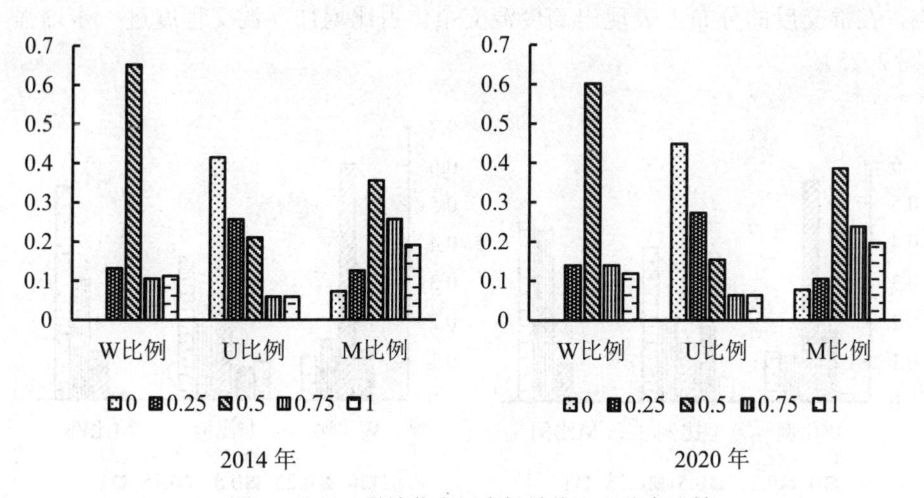

图 2-23　B 样地蒙古栎空间结构一元分布比较

元宝槭：2020 年与 2014 相比，大小比由递增分布趋势变为单峰分布，表明元宝槭种群在与邻近木的胸径竞争中，劣势逐渐减弱。混交度由递增分布变为不规则分布，个体比例最大值出现在 M＝0.25 处，种群整体混交度有所下降

（图 2-24）。

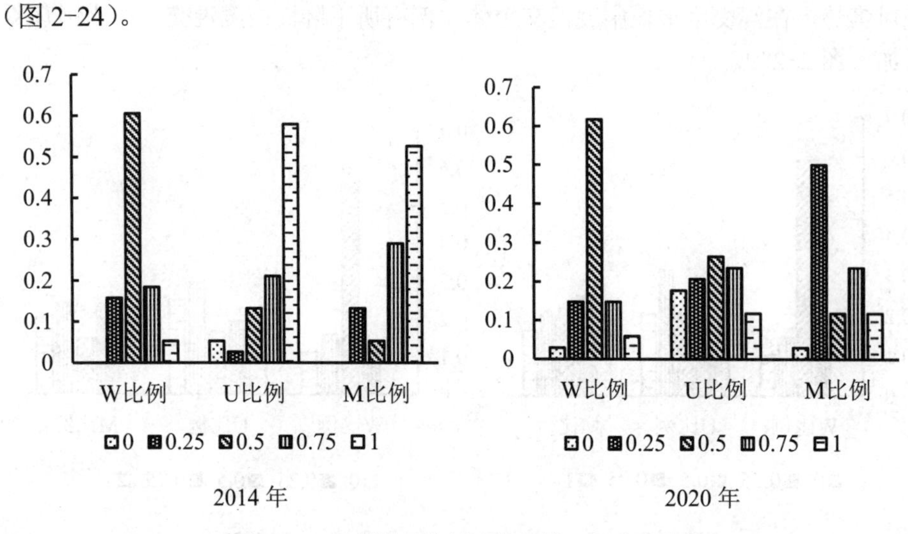

图 2-24　B 样地元宝槭空间结构一元分布比较

C 样地

白蜡：2020 年与 2014 年相比，个体比例在角尺度上的分布没有明显变化，在大小比的分布上表现出随大小比等级增加，比例递增趋势更为明显的变化特点，在混交度的分布上表现出高度混交个体占比增加，混交程度进一步增强（图 2-25）。

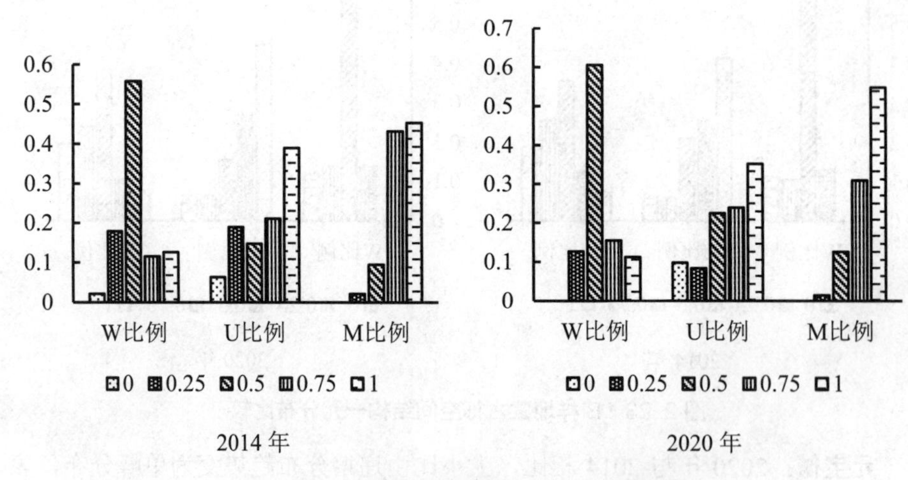

图 2-25　C 样地白蜡空间结构一元分布比较

蒙古栎：2020 年与 2014 年相比，种群个体比例在角尺度的分布上几乎没有变化，在大小比上，U＝0.75 和 1 两个等级个体比例有所下降，即劣势个体比例有所下降，说明种群在与邻近木的竞争中，原来的劣势个体生长较快，逐渐摆脱了和邻近木竞争时的劣势，而优势个体继续保持优势（图 2-26）。

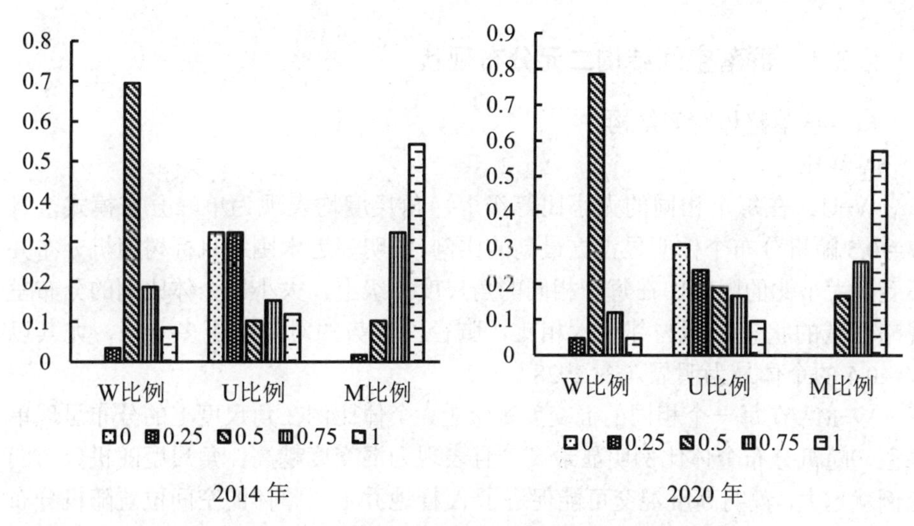

图 2-26　C 样地蒙古栎空间结构一元分布比较

槲栎：2020 年与 2014 年相比，种群个体比例在角尺度的分布上，随机分布个体比例下降；在大小比的分布上几乎没有变化；而在混交度分布上则表现出高度混交个体（M＝0.75,1）占比增加，说明种群与其他树种之间的杂交程度加强而种内聚集程度减弱（图 2-27）。

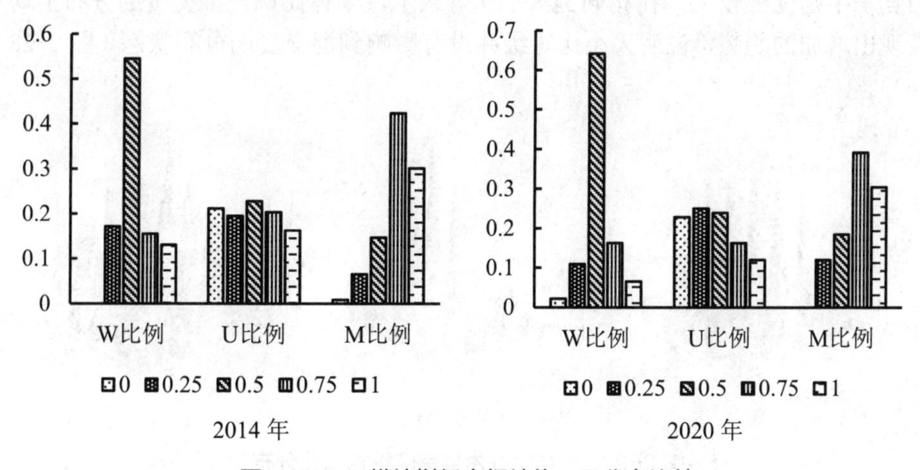

图 2-27　C 样地槲栎空间结构一元分布比较

2.3 群落空间结构二元分布特征

2.3.1 群落空间结构二元分布现状

（1）群落整体空间结构

A 样地

W-U：在每个相同的大小比等级上，角尺度均表现为单峰分布模式，且W＝0.5 随机分布个体明显占据最高的比例，说明邻近木围绕目标树随机分布并不受到大小比的限制。在每个相同的角尺度等级上，大小比个体比例的分布呈现略递减的状态，即与邻近木相比，胸径占优势的对象木更多一些，尤其以W＝0.5 的个体最为明显（图 2-28（a））。

W-M：在每一个相同的混交度等级上，个体比例在角尺度上的分布呈现单峰型，随机分布个体比例明显最高，且表现为混交度越高，角尺度随机分布的比例就越大，说明高度混交可能促进了 A 样地乔木层整体的空间位置随机分布状态。在每一个相同的角尺度等级上，个体比例在混交度的分布上表现出递增的趋势（图 2-28（b））。

U-M：在 M＝0 的低混交度等级上，个体比例随大小比增加递增，而在高混交度等级上，个体比例在大小比的分布上表现出大小比低的个体占比例高。这说明目标个体在与同种个体邻近木的竞争中常处于劣势，在和不同种邻近木的竞争中则优势较大。在相同的大小比等级上，个体比例在混交度的分布上均表现出增加的趋势，说明大小比等级并没有影响到混交度的分布状态（图 2-28（c））。

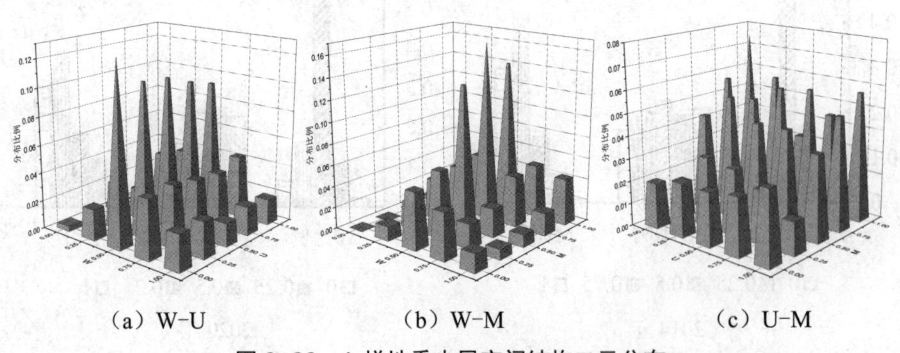

（a）W-U　　（b）W-M　　（c）U-M

图 2-28　A 样地乔木层空间结构二元分布

B 样地

W-U：在角尺度格局上，随机分布个体占据了绝大多数比例，且在每个大小比尺度上，角尺度均呈现单峰分布模式，而在相同的角尺度参数下，大小比分布表现出均匀的趋势（图 2-29（a））。

W-M：在相同的混交度下，角尺度从小到大呈单峰分布，随机分布个体占据了绝大的比例。在相同的角尺度下，大小比分布基本上呈现增加的趋势，即处于竞争劣势的个体要多于处于竞争优势的个体（图 2-29（b））。

U-M：在相同的大小比分布下，混交度的分布的比例呈现随混交度参数的增大而增加的现象，尤其是大小比为 U=0 即绝对优势和大小比为 U=1 即绝对劣势的情况下，高混交度个体所占比例格外明显。其余大小比等级下，个体比例在混交度的分布上没有明显趋势（图 2-29（c））。

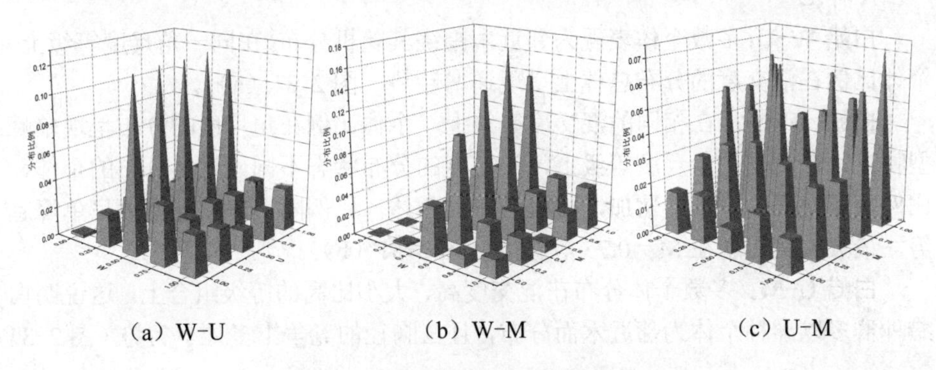

（a）W-U　　（b）W-M　　（c）U-M

图 2-29　B 样地乔木层空间结构二元分布

C 样地

W-U：在相同的大小比等级上，角尺度的分布呈明显的单峰型，随机分布个体占比例最高，而在相同的角尺度等级上，大小比基本呈均匀分布，说明个体的分布状态并没有明显地影响到种群之间的胸径竞争关系（图 2-30（a））。

W-M：在混交度 M=0,0.25 和 0.5 三个等级上几乎没有个体分布，在 M=0.75 和 M=1 两个高度混交等级上，角尺度分布呈单峰型，随机分布个体比例增加。而在相同的角尺度等级上，个体比例在混交度的分布呈现递增趋势（图 2-30（b））。

U-M：几乎全部个体分布在 M=0.75 和 1 两个高度混交等级上，在 M=0.75 的等级上，大小比呈单峰分布，最大值出现在 U=0.75 等级，在 M=1 的等级上，大小比则呈现单凹型分布，U=0 个体比例最高，U=0.75 个体比例最低。从 U-M 混交程度看，混交度对大小比的影响没有明显的规律（图 2-30（c））。

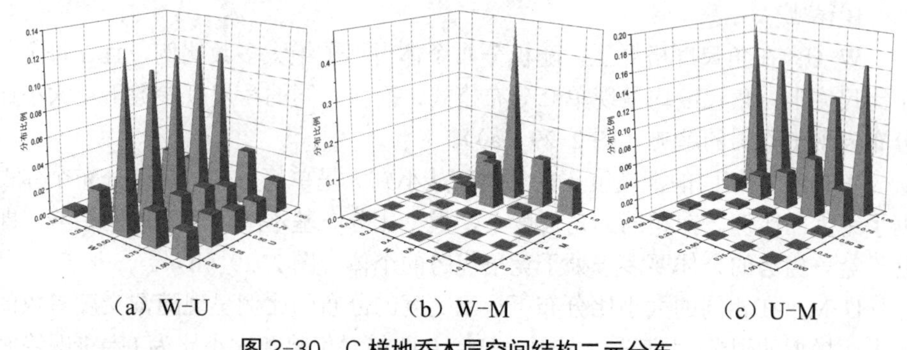

（a）W-U　　（b）W-M　　（c）U-M

图 2-30　C 样地乔木层空间结构二元分布

（2）主要树种空间结构

A 样地

白蜡 W-U：多数个体表现为邻近木围绕其随机分布，在同一角尺度等级上，个体比例在混交度的分布总体上呈现递增趋势（图 2-31（a））。

白蜡 W-M：在相同的混交度等级上，个体比例在角尺度的分布呈现单峰型特点，在相同的角尺度等级上，混交度的分布状态不同，聚集分布的个体，比例随混交度的增大而增加，随机分布的个体，比例随混交度的增大呈单峰趋势，最大比例出现在 M＝0.75 等级上（图 2-31（b））。

白蜡 U-M：多数个体分布在混交度高、大小比高的等级组合上，这说明白蜡种群多以异种个体为邻近木而分布，且在胸径的竞争上多处于劣势（图 2-31（c））。

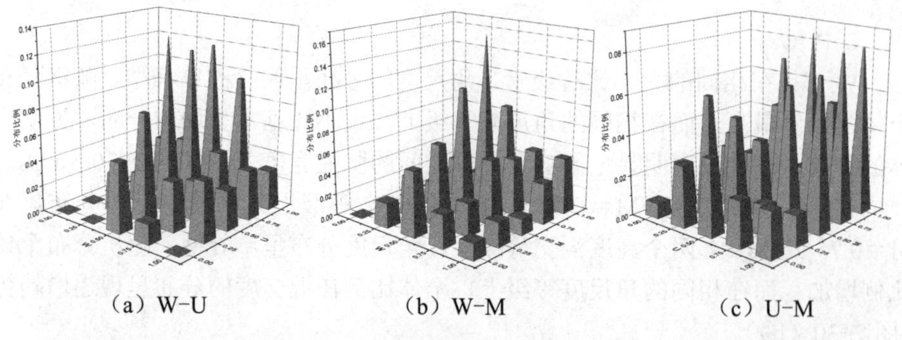

（a）W-U　　（b）W-M　　（c）U-M

图 2-31　A 样地白蜡空间结构二元分布

蒙古栎 W-U：几乎全部的蒙古栎个体均为邻近木围绕其随机分布的模式，且大小比在 U＝0 等级上分布比例最高，说明蒙古栎种群在与邻近木的竞争中多处于优势（图 2-32（a））。

蒙古栎 W-M： 随机分布的个体比例最高，且随混交度增大，个体比例先增加后下降，M＝0.75 和 M＝1 的高混交度个体占比例最高，说明蒙古栎多以异种个体为邻近木分布，这可能由于蒙古栎幼树围绕在母树周边生长的现象不明显，也可能是其他物种在与蒙古栎幼树的竞争中占据了优势，分布到了蒙古栎周围（图 2-32（b））。

蒙古栎 U-M： 低大小比、高混交度个体比例最高，说明蒙古栎多以异种树种为邻近木而分布，且在胸径的竞争中多占据优势（图 2-32（c））。

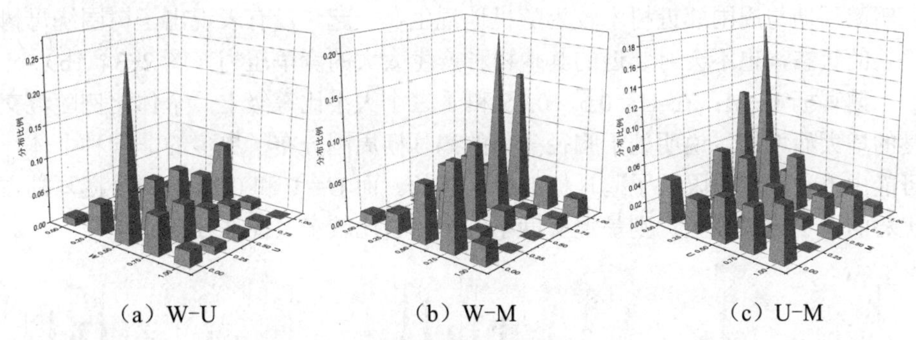

（a）W-U　（b）W-M　（c）U-M

图 2-32　A 样地蒙古栎空间结构二元分布

紫椴 W-U： 紫椴种群在 W-U 二元分布上表现的比较中庸，即在角尺度上，随机分布个体比例最高，在大小比上，U＝0.25、0.5 和 0.75 三个级别中庸的个体比例最高（图 2-33（a））。

紫椴 W-M： 在每个混交度等级上，均为随机分布个体占比例最高，在每个角尺度等级上，个体也倾向于分布在大小比中庸的等级上（图 2-33（b））。

紫椴 U-M： 在相同的混交度等级上，个体比例在大小比的分布呈单峰趋势，中庸个体占比例最高，在相同的大小比等级上，个体在高混交度分布比例更高（图 2-33（c））。

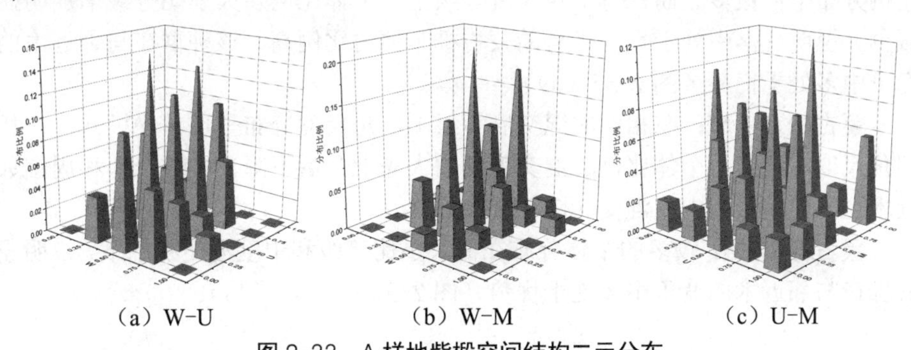

（a）W-U　（b）W-M　（c）U-M

图 2-33　A 样地紫椴空间结构二元分布

B 样地

鹅耳枥 W-U：在每个相同的大小比等级上，角尺度呈现单峰分布状态，随机分布 W＝0.5 的个体占比例最高，在相同的角尺度等级上，分布呈现随大小比的增加而上升的趋势，说明和邻近木相比，胸径处于劣势的个体占比例较高（图 2-34（a））。

鹅耳枥 W-M：在每个相同的混交度等级上，角尺度呈现单峰分布状态。在相同的角尺度等级上，混交度的分布较为随机，并没有表现出明显的规律，说明鹅耳枥与周围邻近树木较为随机地混生在一起，没有表现出子树围绕母树生长的状态，也不会对邻近的其他树种产生太大的竞争压力（图 2-34（b））。

鹅耳枥 U-M：在 U＝0.5、0.75 和 1 三个大小比等级上，个体比例随混交度的增大而增加，说明处于胸径劣势的鹅耳枥周围分布了更多的非同种个体，可能由于种间竞争限制了鹅耳枥的径向生长。而 U＝0 和 0.25 这两个鹅耳枥占优势的大小比等级上，则是混交度小的个体占比较多（图 2-34（c））。

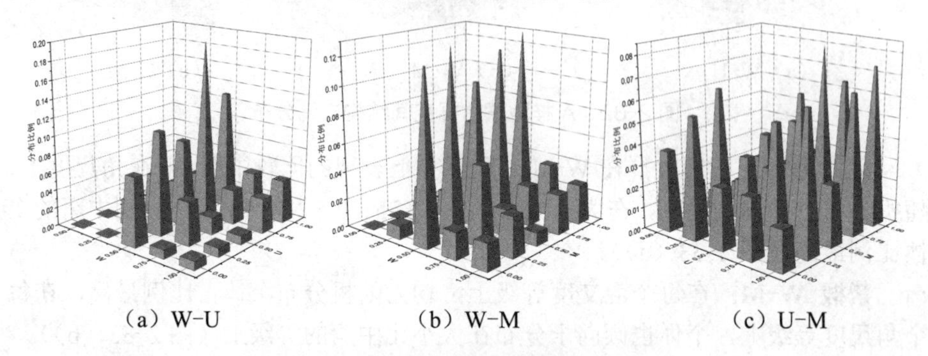

（a）W-U　　（b）W-M　　（c）U-M

图 2-34　B 样地鹅耳枥空间结构二元分布

蒙古栎 W-U：在相同的大小比等级上，角尺度呈现单峰分布模式，说明随机分布个体最多。而在每个角尺度等级上，个体比例随大小比等级增加明显减少。说明群落中处于竞争优势的蒙古栎个体占比例高，该种群在与邻近木的竞争中多处于优势（图 2-35（a））。

蒙古栎 W-M：在相同的混交度等级上，角尺度分布呈现单峰模式，在相同角尺度等级上，个体比例随混交度的增大先上升后下降，多数个体和周围邻近木之间的关系为中度混交（图 2-35（b））。

蒙古栎 U-M：较多的个体分布在低大小比等级和中度混交状态下，说明蒙古栎在与邻近木的竞争中多处于优势（图 2-35（c））。

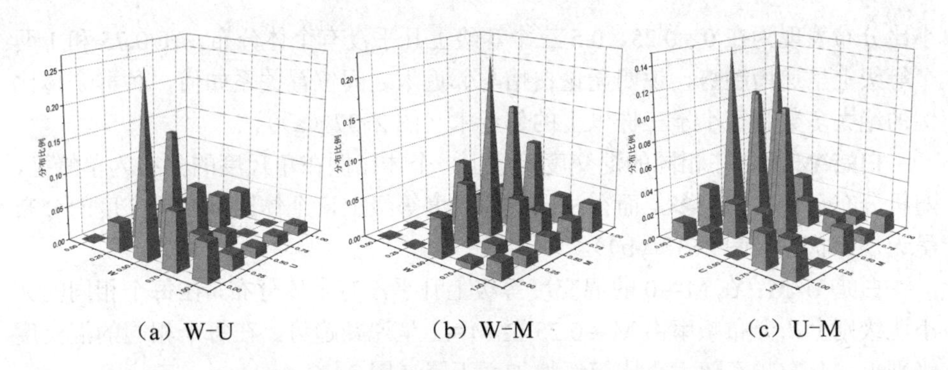

（a）W-U　　（b）W-M　　（c）U-M

图 2-35　B 样地蒙古栎空间结构二元分布

元宝槭 W-U：随机分布个体数目最多，且在大小比的分布上也基本上为单峰型，说明元宝槭在和周围邻近木的竞争中处于中庸状态的个体较多（图 2-36（a））。

元宝槭 W-M：几乎一半以上的个体分布在角尺度为 0.5 和混交度 0.25 的随机低混交模式下，这可能是由于更多的元宝槭个体分布在母树周围生长所造成的（图 2-36（b））。

元宝槭 U-M：在混交度为 0.25 等级下分布的个体比例最多，该混交度等级下，大小比在 0、0.25、0.5、0.75 四个等级下几乎平均分布。其余混交度等级下分布的个体数目较少，在大小比上没有表现出明显的分布规律（图 2-36（c））。

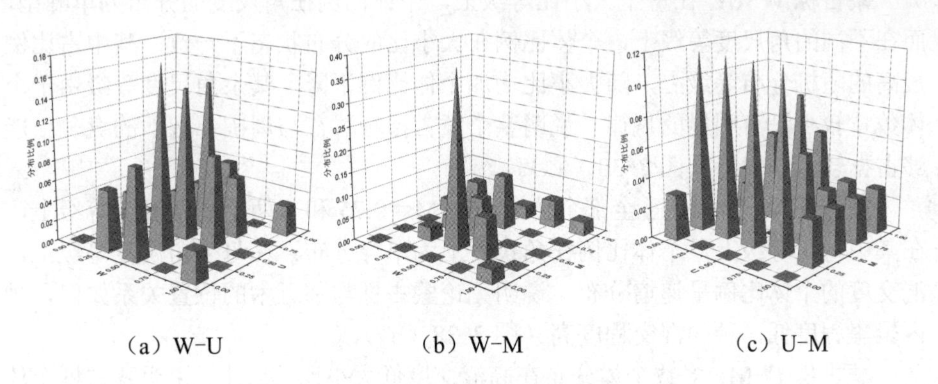

（a）W-U　　（b）W-M　　（c）U-M

图 2-36　B 样地元宝槭空间结构二元分布

C 样地

白蜡 W-U：几乎全部个体分布在 U＝0.75 和 1 两个大小比劣势等级，在这两个等级上，个体比例在角尺度的分布呈单峰型；在相同的角尺度等级上，大小比分布表现为在0、0.25、0.5三个等级上几乎没有个体分布，在0.75和1两个等级上呈递增趋势，说明无论白蜡与邻近木之间位置关系如何，种群个体比例的绝大多数胸径小于三株以上的邻近木（图2-37（a））。

白蜡W-M：在相同的混交度等级上，个体比例在角尺度的分布为单峰型，随机分布个体比例最多，而在相同的角尺度等级上，个体比例在混交度的分布呈无规律状态（图2-37（b））。

白蜡U-M：在M=0的混交度等级上几乎没有个体分布，在每个相同的大小比级别上，分布频率由M=0.25至M=1呈递减趋势，在每个相同的混交度级别上，分布频率随大小比等级增加而下降（图2-37（c））。

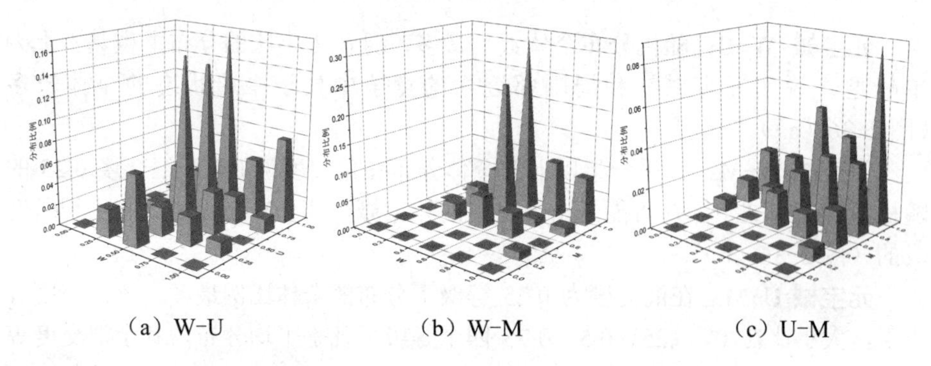

（a）W-U （b）W-M （c）U-M

图2-37 C样地白蜡空间结构二元分布

蒙古栎W-U：在每个大小比等级上，个体比例在角尺度的分布为单峰型，而在不同的角尺度等级上，个体比例在大小比的分布状态不一致，其中占比例最高的随机分布等级上，随大小比增加个体比例下降，其余角尺度等级由于个体数量较少没有明显的规律。说明整个蒙古栎种群在与周围邻近木的竞争中能够占据较大的优势（图2-38（a））。

蒙古栎W-M：几乎全部个体分布在M=0.75和1两个高度混交等级上，在其中每个等级上，个体比例在角尺度上为单峰分布；在每个角尺度等级上，混交度的个体比例呈递增分布，说明无论蒙古栎与邻近木的位置关系如何，种内聚集程度低，种间混交程度高（图2-38（b））。

蒙古栎U-M：多数个体分布在高混交度低大小比等级上，说明蒙古栎个体与邻近木高度混交，且在胸径竞争中往往占据优势。在占比例最高的混交度M=1等级上，个体比例在大小比的分布呈下降趋势，说明当蒙古栎的四株邻近木均为其他树种时，蒙古栎处于完全优势U=0和优势U=0.25的个体比例占据了多数（图2-38（c））。

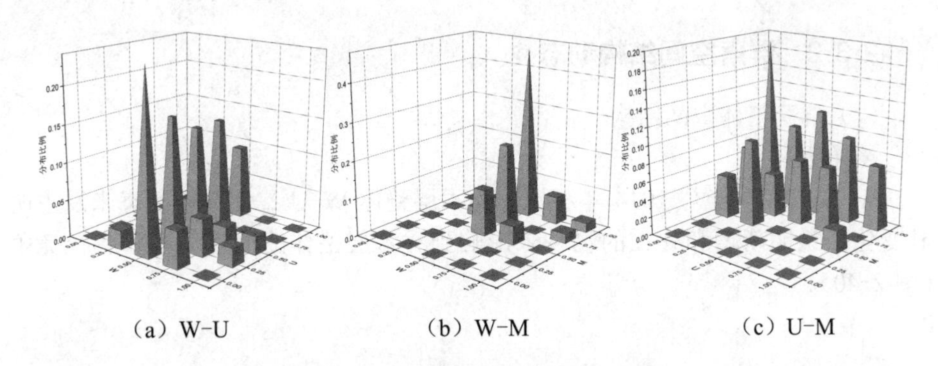

（a）W-U　　（b）W-M　　（c）U-M

图 2-38　C 样地蒙古栎空间结构二元分布

槲栎 W-U：在每个大小比等级上，角尺度呈单峰分布，邻近木围绕目标树随机分布的个体比例最高；而在每个角尺度等级上，大小比的个体比例分布也为单峰型，说明槲栎个体在与邻近木的胸径竞争中，处于中庸的个体比例最高，处于优势和劣势的比例较低且几乎相等（图 2-39（a））。

槲栎 W-M：在相同的混交度等级上，角尺度的分布呈单峰型，在每个角尺度等级上，个体比例在混交度的分布呈递增趋势，说明位置的状态没有影响到槲栎种群与周围邻近木的混交程度（图 2-39（b））。

槲栎 U-M：多数个体分布在混交度相对高的几个等级上，在其中每个等级上，个体比例在大小比的分布为单峰型。而在相同的大小比等级上，混交度的分布比例呈递增状态（图 2-39（c））。

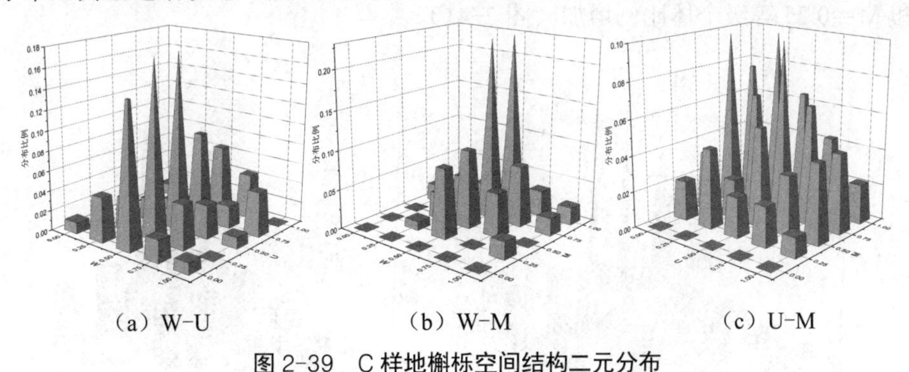

（a）W-U　　（b）W-M　　（c）U-M

图 2-39　C 样地槲栎空间结构二元分布

2.3.2 群落空间结构动态

（1）群落整体空间结构

A 样地

W-U：2020 年与 2014 年相比，乔木层整体 W-U 二元分布状态未发生明显变化，说明新增和死亡的物种未影响到乔木层整体的位置关系和胸径竞争（图 2-40）。

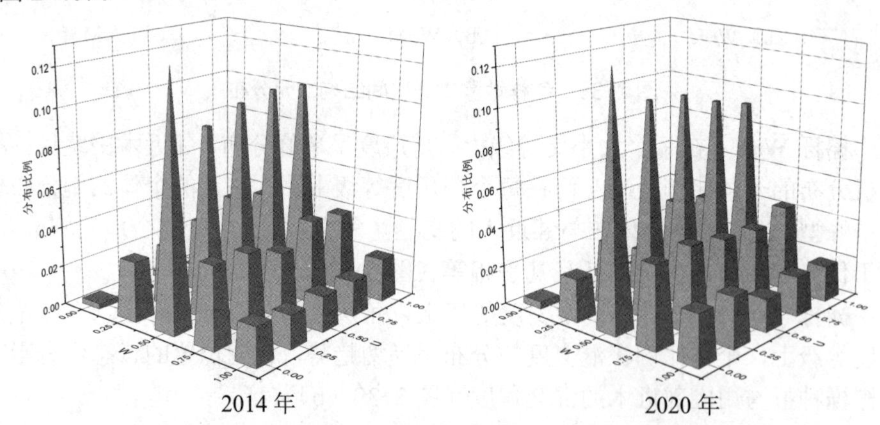

图 2-40 A 样地空间结构 W-U 二元分布比较

W-M：2020 年与 2014 年相比，混交度 M=1 等级个体比例下降，M=0.75 和 M=0.25 等级个体比例增加（图 2-41）。

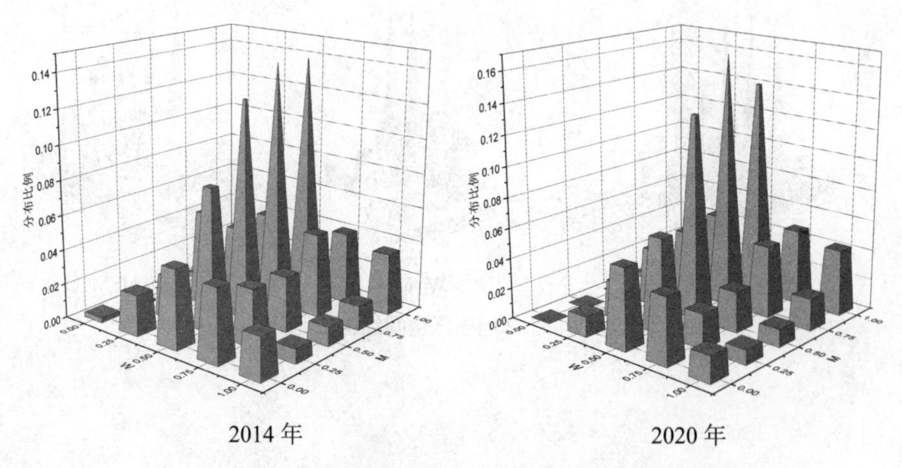

图 2-41 A 样地空间结构 W-M 二元分布比较

U-M：2020 年与 2014 年相比，高混交度等级分布比例明显增加，大小比的分布状态没有明显的改变（图 2-42）。

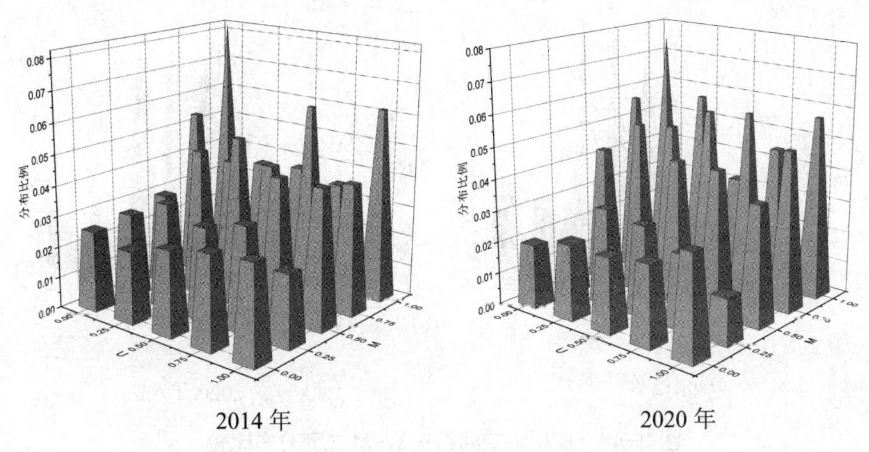

图 2-42　A 样地空间结构 U-M 二元分布比较

B 样地

W-U：2020 年与 2014 年相比，B 样地乔木层树种总体的 W-U 二元分布状态没有发生明显的变化，说明白蜡与邻近木的相对位置关系没有因森林群落的发育而改变，群落的更新、死亡也没有影响 B 样地乔木层整体的大小比关系（图 2-43）。

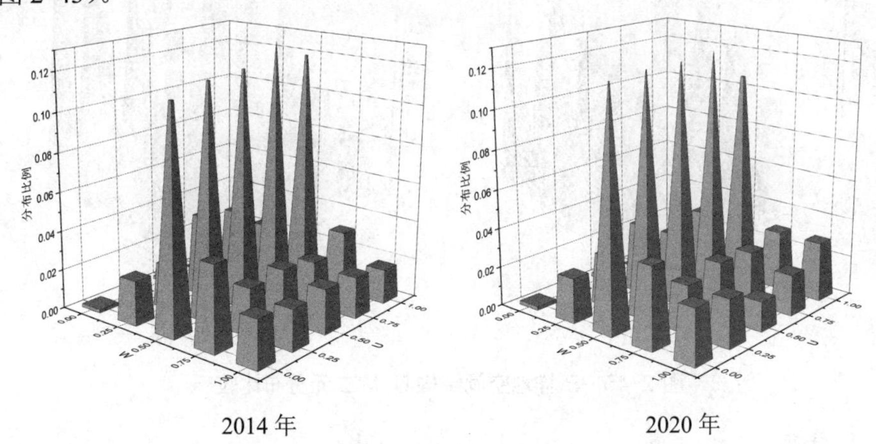

图 2-43　B 样地空间结构 W-U 二元分布比较

W-M：经过森林的生长发育，B 样地中的乔木树种的 W-M 二元分布在 W＝0.5 的随机分布模式下，由 2014 年的随混交度增加的递增分布转变为 2020

年的单峰分布，最高比例出现在 M＝0.75 的混交模式下（图 2-44）。

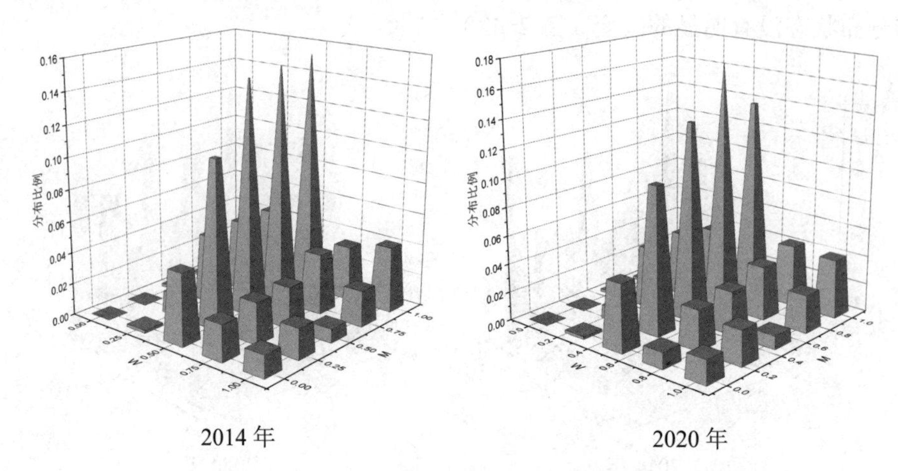

图 2-44　B 样地空间结构 W-M 二元分布比较

U-M：2020 年 B 样地乔木层总体 U-M 二元分布与 2014 年的变化不大（图 2-45）。

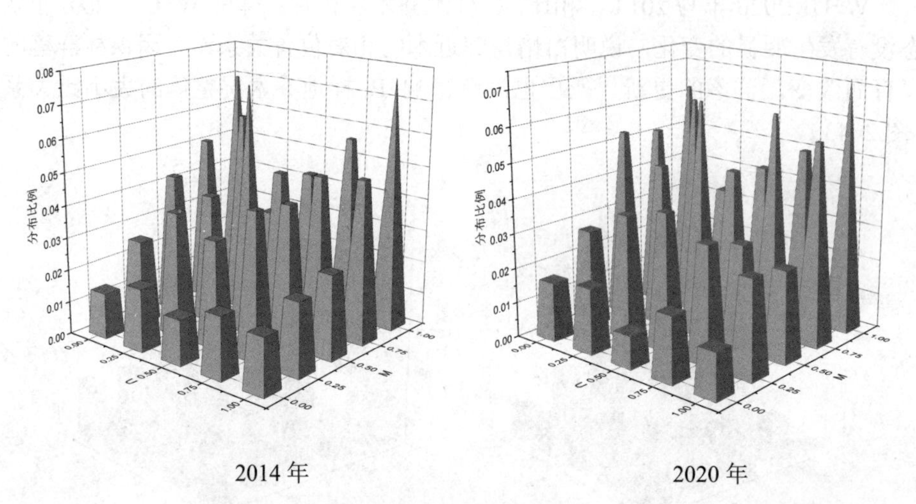

图 2-45　B 样地空间结构 U-M 二元分布比较

C 样地

W-U：2020 年与 2014 年相比，在 W 为 0.5 随机分布的等级上，个体比例在大小比上由递增分布变为总体递减分布，说明经过森林生长发育，更多的乔木层个体在与周围邻近木的竞争中摆脱了原先的劣势或增加了优势（图 2-46）。

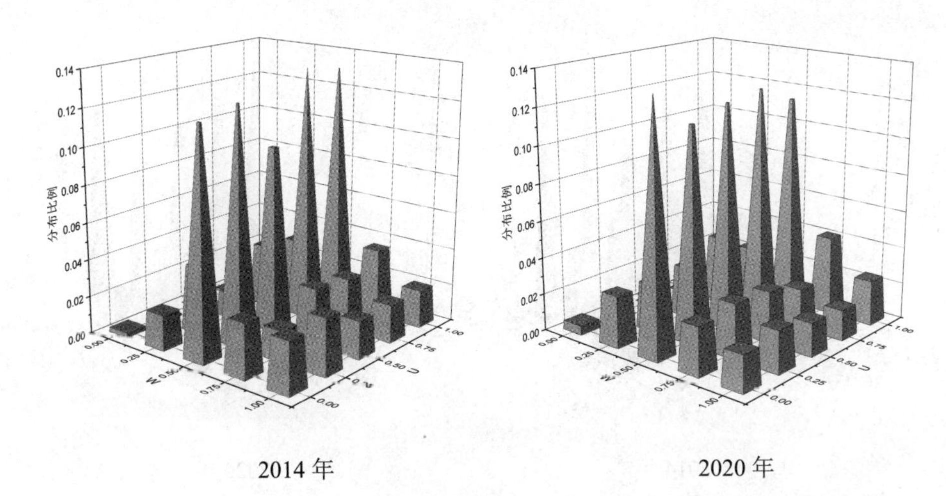

图 2-46　C 样地空间结构 W-U 二元分布比较

W-M：2020 年与 2014 年相比，C 样地乔木层整体 W-M 二元分布状态未发生明显的变化（图 2-47）。

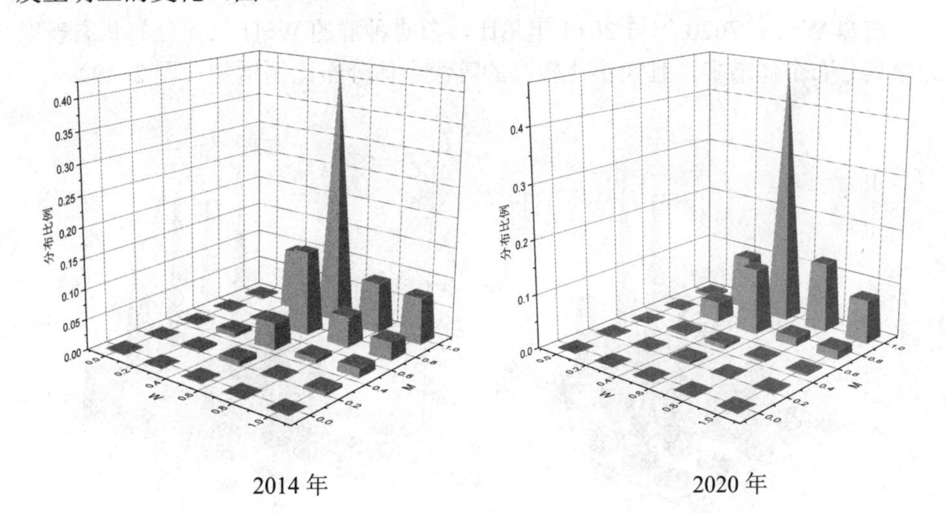

图 2-47　C 样地空间结构 W-M 二元分布比较

U-M：2020 年与 2014 年相比，在每个大小比等级上，混交度在 0.75 和 1 两个等级上的递增趋势更加明显；在 M＝0.75 的混交度等级上，角尺度分布比例最高的等级由 0.5 变成 0.75（图 2-48）。

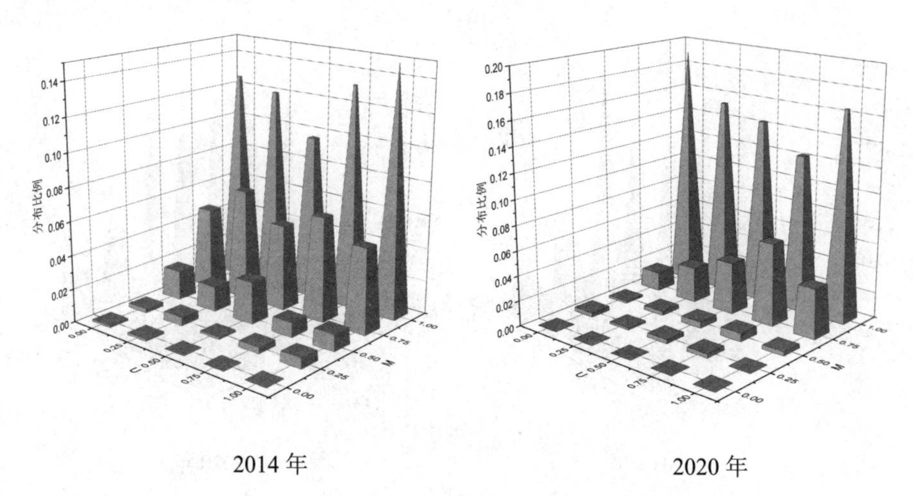

2014 年　　2020 年

图 2-48　C 样地空间结构 U-M 二元分布比较

（2）主要树种空间结构

A 样地

白蜡 W-U：2020 年与 2014 年相比，白蜡种群的 W-U 二元分布状态表现为聚集分布个体增多，且大小比较高的等级个体分布比例增加（图 2-49）。

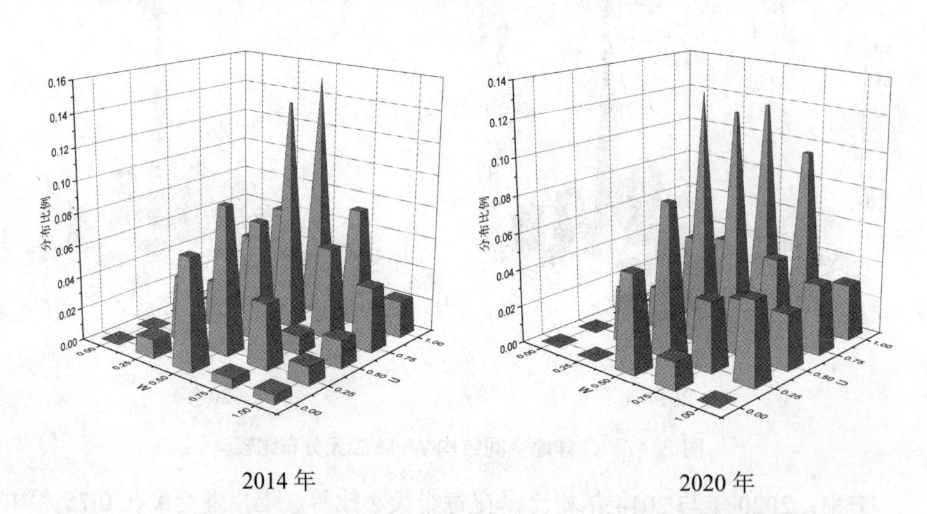

2014 年　　2020 年

图 2-49　A 样地白蜡空间结构 W-U 二元分布比较

白蜡 W-M：2020 年与 2014 年相比，白蜡种群在 W=1 的聚集分布个体中，比例随混交度等级的增大而增加，不再是 2014 年的均匀分布状态（图 2-50）。

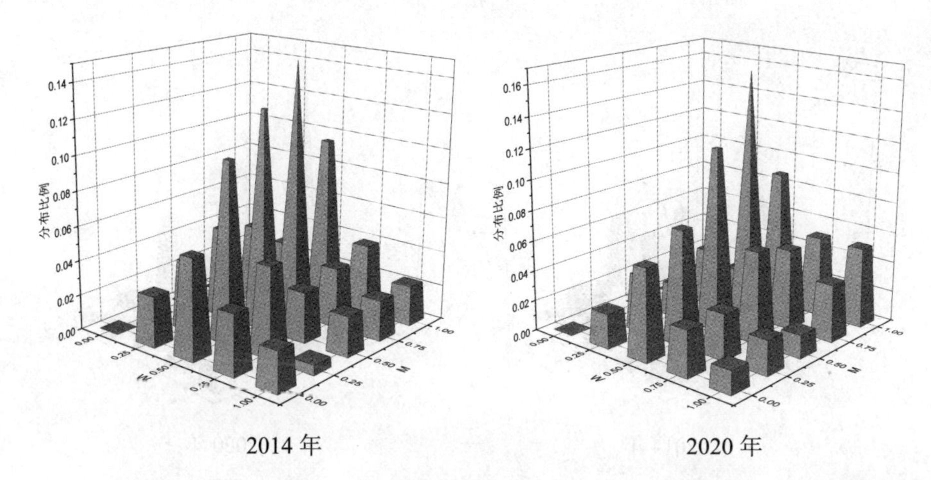

图 2-50　A 样地白蜡空间结构 W-M 二元分布比较

白蜡 U-M： 2020 年与 2014 年相比，高混交度、高大小比的个体比例进一步增大，说明森林的生长发育过程使更多的白蜡在与邻近木的竞争中处于劣势且更多的异种树种分布到白蜡周围（图 2-51）。

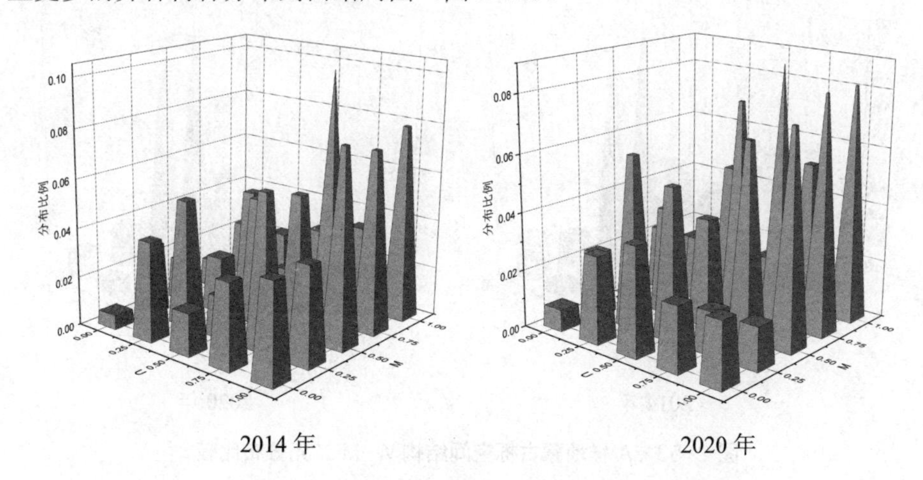

图 2-51　A 样地白蜡空间结构 U-M 二元分布比较

蒙古栎 W-U： 2020 年与 2014 年相比，蒙古栎种群的 W-U 二元分布状态并无明显改变，仅表现在随机分布 W＝0.5 的个体中，U＝0 即大小比绝对优势的个体比例增加，其余大小比等级个体所占比例均减少（图 2-52）。

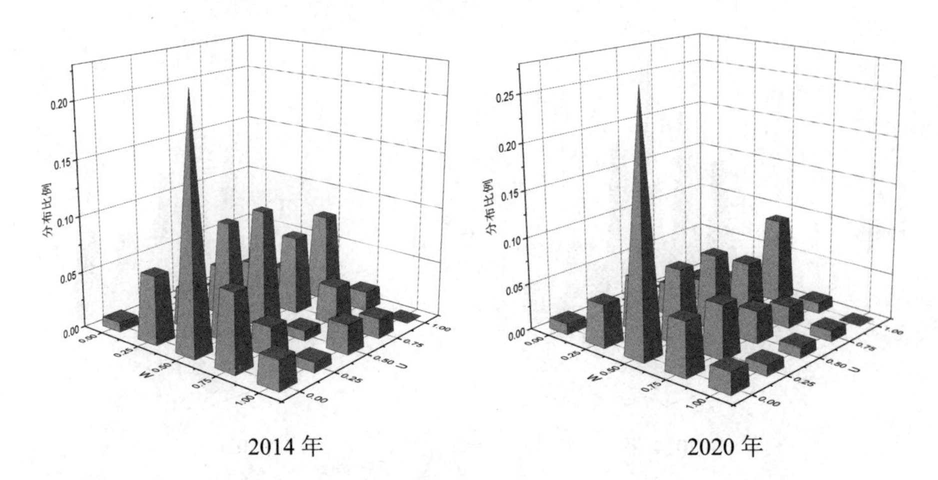

图 2-52　A 样地蒙古栎空间结构 W-U 二元分布比较

蒙古栎 W-M： 2020 年与 2014 年相比，蒙古栎种群 W-M 二元分布状态未发生明显的变化（图 2-53）。

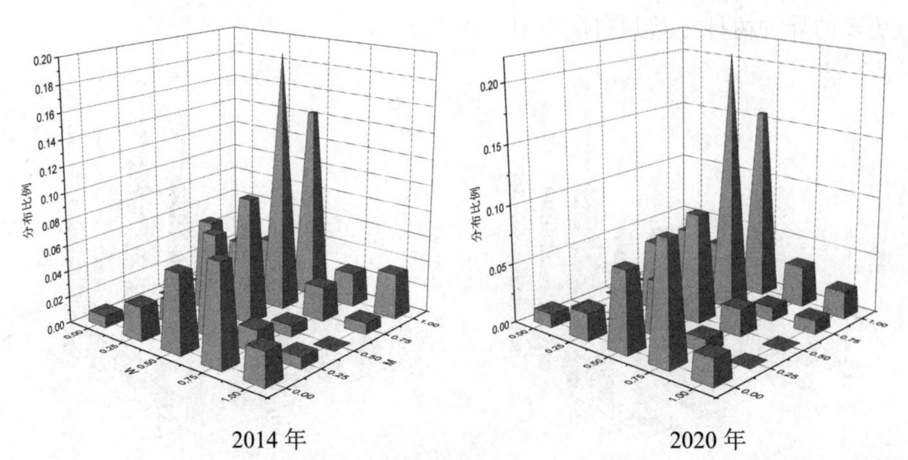

图 2-53　A 样地蒙古栎空间结构 W-M 二元分布比较

蒙古栎 U-M： 2020 年与 2014 年相比，蒙古栎种群 U-M 二元分布状态发生了较为明显的变化。从大小比上看，分布在 U=0 绝对优势的个体比例明显增加而分布在 U=0.75 和 1 两种劣势的个体比例明显减少，说明经过森林的生长发育，蒙古栎在与周围邻近木的竞争中逐渐占据了优势（图 2-54）。

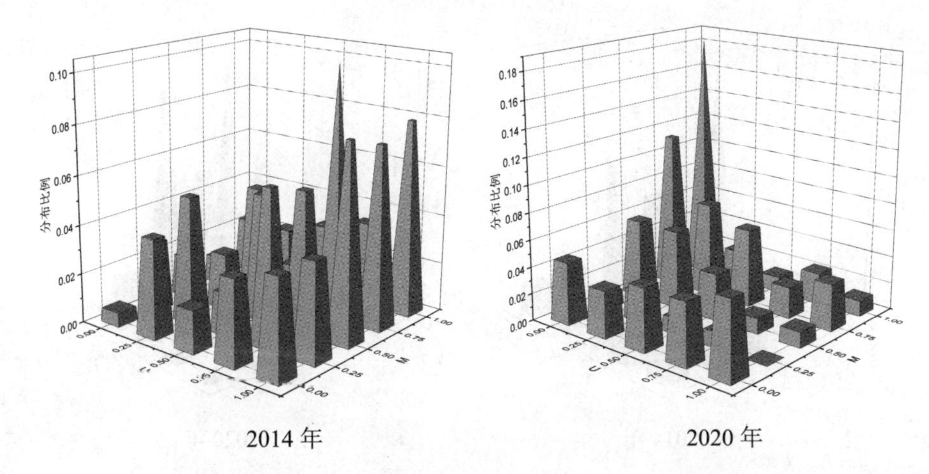

图 2-54　A 样地蒙古栎空间结构 U-M 二元分布比较

紫椴 W-U：2020 年与 2014 年相比，紫椴种群的 W-U 二元分布变化主要在于聚集分布 W=1 的个体比例减少，其余无明显变化（图 2-55）。

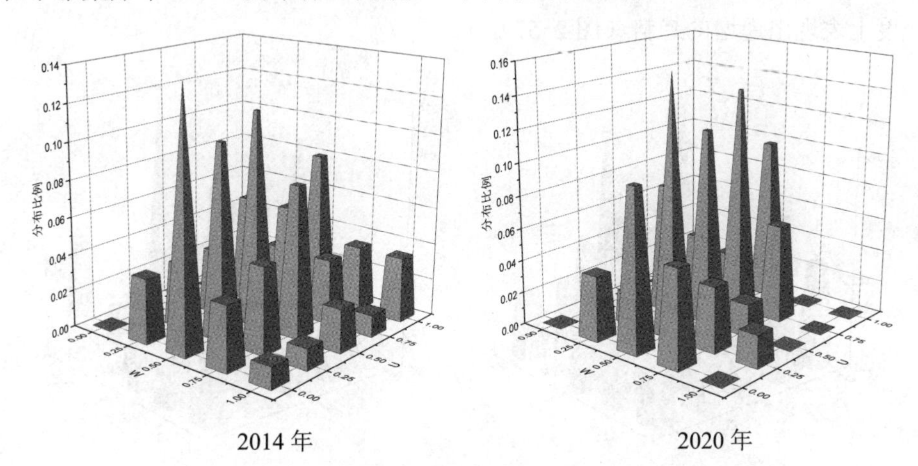

图 2-55　A 样地紫椴空间结构 W-U 二元分布比较

紫椴 W-M：2020 年与 2014 年相比，紫椴种群的 W-M 二元分布变化表现在随机分布 W=0.5 的个体中，混交度从 0.25 到 1 四个等级个体比例由 2014 年的逐渐下降变为 2020 年的以 M=0.5 和 M=1 两个等级最高的波动分布（图 2-56）。

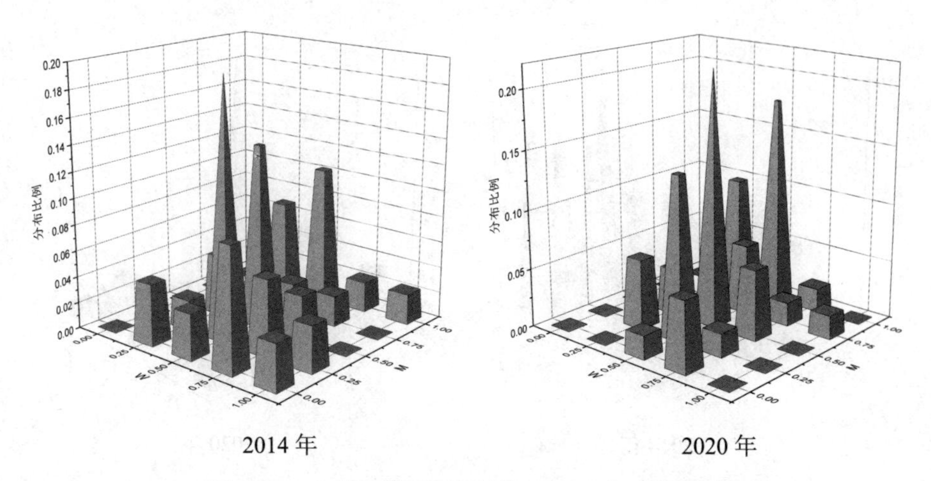

图 2-56 A 样地紫椴空间结构 W-M 二元分布比较

紫椴 U-M：2020 年与 2014 年相比，混交度低的个体比例减少，混交度高的个体比例增加；尤其在 2020 年，大小比 U＝0.5 的中庸个体，分布比例在混交度上表现出递增的趋势（图 2-57）。

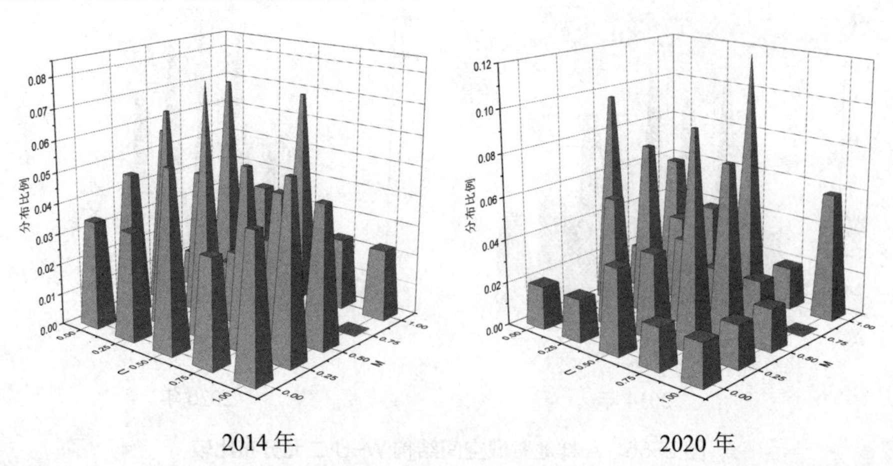

图 2-57 A 样地紫椴空间结构 U-M 二元分布比较

B 样地

鹅耳枥 W-U：2014 年到 2020 年，种群 W-U 二元分布无明显变化，说明种群在森林发育过程中，邻近木的分布及其与邻近木的大小比无明显变化（图 2-58）。

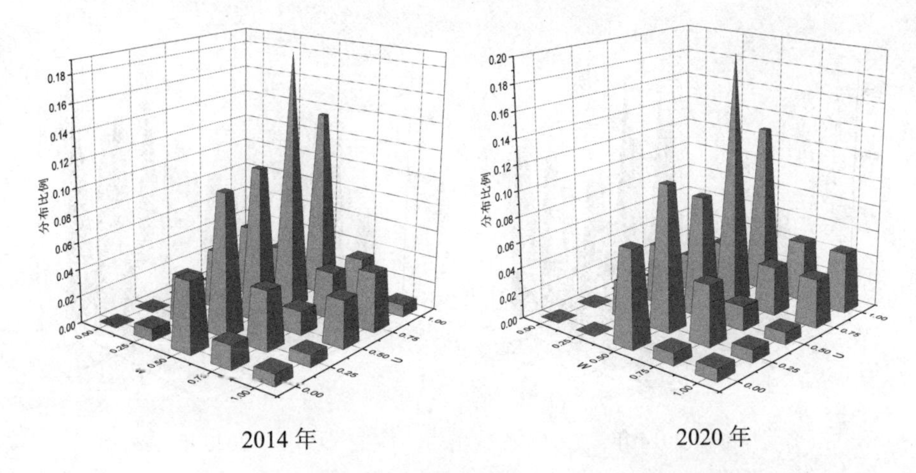

图 2-58　B 样地鹅耳枥空间结构 W-U 二元分布比较

鹅耳枥 W-M：2020 年与 2014 年相比，在 W＝0.5 随机分布的等级下，混交度个体比例的分布由 2014 年的单峰型转变成现在单凹型，说明随机分布的鹅耳枥个体在森林发育的过程中，在胸径上的优势、劣势均更为明显（图 2-59）。

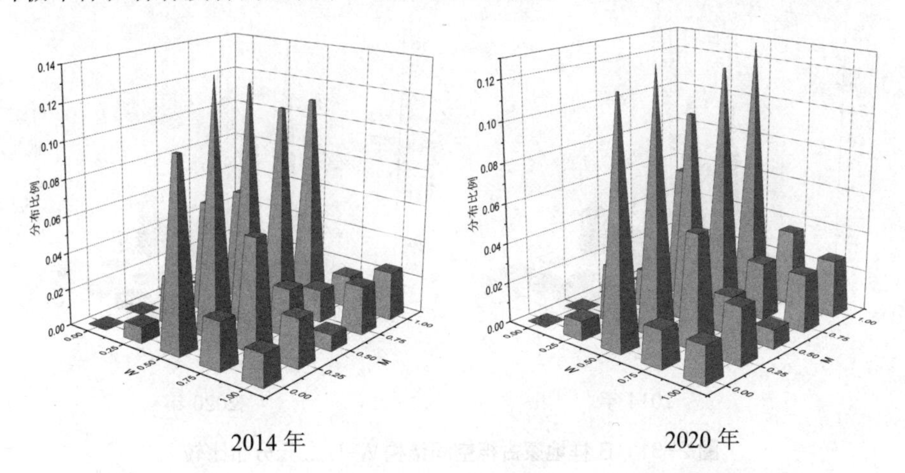

图 2-59　B 样地鹅耳枥空间结构 W-M 二元分布比较

鹅耳枥 U-M：2020 年与 2014 年相比，种群的 U-M 二元分布变化较为明显，其中混交度高的个体其比例在大小比的分布上也呈现递增趋势，说明混交度高的鹅耳枥个体更多地在森林发育过程中处于竞争劣势（图 2-60）。

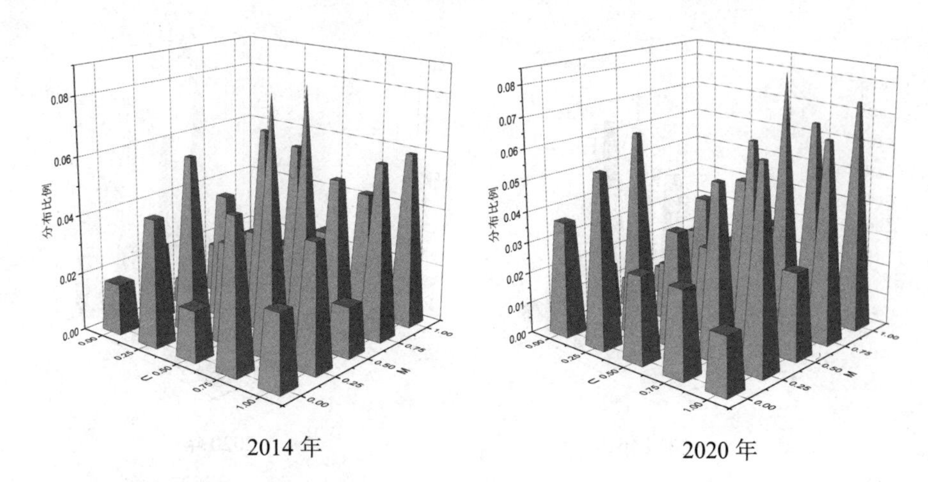

图 2-60　B 样地鹅耳枥空间结构 U-M 二元分布比较

蒙古栎 W-U：2020 年蒙古栎 W-U 二元分布状况与 2014 年相比没有明显的变化（图 2-61）。

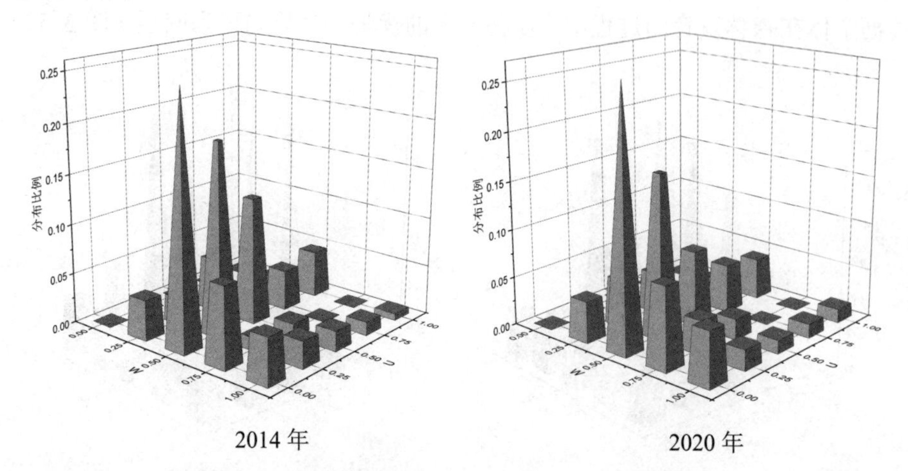

图 2-61　B 样地蒙古栎空间结构 W-U 二元分布比较

蒙古栎 W-M：2020 年蒙古栎 W-M 二元分布状况与 2014 年相比没有明显的变化（图 2-62）。

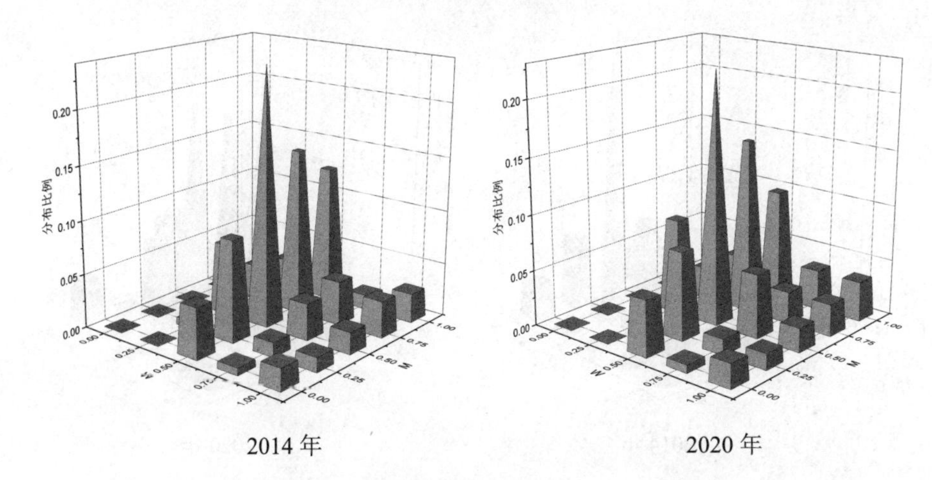

图 2-62　B 样地蒙古栎空间结构 W-M 二元分布比较

蒙古栎 U-M：2020 年，在 M＝0.5 的中度混交等级下，分布于 U＝0 绝对优势的个体比例增加，0、0.25 和 0.5 三个大小比等级上个体比例由原先的均匀分布变为现在的递减分布。说明更多的中度混交分布的个体经过森林的生长发育，变得更具有优势（图 2-63）。

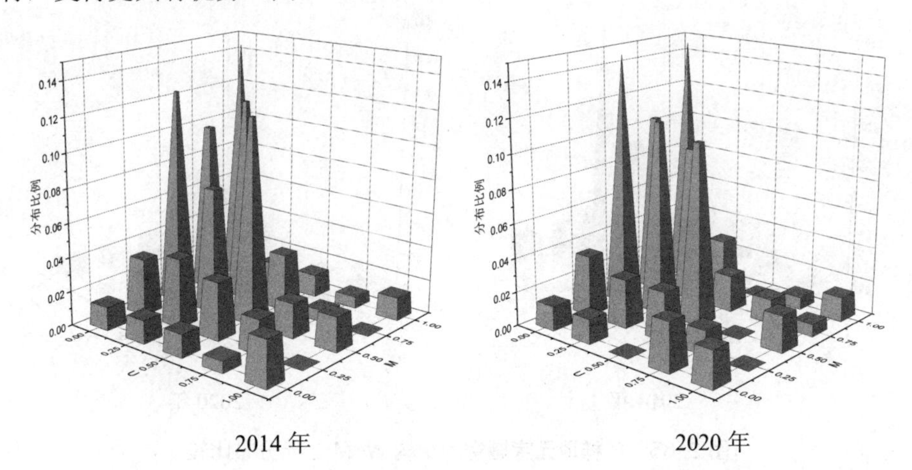

图 2-63　B 样地蒙古栎空间结构 U-M 二元分布比较

元宝槭 W-U：B 样地元宝槭种群 W-U 二元分布在森林发育过程中发生了明显的变化，随机分布个体在各个大小比的等级上均有所增加（图 2-64）。

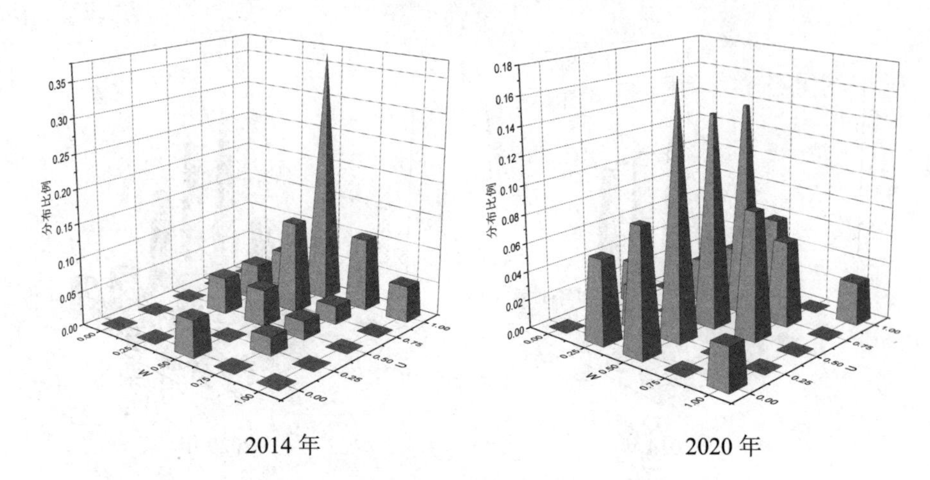

2014 年　　　　2020 年

图 2-64　B 样地元宝槭空间结构 W-U 二元分布比较

元宝槭 W-M：元宝槭种群的 W-M 二元分布从 2014 年到 2020 年间发生了较大的变化，尤其是在随机分布的个体中，更多的个体由原先的 M=0.75 或 1 的高度混交变成了现在的低度混交个体占比例最高（图 2-65）。

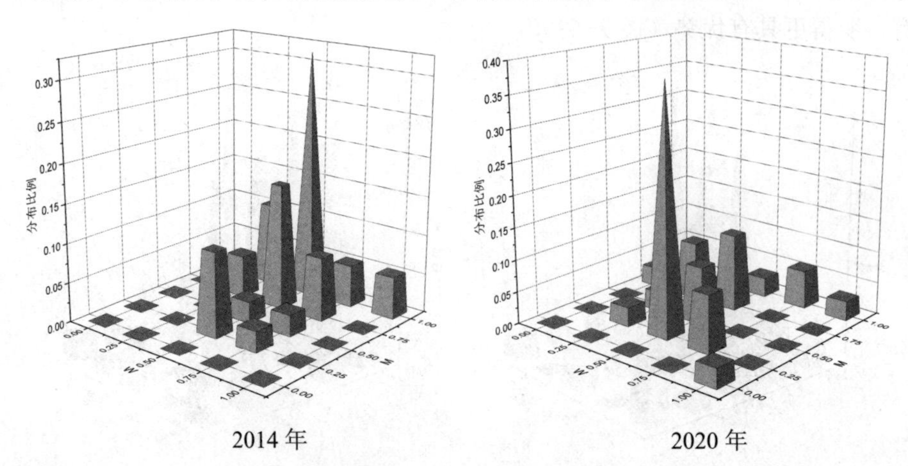

2014 年　　　　2020 年

图 2-65　B 样地元宝槭空间结构 W-M 二元分布比较

元宝槭 U-M：种群的 U-M 二元分布也发生了较大的变化，表现为在竞争中占劣势的个体比例明显减少，在 M=0.25 的低混交模式下分布个体比例明显增加（图 2-66）。

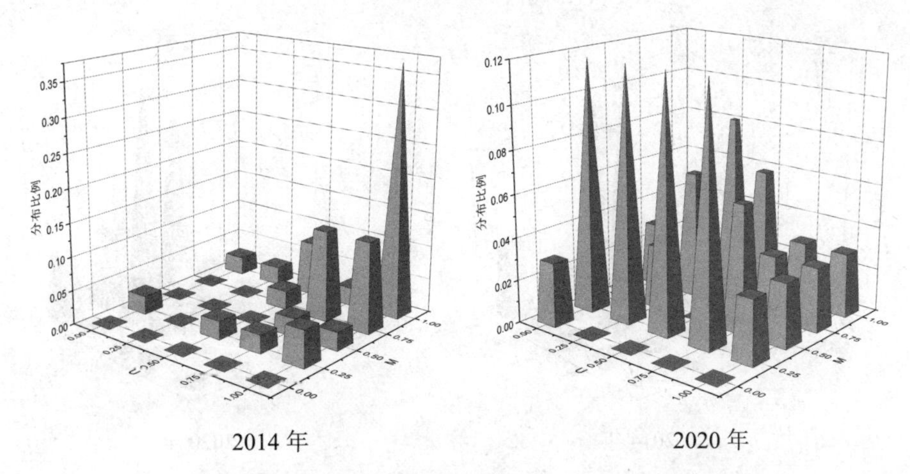

图 2-66　B 样地元宝槭空间结构 U-M 二元分布比较

C 样地

白蜡 W-U：2020 年与 2014 年相比，种群空间结构 W-U 二元分布上，随机分布个体沿 U 等级大小的比例关系变化明显，U>0.5 的几个等级比例增加（图 2-67）。

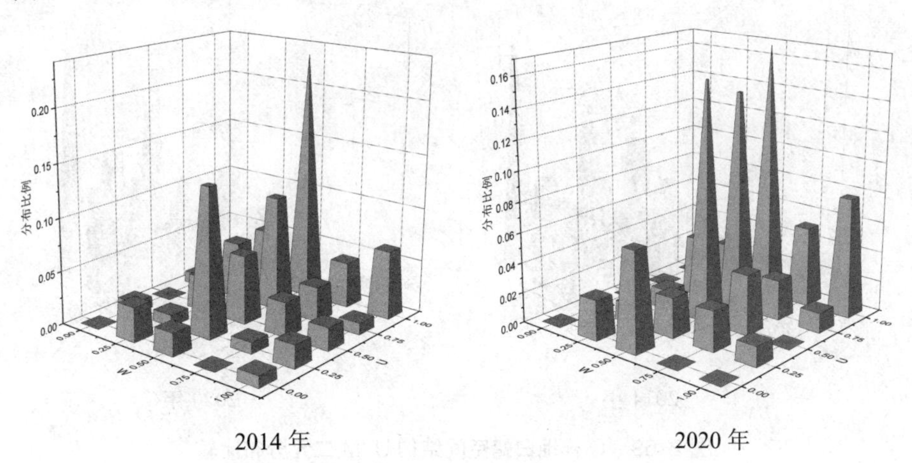

图 2-67　C 样地白蜡空间结构 W-U 二元分布比较

白蜡 W-M：2020 年与 2014 年相比，在 W=0.5 的随机分布等级上，M=0.75 的个体比例下降，M=1 等级个体比例增加，这说明白蜡种群与周围邻近木的混交度进一步加强，其他树种可能通过竞争取代了白蜡母树周围的幼树（图 2-68）。

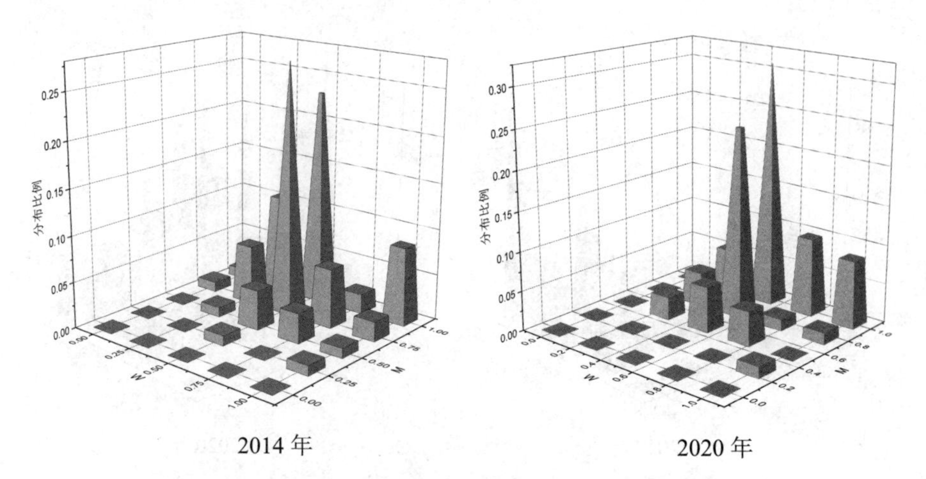

图 2-68　C 样地白蜡空间结构 W-M 二元分布比较

白蜡 U-M：2020 年与 2014 年相比，白蜡种群 U-M 二元分布状态有较明显的变化，最突出的是大小比的分布由 2014 年的 U=1 完全劣势等级占据绝对优势，变成 2020 年的大小比等级增加的单峰分布（图 2-69）。

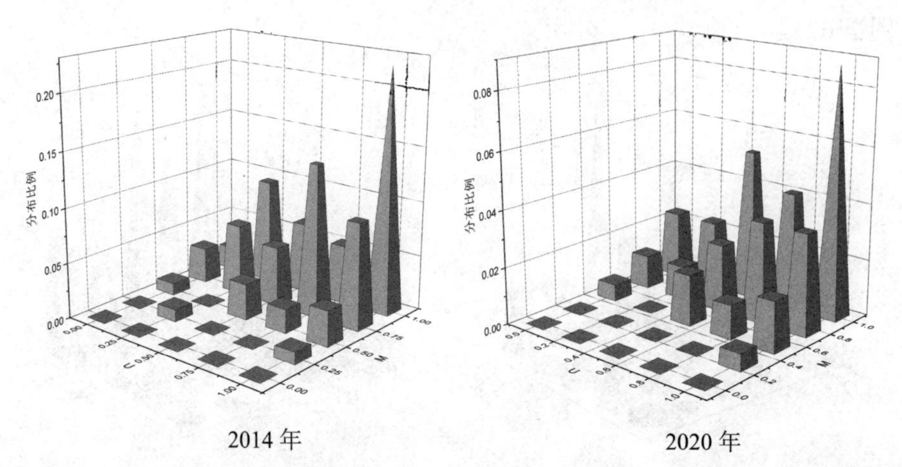

图 2-69　C 样地白蜡空间结构 U-M 二元分布比较

蒙古栎 W-U：2020 年与 2014 年相比，种群 W-U 二元分布状态最明显的变化在 W=0.5 随机分布等级上，个体比例由随大小比等级增加而下降的分布状态变为 U=0.5 等级占比例最高（图 2-70）。

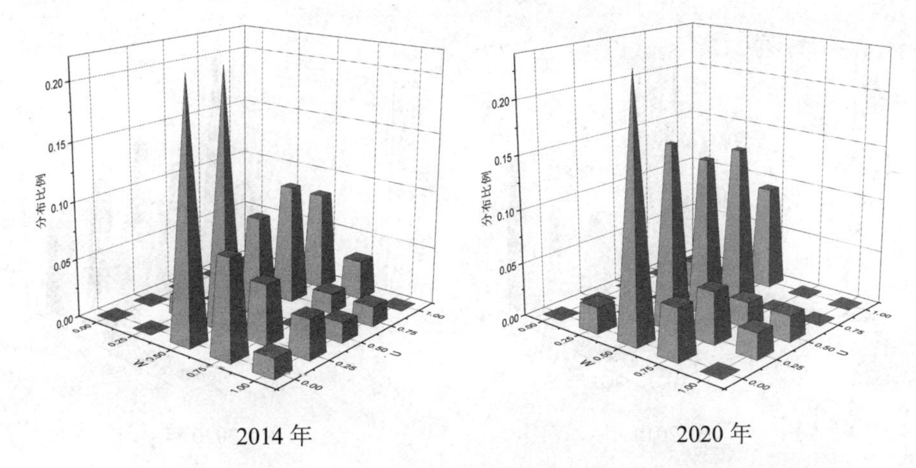

2014 年　　2020 年

图 2-70　C 样地蒙古栎空间结构 W-U 二元分布比较

蒙古栎 W-M： 2020 年与 2014 年相比，蒙古栎种群空间结构 W-U 二元分布状态没有明显变化（图 2-71）。

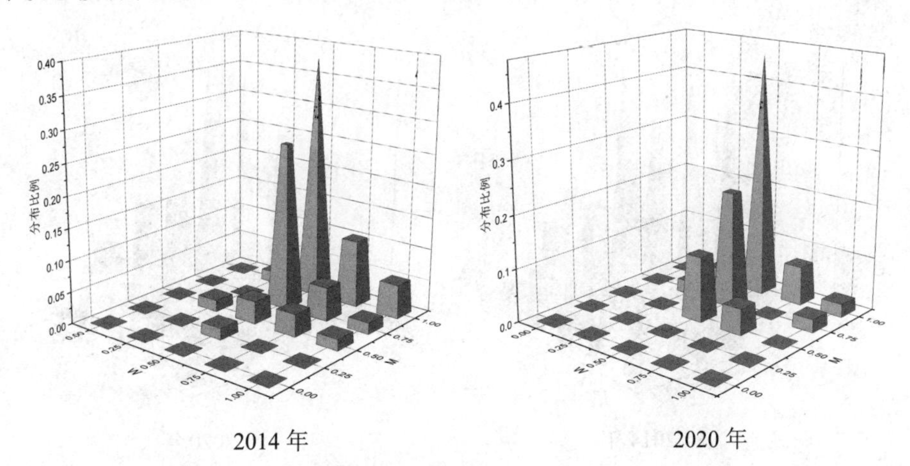

2014 年　　2020 年

图 2-71　C 样地蒙古栎空间结构 W-M 二元分布比较

蒙古栎 U-M： 2020 年与 2014 年相比，蒙古栎种群空间结构 U-M 二元分布状态变化表现为混交度 M＝0.75 等级个体比例的减少和 M＝1 等级个体比例的增加，其中 M＝1 的混交度等级上，U＝0 和 0.25 即蒙古栎占完全优势和优势的个体比例明显增加（图 2-72）。

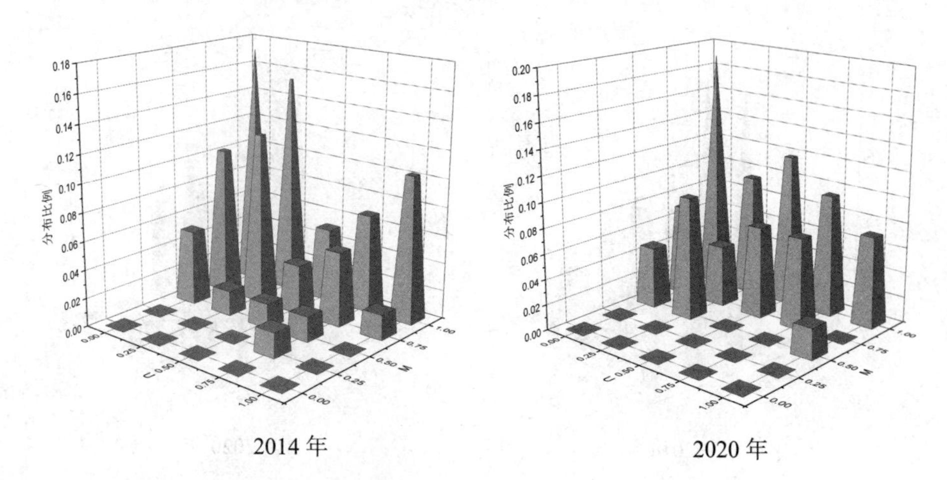

图 2-72　C 样地蒙古栎空间结构 U-M 二元分布比较

槲栎 W-U：2020 年与 2014 年相比，槲栎种群空间结构 W-U 二元分布状态没有明显变化（图 2-73）。

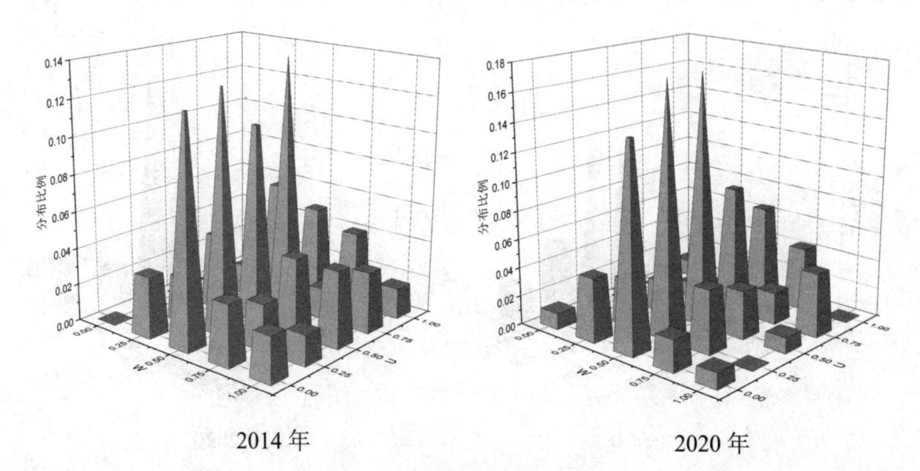

图 2-73　C 样地槲栎空间结构 W-U 二元分布比较

槲栎 W-M：2020 年与 2014 年相比，槲栎种群空间结构 W-M 二元分布的变化主要在于 M＝1 的高度混交等级上，聚集分布 W＝0.75 和 W＝1 的个体比例增加（图 2-74）。

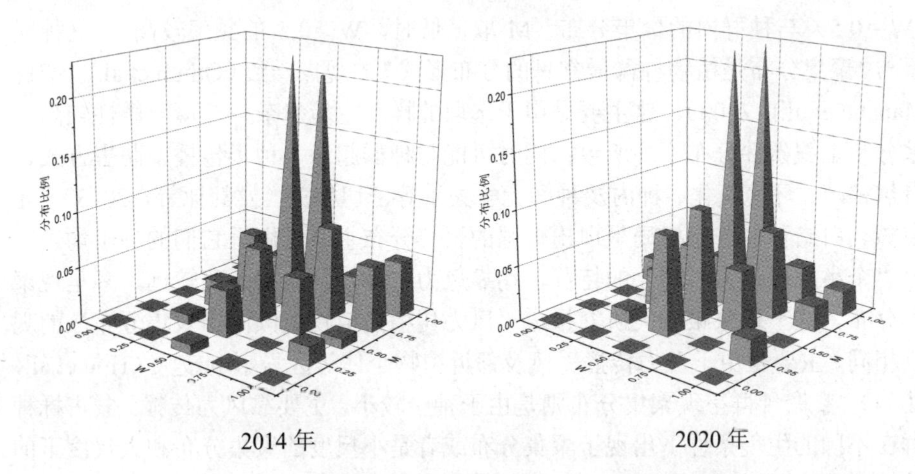

2014 年　　2020 年

图 2-74　C 样地槲栎空间结构 W-M 二元分布比较

槲栎 U-M：2020 年与 2014 年相比，混交度高的（M＝0.75 和 M＝1）个体比例有所增加，而在各个混交度等级上，个体比例在大小比上的分布状态没有明显的变化（图 2-75）。

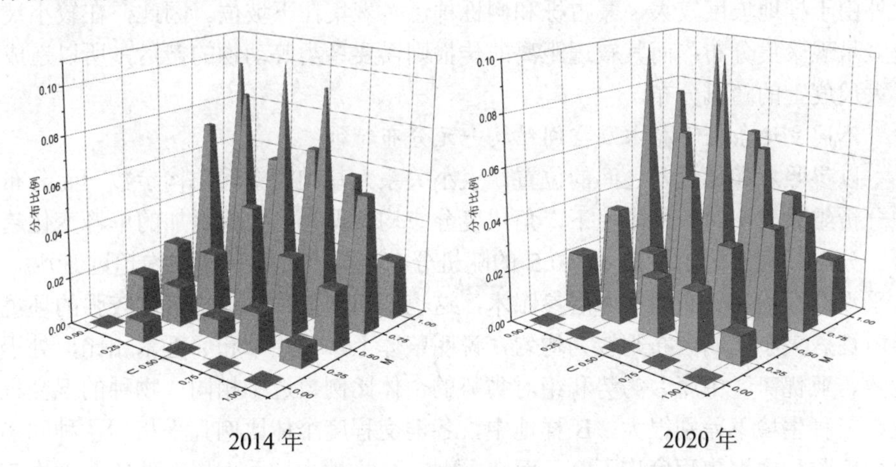

2014 年　　2020 年

图 2-75　C 样地槲栎空间结构 U-M 二元分布比较

【讨论】

在自然条件下，林木种群的空间分布格局是由其生物特征、生境及其相互作用决定的（沈志强等，2016）。本研究表明，无论是三种生境下乔木层所有树种还是多度值前三名的主要树种，其分布格局多呈现出整体的随机分布

（W＝0.5）与种群内的聚集分布（M 取值低时，W＞0.5 的频率较高），这种现象与“聚集分布是植物种群最常见的分布形式”的观点一致（Odum et al.，1971；Manabe et al.，2000），这主要是由于选取的样地生境复杂，环境异质性较高，水分和土壤条件分布不均所致；同时可能与种群起源、种子传播、萌生方式、自然稀疏、环境变化、种内及种间竞争关系等密切相关（侯红亚等，2013）。元宝槭、白蜡种群分布格局呈现出较强的聚集分布主要是由于它们的种子均表现出“个小质轻量大具翅”的特征，均靠风力传播，且传播距离较远，多呈现聚集分布。这一现象跟相关研究报道“风力传播的植物更倾向于聚集分布”的观点相同，主要是由于风力传播受风及邻近植物个体等因素影响较大（Hou et al.，2004）。紫椴种群呈现聚集分布则是由于种子较小，主要靠风力传播。蒙古栎种群在不同的生境条件下出现了聚集分布或者是小尺度的聚集分布和大尺度下的随机分布。槲栎在 C 样地下作为主要树种，也出现了小尺度范围的聚集分布和大尺度范围的随机分布。可能是由于栎属植物果实类型为具有壳斗包被的坚果，球果直径相对较大，约 2～3 cm，重量也较大，种子掩藏在球果内，风力无法将种子离散地传播到很远的地方，种子就会聚集在蒙古栎或槲栎母株周围；此外由于样地坡度较大，蒙古栎和槲栎种子多聚集在下坡位。因此，在较小尺度多呈现聚集分布；而其较远距离的传播则需要鸟类等动物的搬运，所以造成了大尺度上的随机分布。

不同立地条件下乔木层空间结构一元分布特征

以参照木和邻近木之间的位置、大小关系为基础的空间结构参数一元分布的分析结果表明，三种生境下，角尺度分布均表现为随数值增加的单峰变化趋势，分布最大比例出现在 K＝0.5 的随机分布格局上，并且比例均超过 50%，几乎没有很均匀分布的乔木层参照木，这也证明了三种生境均具有较强的环境异质性。大小比的分布则较为均匀，说明整体上，参照木和邻近木相比，处于优势、亚优势、中庸、劣势和绝对劣势的个体比例数近乎相同。物种的混交程度在三种生境下差别很大。B 样地中，各混交程度个体比例几乎相同，种间隔离程度与种内聚集程度均不高。而 A 样地、C 样地中，乔木层个体的混交度空间结构均表现为随混交度增加，个体比例显著增加的趋势，尤其在 C 样地，这种趋势更为明显。这表明在这两种生境环境下，证明了种间隔离程度高而种内聚集程度低。

不同立地条件下主要树种空间结构一元分布特征

比较各个样地中主要树种的角尺度空间结构参数分布，可知均呈现随数值增加的单峰变化趋势，且分布最大比例出现在 K＝0.5 的随机分布格局上。大小比分布上，A 样地的主要树种在各大小比等级上个体比例相对一致，可能是由于 A 样地不利于乔木层的生长，环境对生长的限制作用超过了相邻个体之间的竞争。B 样地、C 样地分布的蒙古栎则很明显地表现出随大小比等级增加，个体比例下降的趋势，说明更多的蒙古栎作为参照树，与邻近木相比，处于优势和亚优势。C 样地分布的槲栎也呈现类似的大小比分布趋势，但不如蒙古栎的趋势更为典型。这是由于蒙古栎、槲栎为相应生境下的优势种，高度较大，且为喜光树种，可以在与其他树种的竞争中获取更多的光照资源，有利于光合作用合成、积累有机物，从而使个体生长速度与邻近木相比更快。而 A 样地下由于受到光照时间和强度的限制，蒙古栎没有表现出明显的生长竞争优势。B 样地中分布的鹅耳枥、元宝槭以及 C 样地中分布的白蜡种群，则表现为更多的参照木与邻近木相比，处于劣势和绝对劣势。这些树种均为林下种，其进入群落的时间要晚于建群种和优势种，虽然林下的荫蔽环境为其更新、生长创造了良好的条件，但其胸径依然小于多数邻近的建群种或优势种个体。不同生境下，乔木层主要树种的混交程度则有很大的差异。A 样地几乎所有个体呈现高度的种内聚集而种间隔离程度很小。B 样地中分布的元宝槭以及 C 样地分布的白蜡、蒙古栎则表现为种内聚集度低而种间隔离程度高。而 B 样地的蒙古栎、鹅耳枥以及 C 样地中的槲栎，种内聚集和种间隔离程度都处于中等水平。

乔木层空间结构二元分布特征

三种生境条件下，乔木层整体 U-M 二元分布几乎相同，相同大小比的参照木，随混交度的增大分布频率增加，多数个体的混交度较高，种内聚集程度低而种间隔离程度高。而高混交度的个体，其大小比多分布在绝对劣势和优势两个等级。三种生境条件下的 W-M 二元分布很明显地看出各个样地中随机角尺度分布个体数量最多。而相同角尺度下，混交度越高的个体所占比例越大，说明在角尺度上随机分布个体周围邻近木多为不同树种。三种生境下的 W-U 二元分布趋势一致，表现为随机分布个体比例最多，且大小比频率分布均衡。

森林结构是一个非常广泛的概念，它体现了林木个体及其属性的连接方式。森林结构并非只是过去活动的结果，也是未来发展的驱动源泉，已经成为分析和管理森林生态系统的重要因子。量化描述森林结构被认为是现代森林经营最有效的工作指南。本章通过基于邻近木的结构参数一元、二元分布，对三种不同生境条件的群落及群落中的主要树种进行了空间结构的探索与分析，所得结论可以为进一步评价分析林分内种内和种间关系提供科学的参考依据，也可为预测林分的发展变化动态提供可靠的分析资料。不同生境中的建群种蒙古栎、槲栎多在与其他树种高度混交分布时，处于优势和亚优势。这说明建群种在与伴生种对环境可利用资源的竞争上仍然占有优势。群落在将来一段时间内，优势种的优势还将继续保持，但根据上一章的结论和分析，林下荫蔽环境更有利于林下种的更新和幼苗生长。这些将在一定程度上限制优势种对资源的利用。而多度较高的林下种如鹅耳枥、白蜡等，多在高度混交下呈现劣势或绝对劣势，但林下较高的更新环境和幼苗生长条件，会使林下种在与优势种的竞争中，劣势逐渐减弱，最终可能达到同优势种的平衡竞争。所以，预测森林在将来一段时间的自然发育过程中，优势种的优势将继续保持，但林下种快速更新、幼苗快速生长，整个林分的密度会有明显的增加，尤其是C样地，既为建群种的生长创造了充足的光照条件，保证了光合作用的进行，而生长良好的蒙古栎、槲栎等建群种又可为林下种的更新生长创造良好的环境。

【结论】

在以空间结构为基础的结构参数分布上，各立地条件乔木树种角尺度均呈现随机分布（W=0.5）占绝对优势的单峰趋势，大小比分布则呈现各个等级比例均匀的特点，混交度上则均呈现随混交度增加而个体数目及比例增加的现象，C样地高混交度个体比例最高。但各立地条件具体树种空间结构分布状态有所不同，详见前述。

第 3 章　森林群落的林木竞争

林木之间的竞争是树木个体之间的相互作用，也是重要的生态学过程（Begon & Harper et al.，1996）。与湿地、荒漠、草原等生态系统相比，森林生态系统结构与组成复杂，能量流动与物质循环更加频繁，群落内种间与种内竞争关系更加多样化。这导致了森林内部群落空间结构、物种组成，物种多样性及种群更新等一系列变化，并进一步决定了鸟类、昆虫、附生生物、下层植物及土壤微生物生境的三维空间。所以，林木竞争既关系到林木个体的生长发育，也对群落和生态系统的发展及稳定具有重要的意义。一般认为，在同一生境中生长发育的林木之间，两株或两株以上的林木对共有资源的争夺而产生的一种相互作用关系称为林木竞争，根据度量可以分为群体和个体水平。群体水平的林木竞争适合比较不同林分的竞争强度，但会掩盖林分内不同结构状态个体之间的差异而产生林分之间的巨大差异（Mack & Haiper，1977），而个体水平则可反映出林分内个体之间的相互作用以及林分的种群特性（Huston & DeAngelis et al.，1988）。量化竞争强度的指标有很多，各有优缺点，可以根据林分的立地条件、种群结构和环境条件选择合适恰当的量化指标及计算方法。其中，单木竞争指标反映了林分内每株单木平均占有的空间和资源，很多竞争指标相继被提出用于量化单木间竞争作用。构建竞争指标时，一般先确定对象木，再确定竞争木，竞争木的选取要考虑到对象木的影响范围。当选择对象木时，如果对象木的竞争范围超出研究范围时，会对计算对象木竞争强度造成一定偏差。所以，要设置一定的缓冲区，在缓冲区内不选取对象木。依据计算竞争指标时，需要考虑竞争木和对象木之间的距离，可将竞争指标划分为与距离相关和与距离无关的指标。其中，与距离相关的指标如 Hegyi 简单竞争指教，应用广泛，模拟效果好。

本章拟通过对八仙山国家级自然保护区的 A、B、C 三个样地中的乔木层进行每木、主要树种以及林分整体 Hegyi 竞争指数的计算与分析，以期解释种内及种间竞争如何影响单木、种群及整个林分在森林自然发育过程中的生长与更新状态，并预测整个保护区森林生态系统可能发生的变化动态，为森林生态系统中植物群落的稳定及物种多样性保护提供科学的数据支持。

【研究方法】

每木检尺方法同第 1 章，每木坐标值的获取方法同第 2 章，并在每个样地四边各设置 5 m 的缓冲区。以每木坐标值和胸径为依据，在 Winkelmass 软件中进行空间结构分析，从结果给出的 Excel 表格中，确定对象木树号、每株对象木邻近的四株竞争木树号、对象木距离每一株邻近竞争木的距离，从而通过 CI 公式，计算单木竞争指数。分析比较同一时期各立地条件之间林分整体及主要树种的竞争指数变化以及同一立地条件林分整体及主要树种竞争指数在森林生长发育过程中发生的变化。

$$CI_i=\sum_{i=1}^{n}\left(\frac{1}{D_{ij}}\times\frac{H_j}{H_i}\right) \tag{1}$$

$$CI=\sum_{i=1}^{N_i}CI_i \tag{2}$$

其中，公式（1）中：CI_i 表示对象木 i 的竞争指数，D 表示对象木与竞争木之间的距离，H_i、H_j 分别为对象木 i 和竞争木 j 的胸径，N_i 表示对象木 i 所在竞争单元竞争木株数，此处为 4。公式（2）中，CI 为样地所有对象木竞争指数。由竞争指数 CI 计算公式可知，当对象木与竞争木距离越近，竞争木胸径与对象木胸径比值越高时，对象木受到的竞争压力越大，即对象木在竞争中越处于劣势，此时 CI_i 值大。反之，更小的 CI_i 值则表明对象木在竞争中受到的压力小。此处将整个林分中各个树种作为一个整体考虑，不区分种内与种间竞争指数。

3.1 不同立地条件林木竞争指数

三种立地条件下，2020 年和 2014 年各对象木的位置及竞争压力指数如图 3-1 和图 3-2 所示，图中圆圈大小直观地表示对象木竞争指数大小，圆心位置为对象木在林分中的坐标位置。

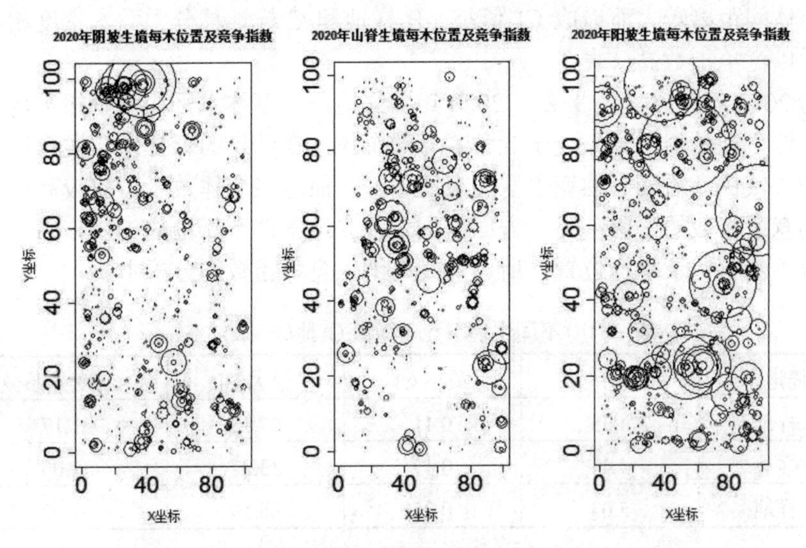

图 3-1　三种生境下乔木个体位置及竞争（2020 年）

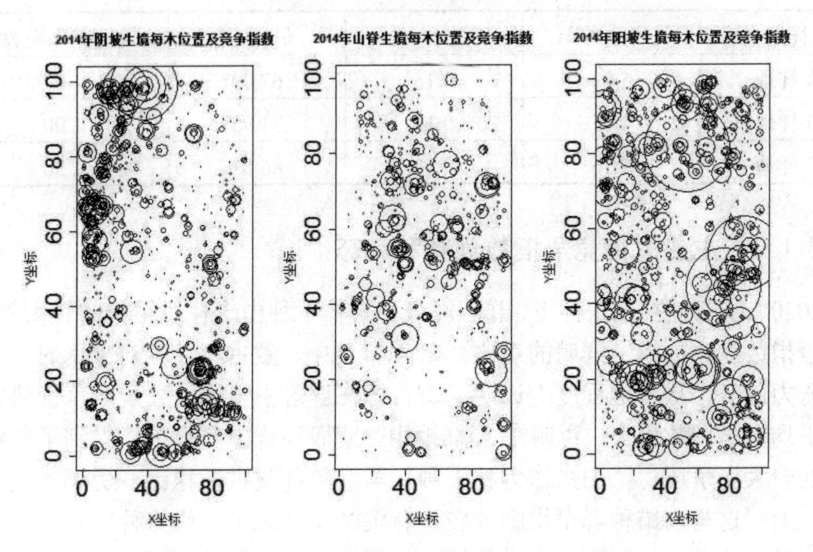

图 3-2　三种生境下乔木个体位置及竞争（2014 年）

3.1.1　林分整体竞争指数现状和动态

2020 年，乔木层个体平均竞争指数在 A 样地中为 4.35，在 B 样地中为 4.43，在 C 样地中为 5.03。单因素方差分析表明，不同生境之间竞争指数均值无显著差异（P>0.05）。A 样地中平均竞争指数最小，可能因为该生境下乔木层密度最低，个体间距离较大而造成 CI 值小；B 样地和 C 样地林分中乔木密度相对较大，所以竞争指数高（表 3-1）。

与 2014 年相比（表 3-2），2020 年各立地条件下林木平均竞争指数均有所下降，这可能是由于原先处于竞争劣势的个体，在几年的森林生长发育过程中胸径增长较快，所受到的竞争压力有所下降，而这些个体数量占比较高造成总体平均竞争指数的下降；另一方面原因是各立地条件下新增的 DBH＞3 cm 的个体由于没有记录坐标位置，所以并没有纳入竞争指数的分析中。

表 3-1　不同生境下竞争指数 CI 比较（2020）

样地	平均 CI	最小 CI	最大 CI	CI 变异系数
A 样地	4.35	0.11	67.13	1.17
B 样地	4.43	0.17	33.27	1.05
C 样地	5.03	0.25	88.59	1.52

表 3-2　不同生境下竞争指数 CI 比较（2014）

样地	平均 CI	最小 CI	最大 CI	CI 变异系数
A 样地	5.09	0.16	67.00	1.07
B 样地	4.45	0.18	31.95	1.00
C 样地	5.36	0.16	86.07	1.30

3.1.2　主要树种竞争指数现状和动态

2020 年，三种立地条件下，群落优势种与林下种由于径级结构的较大差异，在竞争指数上也形成了鲜明的对比。在 A 样地中，蒙古栎作为对象木时，所受竞争压力最低，从一定程度上说明了蒙古栎在群落中整体上处于竞争优势。紫椴的平均竞争指数最大，说明在 A 样地中，紫椴种群中多数个体受到了邻近木造成的较大竞争压力。白蜡作为林下种，与优势种蒙古栎相比，受到了更大的竞争压力，这与白蜡种群平均胸径较小有关。B 样地中，优势种蒙古栎的竞争指数明显小于林下种鹅耳枥和元宝槭。C 样地中，优势种槲栎和蒙古栎竞争指数也明显小于林下种白蜡（图 3-3）。

在三种生境下同时作为主要树种的蒙古栎，竞争指数为 A 样地＞B 样地＞C 样地，这可能与蒙古栎为阳性树种有关。在 C 样地中，光照充足，蒙古栎生长快，而在 B 样地和 A 样地，蒙古栎的生长受到了限制，竞争指数也较 C 样地下有所增大。白蜡作为林下种，在 A 样地和 C 样地中作为主要物种出现，C

样地中，受到如蒙古栎、槲栎等带来的较大竞争压力，竞争指数要明显高于A样地。

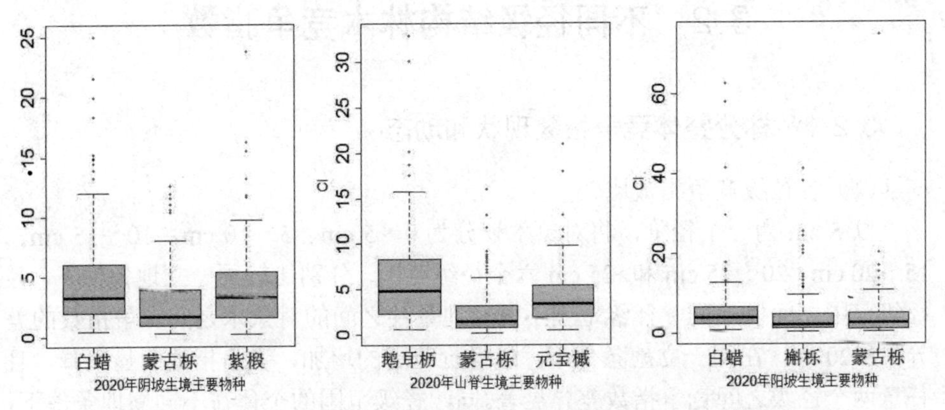

图3-3　2020年三种立地条件下主要物种竞争指数CI分布图

与2014年相比，2020年各立地条件下主要树种竞争指数并没有发生明显的变化，仅表现在各树种竞争指数变异范围有所减小（图3-4），这可能由于森林群落生长发育导致小径级个体增长较快，大径级个体生长较慢而使原先较为极端的竞争指数向分布中心靠拢的原因。

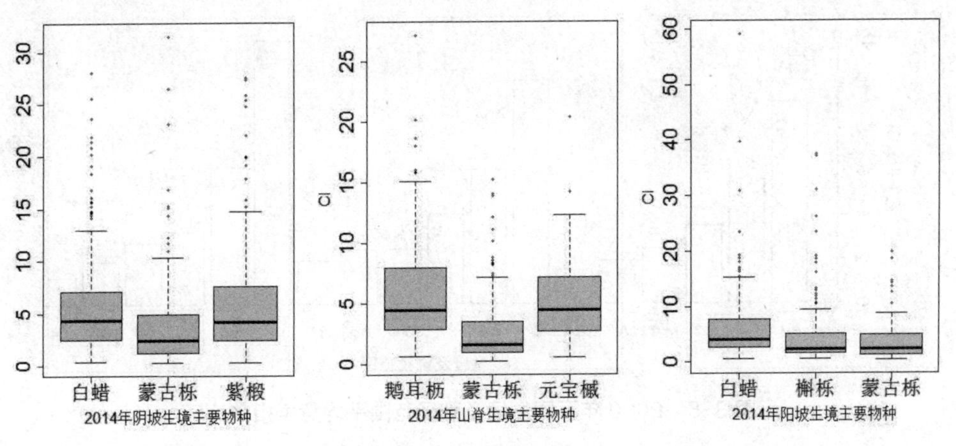

图3-4　2014年三种立地条件下主要物种竞争指数CI分布图

3.2　不同径级结构林木竞争指数

3.2.1　林分整体竞争指数现状和动态

（1）各径级竞争指数比较

以 5 cm 为一个径阶，将对象木划分为 0～5 cm、5～10 cm、10～15 cm、15～20 cm、20～25 cm 和>25 cm 六个径级范围，分别比较同一立地条件下，各径级范围之间以及同一径级范围不同立地条件之间的对象木之间竞争指数的差异。2020 年，在同一立地条件下，随径阶范围的增加，竞争指数明显下降，且任意两个径级之间竞争指数差异显著。同一径级范围的个体在不同立地条件下，竞争指数差异性表现则不同。在 0～5 cm 径级范围，乔木层个体平均竞争指数按照 A 样地、B 样地、C 样地的顺序呈明显的递增趋势，说明小径级个体在 C 样地受到了最大的竞争压力，在 B 样地其次，在 A 样地受到的竞争压力最低，两两之间均具有显著性差异（P＜0.05）。其余各相同径级范围内，竞争指数 CI 在不同立地条件之间未表现明显的变化规律，差异也不显著（图 3-5）。

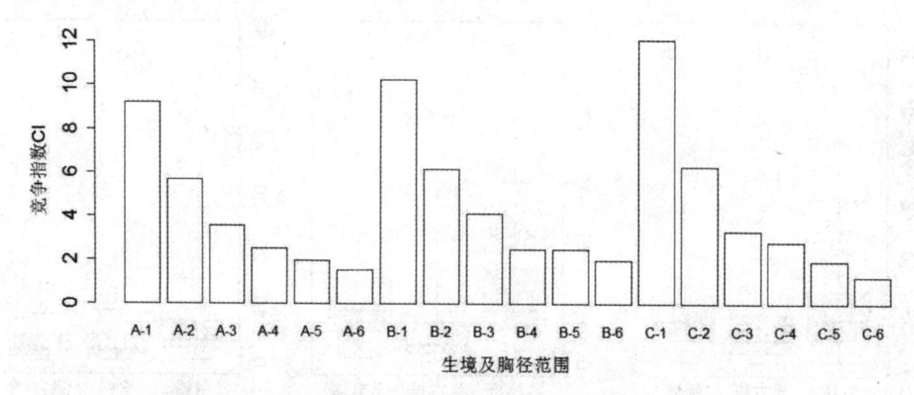

图 3-5　2020 年不同生境及胸径范围平均竞争指数比较

数字 1～6 依次表示从小到大的 6 个径级范围。下同。

与 2014 年相比（图 3-6），各立地条件下，竞争指数随径级的变化趋势没有发生变化，但 0～5 cm 径级个体所受到的平均竞争压力均有所增加，说明森林的生长发育过程给小径级个体带来了更大的竞争压力，使他们的生长面临更大的压力。

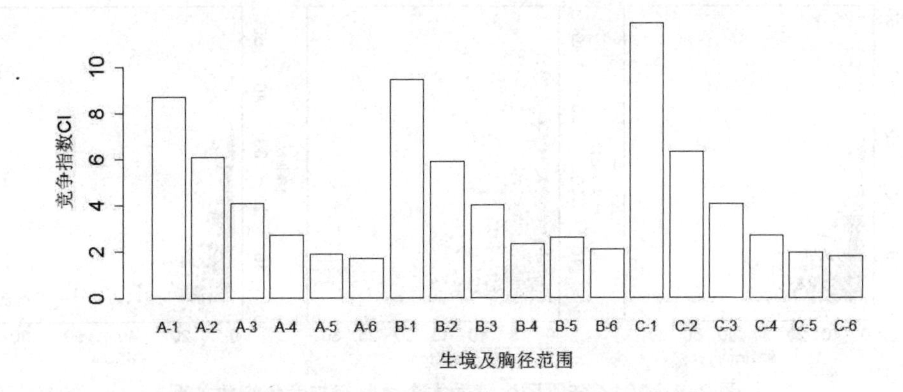

图 3-6　2014 年不同生境及胸径范围平均竞争指数比较

（2）竞争指数随胸径变化的分布状态

2020 年，随着树木胸径的增大，林木个体数逐渐减少，且树木的胸径越大，其竞争指数越低，即所受到的竞争压力越小，但对其周边一定范围内的个体可造成极大的竞争压力。在 A 样地中，当对象木胸径达到约 18 cm 以上时，竞争强度趋势趋于稳定，保持在较低水平；在 B 样地中，当对象木胸径达到约 20 cm 时，虽竞争强度趋势趋于稳定，保持在较低水平，但个体数目极少；在 C 样地中，当对象木胸径达到约 15 cm 时，竞争强度趋于稳定，保持在较低水平（图 3-7）。

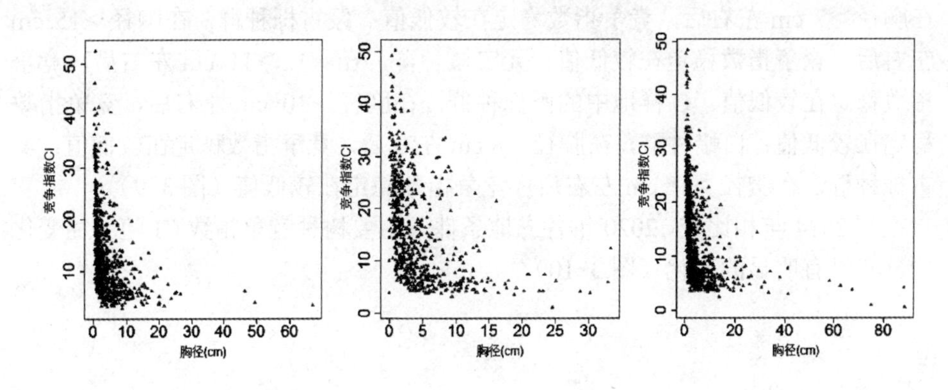

图 3-7　2020 年不同生境乔木个体胸径与竞争指数关系

2020 年与 2014 年相比，各立地条件下乔木层个体竞争指数随胸径变化的分布没有发生明显的变化，说明森林生长发育过程并没有使乔木层彼此间的竞争关系发生明显的变化（图 3-8）。

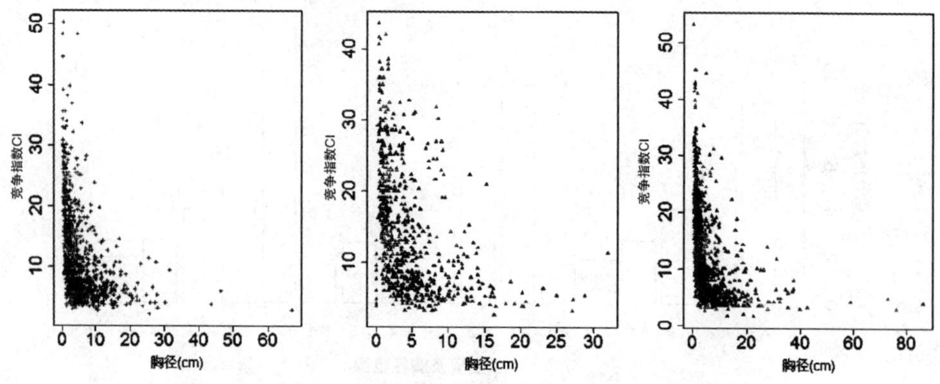

图 3-8 2014 年不同生境乔木个体胸径与竞争指数关系

3.2.2 主要树种竞争指数现状和动态

选取 A 样地中的蒙古栎、白蜡、紫椴，B 样地中的鹅耳枥、蒙古栎、元宝槭以及 C 样地中的槲栎、蒙古栎、白蜡为对象木，作出竞争指数随胸径变化分布点图。三种生境下的主要树种，其竞争指数随胸径的变化规律基本一致，即随胸径的增加，竞争指数逐渐下降，并趋于稳定。A 样地中的白蜡种群，在胸径＞12 cm 左右后，竞争指数稳定在较低值；蒙古栎种群，在胸径＞20 cm 左右后，竞争指数稳定在较低值；紫椴种群，虽有竞争指数随胸径增加而下降的趋势，但到胸径＞15 cm 以后，CI 的波动范围仍然较大。B 样地中的鹅耳枥种群，在胸径＞7 cm 左右后，竞争指数稳定在较低值；蒙古栎种群，在胸径＞15 cm 左右后，竞争指数稳定在较低值；元宝槭种群，在胸径＞11 cm 左右后，竞争指数稳定在较低值。C 样地中的槲栎种群，在胸径＞10 cm 左右后，竞争指数稳定在较低值；白蜡种群，在胸径＞8 cm 左右后，竞争指数稳定在较低值；蒙古栎种群，在胸径＞18 cm 左右后，竞争指数稳定在较低值（图 3-9）。

与 2014 年相比较，2020 年各立地条件下主要树种竞争指数 CI 随胸径变化的分布没有明显的变化（图 3-10）。

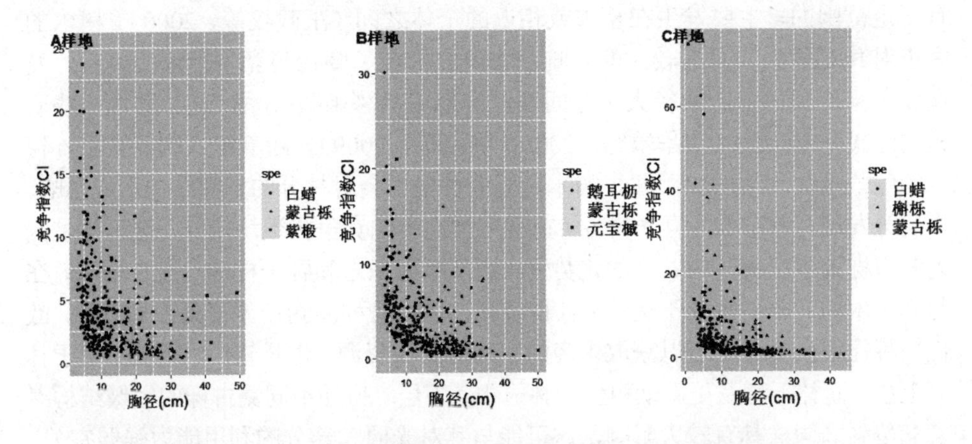

图 3-9　2020 年各立地条件下主要种群竞争指数随胸径的分布

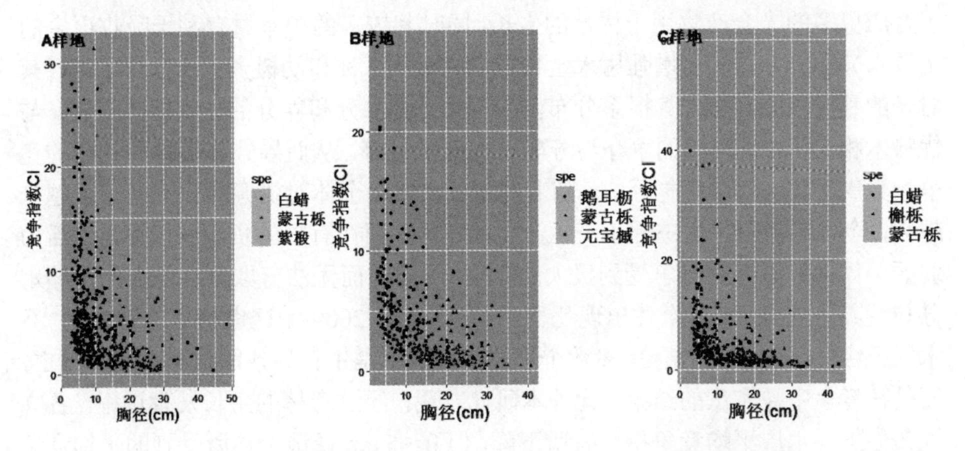

图 3-10　2014 年各立地条件下主要种群竞争指数随胸径的分布

【讨论】

林木生长受周围诸多生物和非生物因素的制约（Pedersen & Bollandsas 2012），其中竞争是影响林木生长、林分结构及动态的重要因素（王政权、吴巩胜等，2000；Aiming & McCarthy，2013）在物种的进化、形成及群落的演替过程中扮演着重要角色（Sabatia & Burkhart，2012）。而林木的竞争能力受植株个体大小、生长速度、所处生长发育阶段、林分密度等多种生物因素和非生物因素环境因子和人为干扰等的制约（张池等，2006；段仁燕等，2007；张学龙等，2013）。在林分内部，林木之间的竞争是经常存在的，且林木个体之间的竞争是有一定范围的，主要发生在相邻或相近的个体之间（王政权等，2000）。树木的大小对其竞争强弱有着较大的影响，本研究拟合了胸径与竞争指数的关系，发现竞争强度和树木的胸径大小之间都较好地服从幂函数关系，这与其他一些研究的结果基本一致（康华靖等，2008；喻泓等，2009）。随着树木胸径减小，树木的竞争指数逐渐增加。同时，树木之间的竞争也会对林分的空间结构造成影响。本研究发现，蒙古栎为喜光树种，在三个样地中的竞争指数均较低，这可能是因为蒙古栎为各个群落中共同的优势种，胸高断面积之和各个样地均排在前列，在与邻近木的竞争中多处于优势。且有研究发现优势种的胸径显著高于林下种，故优势种往往在竞争中可以获取更多的空间与营养资源，生长较快，所以多位于林冠上层，而林下种及更新幼树位于林冠中、下层。另外不同蒙古栎的径级结构对其竞争强弱同样具有较大影响，这可能与其对光照和养分的利用能力强弱有关。由于优势木多位于冠层上部，其接受的光照更加充足且光合作用更强，从而保证了合成更多的光合产物用于树木的生长，同时其较多的根系量有利于吸收更多的土壤水分和养分，从而增强树木生长能力；而林下种和幼树多位于冠层下部，其对光的利用较弱，加之其根系分布范围较小，对水分和养分的吸收能力较弱，与优势木相比，其在资源的争夺与分配上均处于劣势，从而导致林下种和幼树的竞争指数高于优势种。在林分内，随着树木的生长，个体对资源和空间的需求越来越大，个体间会对各生态因子产生激烈的竞争，而在有限的资源环境下，生活力弱的个体由于激烈的竞争受到极大的竞争压力，因而无法获取生存所需的足够水分与营养等资源，部分个体出现死亡（Gray & He，2009）。这也验证了第 2 章“乔木层死亡情况”的研究结论，多数个体的死亡并不是生长导致的自然衰老和死亡，而是在竞争中被淘汰的结果。此外本研究发现，经过森林的生长发育过程，各立地条件下乔木层平均竞争指数有所下降，但 0～5 cm 径级个体所受到的平均竞争压力有增加的趋势；主要树种的竞争指数变异范围缩小。竞争指数随胸径变化的分布状态没有随森林群落的生长发育过程而有明显的改变。

【结论】

不同生境下，乔木层整体的 Hegyi 竞争指数之间无显著差异，主要树种的竞争指数均表现为随胸径增加而减小的趋势，并在胸径达到一定值的时候稳定在一个较小值的范围。比较同一生境下不同物种的竞争指数，可知优势种的竞争指数小于林下种，反映了优势种在群落竞争中的优势。竞争指数随胸径的增加呈下降趋势，森林生长和发育过程导致了总体平均竞争指数的下降和小径级个体竞争指数的增加以及主要树种竞争指数变异范围的缩小。

第 4 章　森林群落的林木生长

森林是陆地上最大的生态系统之一，对生物多样性的保护和全球气候的调节等具有极其重要的意义。八仙山国家级自然保护区拥有大量的森林，保护区森林生态系统起源于新生代第三纪，因毗邻清东陵，至 1910 年前，区内仍保持原始森林面貌。后经人为掠夺、砍伐，原始森林遭到严重破坏。新中国成立后，建立国有林场，随后进行油松人工林营造工程，之后成立自然保护区，目前主要以次生林为主，覆盖率达到 95%。天然林的形成是森林中各个树种之间、树种与自然环境间长期适应的结果。森林的空间结构是由不同物种的组成和它在空间上的不同分布模式构成的，林木间的相互作用决定了森林的空间结构特征。森林空间结构同样也决定着森林的稳定和发展，并在一定程度上直接或者间接影响森林生态系统的稳定和生物多样性保护以及生态功能的发挥（胡艳波等，2003；惠刚盈等，2007）。林分空间结构在很大程度上决定了林分的稳定性、经营空间的大小和发展可能性等，也决定着树木之间的竞争状态和其空间上的生态位（惠刚盈等，2001）。目前，国内外有较多研究者采用空间结构参数来分析林分空间结构，但关于空间结构对林木生长量的影响的研究却比较少，要想评价一个林分的空间结构优劣、判断林分质量高低，生长量应该作为其中的一个重要指标。

林分内不同直径的林木的空间格局和分配状态，直接或间接地影响着树木的树高、材积、干形、树冠及材种等因子的大小，林木直径在被快速、方便、准确地测量的同时，它也是许多森林经营方案和测树制表技术理论的重要依据。胸径生长量可以通过多次测量或者通过取年轮条和解析木的方法获得，具有易测性、稳定性，因此是研究获得林木生长量的重要方式。直径生长模型是国内外对于直径生长量的研究主流方向，它是一个或一组用来描述林木的生长和林分各种状态与立地条件、林分密度、环境因子、周围相邻木距离等变量之间的关系的数学方程式，还可以用来预估林分径向生长量、收获量和林木枯损量。

近年来，对于森林空间结构研究也日益增多，直径作为反映林木大小、径向生长的因子，常用来分析林分空间结构与直径的关系（仇见习等，2015）。空间结构决定了林分的水平和垂直空间分布状态，对高生长量和径生长量都具有重要影响。目前，对于生长量的研究主要集中在林木生长模型等，大多数研究都表明林木的生长量和林木大小、竞争、环境等因素相关。仇见习等（2015）采用了与毛竹空间位置有关的空间结构指数（角尺度、大小比数、年龄隔离度），结合毛竹林的非空间结构（直径结构），得出的结论是小径级的毛竹一般呈聚集分布，其竞争压力最大且年龄的隔离程度最低，毛竹林平均角尺度值随径阶的增加而减小，年龄隔离度随径阶的增大呈现逐渐递增的趋势，大小比数随径阶的增加而减小，说明了空间结构与毛竹的胸径大小具有一定关系的同时，从侧面体现了空间结构影响着其胸径生长量。张群（2003）在分析空间结构对红松生长量的影响中认为，用混交度和角尺度分别代表相邻木树种隔离程度及相对于红松幼树的空间分布，结果显示同种红松伴生且周围相邻木为随机分布时，对红松幼树生长有利。Goddert 等（2011）认为，周围小环境内的林木竞争是对林木生长量影响最大的因素，他认为加入冠幅因子的竞争指数和胸径生长量之间的相关性最高，所以说林木之间的树冠对于光的竞争可能是至关重要的。但是国内普遍认为，林木大小可能是影响林木生长量的至关重要的因素。理论上，树木生长是一个土壤环境、周围小气候和小地形、周围的树种等多因素相互作用影响的过程，有时所选的影响因素究竟是影响树木生长的因素还是树木由于自身生长的结果，也是很难区分开来的。因而，对树木生长的研究还需要更多地从树木的生长过程和机理等处着手（黄新峰等，2011）。

综上所述，本章选择原胸径尺寸、角尺度、混交度、大小比（惠刚盈等，1999）、密集度，Hegyi 竞争指数 CI 等几个空间结构参数来分析它们之间的相关性，同时也探究这些指标对八仙山国家级自然保护区不同生境下林木径向生长的影响，旨在为八仙山不同环境下林木生长因素评价提供科学可靠的参考数据并建立可信的评价模型，也为保护区天然林空间结构的优化、抚育和恢复提供科学的理论依据和指导，促进该保护区天然次生林林分的优良发展。

【研究方法】

分别计算各样地单个乔木 5 年间胸径生长量（公式 1）及生长率（公式 2），使用 SPSS 19.0 软件，计算胸径、角尺度、大小比、混交度、胸径生长量、生长率之间的 Spearman 相关系数及显著性水平，评价不同生境条件下，乔木层整体单木径向生长量与径级、空间结构及竞争指数之间的关系，并进行回归分析，得到拟合方程。

$$\text{胸径生长量}=\text{2020 年复查时胸径值}-\text{2014 年初查时胸径值} \tag{1}$$

$$\text{胸径生长率}=\text{胸径生长量}/\text{2014 年初查时胸径值} \tag{2}$$

4.1　森林群落的林木生长动态

三种生境下，各径级乔木个体平均生长量与生长率均值如图 4-1 和图 4-2 所示。A 样地中，各径级范围的胸径平均生长量随径级增大先下降后上升，胸径平均增加量最小的为 10～15 cm 径级，最大的为 25 cm 以上径级，胸径平均增加率与增加量变化趋势基本相同，只是在 20～25 cm 径级出现了下降的趋势。B 样地中，各径级范围胸径平均增加量随径级增大而增大，平均增长率则呈下降趋势。C 样地中，各径级范围胸径增加量与 A 样地趋势相似，也是先下降后升高，胸径平均生长量最小的为 5～10 cm 径级范围，最大的为 25 cm 以上径级，胸径平均生长率则随径级增加呈下降趋势。

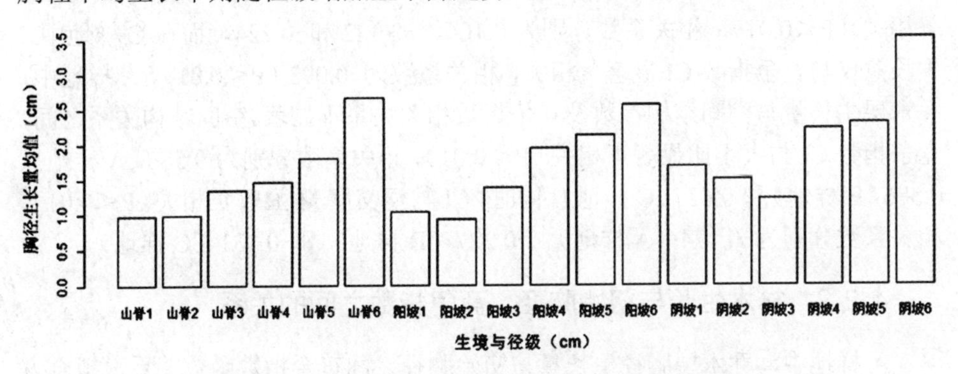

图 4-1　各生境不同径级范围胸径生长量均值比较

数字 1～6 代表从小到大不同的径级范围。下同。

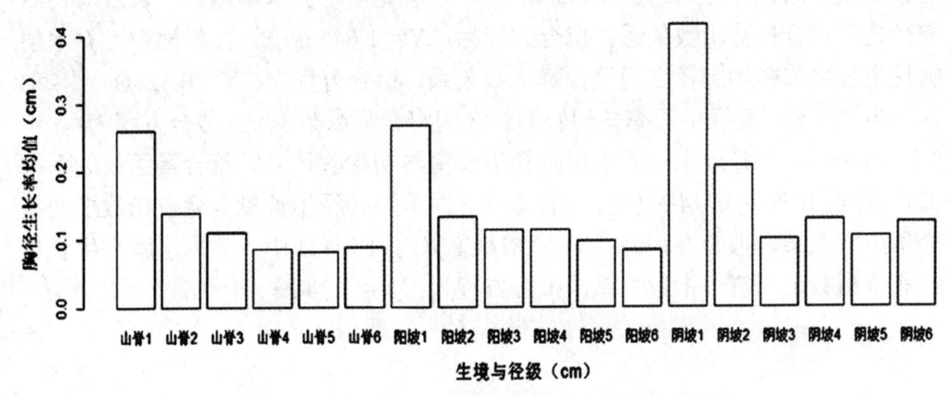

图 4-2　各生境不同径级范围胸径生长率均值比较

4.2 森林群落林木生长的影响因素

4.2.1 林木生长与空间结构及竞争指数的相关性

各指标之间的Spearman相关系数表明，三种不同的生境下，乔木层个体的胸径生长量均与2014年胸径显著正相关（$P<0.01$），相关系数分别为：0.312（A样地）、0.438（B样地）、0.410（C样地），而胸径生长率则与原胸径大小显著负相关（$P<0.01$），相关系数分别为-0.202（A样地）、-0.142（B样地）和-0.195（C样地）。以邻近木为参照的空间结构指数也在一定程度上影响着林木的生长。在B样地中，胸径生长量与角尺度、大小比及Hegyi竞争指数CI显著相关（$P<0.01$），相关系数分别为0.106、-0.322和-0.224。而在C样地中，生长量仅与竞争指数CI显著负相关，相关系数为-0.093（$P<0.01$）。A样地中，乔木层生长量与空间结构参数及竞争指数相关关系不显著。空间结构关系之间，竞争指数CI与大小比显著正相关（$P<0.01$），相关系数分别为0.586（A样地）、0.586（B样地）和0.637（C样地）。同时，CI与混交度M显著负相关（$P<0.01$），相关系数分别为-0.174（A样地）、-0.227（B样地）和-0.131（C样地）。

4.2.2 林木生长与初始胸径、竞争指数之间的关系

A样地中，乔木层胸径生长量与初始胸径之间符合指数函数关系，拟合方程为：$Y=2.014e^{0.044D}$；B样地中，乔木层胸径生长量与初始胸径之间符合指数函数关系，拟合方程为：$Y=1.338e^{0.052D}$；C样地中，乔木层胸径生长量与初始胸径之间符合指数函数关系，拟合方程为：$Y=1.645e^{0.05D}$。A样地中，乔木层胸径生长率与初始胸径之间符合幂函数关系，拟合方程为：$Y=0.323D^{-0.473}$；B样地中，乔木层胸径生长率与初始胸径之间符合幂函数关系，拟合方程为：$Y=0.168D^{-0.323}$；C样地中，乔木层胸径生长率与初始胸径之间符合幂函数关系，拟合方程为：$Y=0.244D^{-0.408}$。B样地中，乔木层胸径生长量与竞争指数之间符合幂函数关系，拟合方程为：$Y=3.816CI^{-0.226}$；C样地中，乔木层胸径生长量与竞争指数之间符合指数关系，拟合方程为：$Y=3.340\,e^{-0.016CI}$。

【讨论】

三种生境下，胸径生长量最大的均为最大的 25 cm 以上径级个体，这部分个体胸径大，树高也相对高，从种类上看，多为群落中的建群种、优势种，在与周围个体的竞争中处于优势，胸径生长量较大。胸径生长率最大的反而是 0～5 cm 最小径级，这是因为原始胸径较小而造成的。从生长量与原始胸径显著正相关，而生长率与原始胸径显著负相关也能说明这一点。生长量与原始胸径之间相关性上，B 样地＞C 样地＞A 样地，说明 B 样地中，乔木层个体生长与原始胸径关系最密切，而生长率与原始胸径相关性上，则为 A 样地＞C 样地＞B 样地，与生长量和胸径的相关性正好相反。B 样地和 C 样地下，生长量及生长率随径级的变化趋势基本相同，呈现随径级增大生长量增加而增长率下降的趋势，而 A 样地中，生长量呈现先下降后上升，生长率则为下降后波动。B 样地和 C 样地中，竞争指数显著影响着每木生长，竞争指数越大，说明该个体受到邻近木带来的竞争压力越大，其生长量就越小。竞争指数对胸径生长量的相关性上，B 样地＞C 样地＞A 样地（相关性不显著）。以邻近木为基础的空间结构参数上，仅有角尺度、大小比与 B 样地乔木胸径生长量显著相关。回归分析结果表明，各生境条件下，每木生长量均与初始胸径呈指数函数关系，而每木生长率则与初始胸径呈幂函数关系，而生长量与竞争指数之间，B 样地为幂函数关系，C 样地为指数函数关系。

本研究与以往关于空间结构与生长量关系的研究结论不同，以往研究多表明，随机分布情况的株数最多且胸径生长量最大，都要明显高于均匀和团状分布。随机分布情况的株数分布最多，表明大多数林木都处于这种分布状态；其生长量最大，说明大多数林木适合这种随机分布状态。当前林木空间结构研究者普遍认为，随机分布的空间格局是较优的空间格局分布（惠刚盈等，2006；邵芳丽等，2011）。本研究中，仅有 B 样地中，乔木层生长量与角尺度显著相关。近年来很多研究也表明，混交得当的林分要优于纯林，如巫志龙等研究杉阔混交林时，认为中度的混交降低了林分的适应能力和稳定性（巫志龙等，2013）。

【结论】

在 B 样地和 C 样地中，随径级增加，胸径生长量呈增加趋势，但在 A 样地中则呈现先下降后上升的趋势；在所有生境条件下，胸径增长率均表现为随径级的增加而下降的趋势。胸径生长量与初始胸径显著正相关，生长率与初始胸径则显著负相关。在 B 样地和 C 样地，胸径生长量与竞争指数 CI 显著负相关，角尺度和大小比还显著影响了 B 样地中乔木个体的胸径生长量。胸径生长量与初始胸径均呈现指数函数关系，生长率则与初始胸径之间呈现幂函数关系。

第 5 章　森林群落的林木碳储量

森林是地球上最重要的陆地生态系统之一，在全球碳循环、碳平衡和缓冲全球气候变化方面发挥着不可替代的作用。陆地生态系统的碳储量是研究陆地生态系统与大气碳交换的基本参数，也是估算陆地生态系统吸收和排放含碳气体数量的关键要素。所以陆地生态系统碳平衡成了国内外学者研究探讨的生态学热点问题（Barford et al.，2001；Schimel et al.，2001；王效科等，2002；Janssens et al.，2003；Körner et al.，2003；2005）。而陆地生态系统的复杂性与不确定性决定了对陆地生态系统碳平衡估测的复杂性和不确定性（赵德华等，2006）。森林是陆地生态系统碳的主要储存库。森林储存了陆地生态系统有机碳地上部分的 80%，地下部分的 40%（Malhi et al.，1999）。森林碳储量、碳源/汇强度及其空间分布格局及碳通量研究已经成为当今国内外全球变化和生态学研究的热点。

碳循环是指碳元素在生态系统和环境贮库之间迁移、转化的往复过程。地球上碳绝大多数以无机形态存在于岩石圈中。生物圈中的碳循环主要有 3 条途径：一是始于绿色植物并经陆生生物与大气之间的碳交换；二是海洋生物与大气间的碳交换；三是人类对化石燃料（煤、石油、天然气）的应用。碳以 CO_2 的形式贮存于大气中，大气中的 CO_2 约含碳 7000 Gt。大气中的 CO_2 为海水所吸收和植物光合作用固定。工业革命前陆地和大气之间的碳交换几乎处于平衡，自工业革命以来，由于人类对煤炭、石油等化石燃料的燃烧和使用，使许多非活动状态的碳释放出来，森林、草地等植被的破坏不仅向大气系统释放碳，同时造成生物圈固碳能力的不断削弱，导致大气中 CO_2、CH_4 和 N_2O 等温室气体浓度的持续升高，被认为是导致全球变暖的重要原因（Etheridge et al.，1998；Augustin et al.，2004；Sogaard et al.，1998；IPCC，2001）。大气中 CO_2 浓度的变化主要取决于参与碳循环的各个碳库间碳交换量的波动。Schimel 等（1995）认为，1980—1989 年每年因化石燃料燃烧造成的碳排放量为（5.5±0.5）Gt，土地利用变化造成的净碳排放量为（2.0±0.8）Gt，大气的碳增量为（3.3±0.2）Gt，海洋的净碳吸收量为（2.0±0.8）Gt，其余被陆地生态系统吸收的碳量大约为

（2.2±1.3）Gt。近年来研究发现，尽管化石燃料燃烧的碳释放量大幅度增加，但大气和海洋的年净吸收量都增加很少，这部分额外碳沉降在很大程度上是由陆地生产力的提高来实现的（Fan et al.，1998）。

陆地生态系统作为大气重要的源与汇，碳储量约为大气碳库的 3 倍，它决定着大气 CO_2 浓度的季节和年际变异以及长期变化趋势。陆地生态系统碳循环与生命活动紧密相联，碳是有机化合物的基本成分，是构成生命体的基本元素。在地球的生物圈和大气圈中，碳通过生命的新陈代谢进行循环。陆地是人类生存与持续发展的生命支持系统，也是受人类活动影响最大的区域（耿元波等，2000；于贵瑞等，2003）。生态系统碳流动受光合作用、植物（自养）呼吸和土壤（异养）呼吸的控制（Cao et al.，1998）。由于受各种环境、生物和人为因素的影响，陆地生态系统碳吸收具有很高的空间分异和时间变化。陆地生态系统的碳储量是研究陆地生态系统与大气碳交换的基本参数，也是估算陆地生态系统吸收和排放含碳气体数量的关键要素（VAlentini et al.，2000）。

森林是陆地生态系统中最大的碳库，其碳储量占全球陆地总碳储量的 46%（Watson et al.，2000）。全球森林生态系统中贮存的总碳量约为 854～1505 GtC，其中森林植被的碳储量约为 359～766 GtC，汇聚着全球植被碳库的 86%以上的碳，及全球土壤碳库的 73%的碳，每年固定的碳约占整个陆地生态系统的 2/3，在减少陆地生态系统碳收支不平衡中起着关键作用（IPCC，2000）。全球森林土壤碳储量约为植被碳储量的 2.2 倍（Dixon et al.，1994）。森林在全球陆地生态系统碳循环和碳储量中占有十分重要的地位，寄托着人类降低大气 CO_2 含量和减缓全球变暖趋势的希望。研究认为，森林生态系统的碳储量是研究森林生态系统与大气间碳交换的基本参数（Dixon et al.，1994），也是估算森林生态系统向大气吸收和排放含碳气体的关键因子（Tunner et al.，1995）。

森林的净碳收支是一个碳捕获过程（光合作用、树木生长、碳在土壤中的积累）与碳释放过程（生物呼吸、树木的死亡、凋落物的微生物分解和土壤碳的氧化、降解及扰动）之间的平衡。这些过程在时间尺度上的变化，从日变化、季节变化、年变化以至于更大时间尺度变化，受相应气候和环境因子变化的影响，如温度、湿度以及扰动频率的变化，在不同的森林类型之间有很大的差别。全世界的森林广泛分布于热带、温带和寒温带，各地森林植被有很大差别，如亚马逊潮湿的热带雨林和寒冷的西伯利亚北方森林。因此各种森林群落需要分别进行研究。有研究证明森林在受到人类活动方面的影响，在某种程度上，甚至超过气候变化对它的作用。由于森林被破坏、砍伐以及退化等原因，热带森林在全球碳平衡中起着碳源的作用（Detwiler et al.，1988；Phillips et al.，1998）。

而人们通过造林和再造林，以及合理的森林经营管理可以提高森林碳储量，增加碳汇，这也是目前世界各国对森林增加碳汇功能所寄予的希望所在。

全球森林生态系统碳储量分布特征呈现为森林植被的碳密度随纬度的升高而降低，而土壤碳密度则相反。全球以低纬地区热带森林植被的碳储量最高，为 202～461 GtC，占全球森林地上部分碳储量的 44%～60%，其次为高纬地区的北方森林，为 88～108 GtC，占全球森林地上部分的 21%～28%，中纬度地区的温带森林植被碳储量为 59～174 GtC，占全球森林地上部分的 14%～22%（WBGU et al.，1998）。Houghton 等（1995）对森林的生产力研究证实了这一观点，而且森林生产力随着纬度的递增而降低，即热带雨林最高，北方林最低。而湿热地区森林生态系统的植被生物量密度很高，枯落物密度远远小于植被生物量密度；反之，干冷地区枯落物密度明显增加，甚至高于植被生物量密度。因而，高纬度森林的枯落物碳库有相当重要的碳库作用，这主要是由于高纬度地区枯落物分解速率慢而净初级生产力（Netprimaryproductivity，简称：NPP）低所造成（蒋有绪，1995）。

我国森林生态系统碳储量主要集中于云杉林、冷杉林、落叶松林、栎类林、桦木林、硬叶阔叶林和阔叶混交林 7 个林分类型中，起着碳汇的作用。但与北半球其他国家和地区相比，我国森林的碳汇作用相对较弱。森林生态系统的总碳库为 28.12 GtC，其中，土壤碳库 21.02 GtC，占总量的 74.6%；植被碳库 6.20 GtC，占总量的 22.2%；凋落物层的碳储量 0.892 GtC，占总量的 3.2%，平均碳密度是 258.83 $mg \cdot C \cdot hm^{-2}$（刘华等，2005）。中国森林植被碳库主要集中于东北和西南地区，占全国森林植被碳库总量的一半以上。而人口密度较大的华东和中南地区以及干旱、半干旱的西北和华北地区森林碳库相对较小。我国森林的平均碳密度以西南、东北以及西北地区为大，因为这些地区森林多为生物量碳密度较高的亚高山针叶林，而中南、华东和华北地区森林受人类活动影响强度大，森林类型多为人工林，森林碳密度较低（徐新良等，2007）。在森林固碳能力方面，热带森林净固碳力最高，其次为暖温性针叶林，可能是由于我国暖温性针叶林、热带林多为次生林，其中幼龄林和中龄林所占比例较大而导致的（沈文清等，2006）。

本章拟通过胸径-碳储量拟合方程对 A、B、C 三个样地乔木层树枝、树干、树叶、树根的碳储量进行计算，并在生境水平、物种水平和径级水平上比较、评价八仙山森林自然发育过程中碳储量及生物量的变化规律。

【研究方法】

乔木层生物量测定

对样地中的所有的乔木个体按照DBH范围进行划分，每5 cm为1个径级，DBH在25 cm以上的归入同一个径级（表5-1）。按照各个径级的平均胸径在样方优势种各选择标准木一株，伐倒并将树干按照中央断面积区分求积方法进行区分，在每个区分段的中央部位截取树干横断面的圆盘，带回实验室。通过查数圆盘的年轮数并测量其各龄阶的直径总生长量，以此估测该标准木的材积生长过程（总生长量曲线、连年生长量曲线、平均生长量曲线）。同时实测标准木的树干、树枝、树叶生物量。通过建立胸径与生物量的回归方程（表5-2），即W＝a（Db），W为树木各部位生物量，D为树木的胸径，a、b为系数，通过计算进行拟合，进而结合林分径级分布计算不同立地条件群落乔木层的生物量。

表5-1 不同生境条件样地内树木径级划分（株/hm^2）

样地类型	0～5 cm（2014/2020）	5～10 cm（2014/2020）	10～15 cm（2014/2020）	15～20 cm（2014/2020）	20～25 cm（2014/2020）	＞25 cm（2014/2020）
A	153/249（+）	486/387（-）	249/229（-）	133/134	78/78	71/83（+）
B	106/285（+）	317/334（+）	208/207（-）	143/138（-）	140/142	127/145（+）
C	209/811（+）	445/500（+）	250/223（-）	231/212	147/163（+）	92/138（+）

表5-2 群落建群种栓皮栎的相对生长方程

组分	生物量方程	R^2
干	$W=0.2403D^{1.9805}$	0.953
枝	$W=0.0062D^{2.7866}$	0.955
叶	$W=0.0281D^{1.5839}$	0.985
根	$W=0.1064D^{1.9251}$	0.989

生物量与碳储量的换算

地下部生物量（Below Ground Biomass，BGB），通过Cairnsetal（1997）的回归方程进行计算：BGB＝exp[-1.059+0.884×ln（AGB）+0.284][地上部生物量（Above Ground Biomass，AGB）]。基于森林碳储量的估算是利用生物量和干物质中碳含量的乘积获得的，马钦彦等（2002）通过对华北不同森林类型乔木层碳含量的研究发现，以0.5作为碳转换系数估算碳储量的结果，优于以0.45

作为转换系数的估算结果。因此，本研究中生物量和碳储量间的转换系数采用0.5。

5.1　不同立地条件森林群落碳储量现状

5.1.1　乔木层整体碳储量

2020年，各立地条件样地乔木层现存总碳储量，C样地最高，为67756.09 kg/hm²，其次是B样地，为60146.75 kg/hm²，A样地碳储量最少，为43677.72 kg/hm²。比较树木各组成部分碳储量，存量最大的是树干碳储量，其在三种生境中的值分别为25326.17 kg/hm²、34876.56 kg/hm²、39684.58 kg/hm²（表5-3）。

表5-3　不同生境下乔木层各部分碳储量（kg/hm²）、生物量（kg/hm²）存量及变化

种类	样地	树干量	树枝量	树叶量	树根量	地上量	地下量	地上/地下	总量
生物量	A样地2014	48278.34	14193.27	1811.41	18197.2	64283.02	18197.22	3.53	82480.24
碳储量	A样地2014	24139.17	7096.63	905.71	9098.61	32141.51	9098.61	3.53	41240.12
生物量	A样地2020	50652.33	15835.17	1854.27	19013.67	68341.77	19013.67	3.59	87355.44
碳储量	A样地2020	25326.17	7917.58	927.13	9506.84	34170.88	9506.84	1.80	43677.72
生物量增		2373.99	1641.90	42.85	816.45	4058.75	816.45	0.06	4875.19
增加比例		0.05	0.12	0.02	0.04	0.06	0.04	0.02	0.06
生物量	B样地2014	62984.64	20123.05	1013.29	23556.92	84120.98	23556.92	3.57	107677.9
碳储量	B样地2014	31492.32	10061.53	506.64	11778.46	42060.49	11778.46	3.57	53838.95
生物量	B样地2020	69753.13	23411.96	1105.81	26022.61	94270.90	26022.61	3.62	120293.5
碳储量	B样地2020	34876.56	11705.98	552.90	13011.31	47135.45	13011.31	3.62	60146.75
生物量增		6768.49	3288.91	92.52	2465.69	10149.92	2465.69	0.05	12615.61
增加比例		0.11	0.16	0.09	0.10	0.12	0.10	0.01	0.12
生物量	C样地2014	67421.83	20303.01	1124.69	25337.69	88849.54	25337.69	3.51	114187.2
碳储量	C样地2014	33710.92	10151.51	562.34	12668.85	44424.77	12668.85	3.51	57093.61
生物量	C样地2020	79369.16	25069.56	1310.94	29762.51	105749.6	29762.51	3.55	135512.1
碳储量	C样地2020	39684.58	12534.78	655.47	14881.26	52874.83	14881.26	3.55	67756.09
生物量增		11947.32	4766.55	186.25	4424.82	16900.13	4424.82	0.05	21324.95
增加比例		0.18	0.23	0.17	0.17	0.19	0.17	0.01	0.19

5.1.2 主要树种碳储量

不同立地条件下，森林群落主要物种 2020 年碳储量如图 5-1 所示，所有主要物种的碳储量，均为树干最多，树叶最少，而树根和树枝碳储量的多少则因生境和物种而异。A 样地碳储量最高的树种是蒙古栎，为 9647.22 kg/hm^2，B 样地碳储量最高的树种也是蒙古栎，为 24672.99 kg/hm^2，C 样地碳储量最高的树种是槲栎，为 12238.40 kg/hm^2。

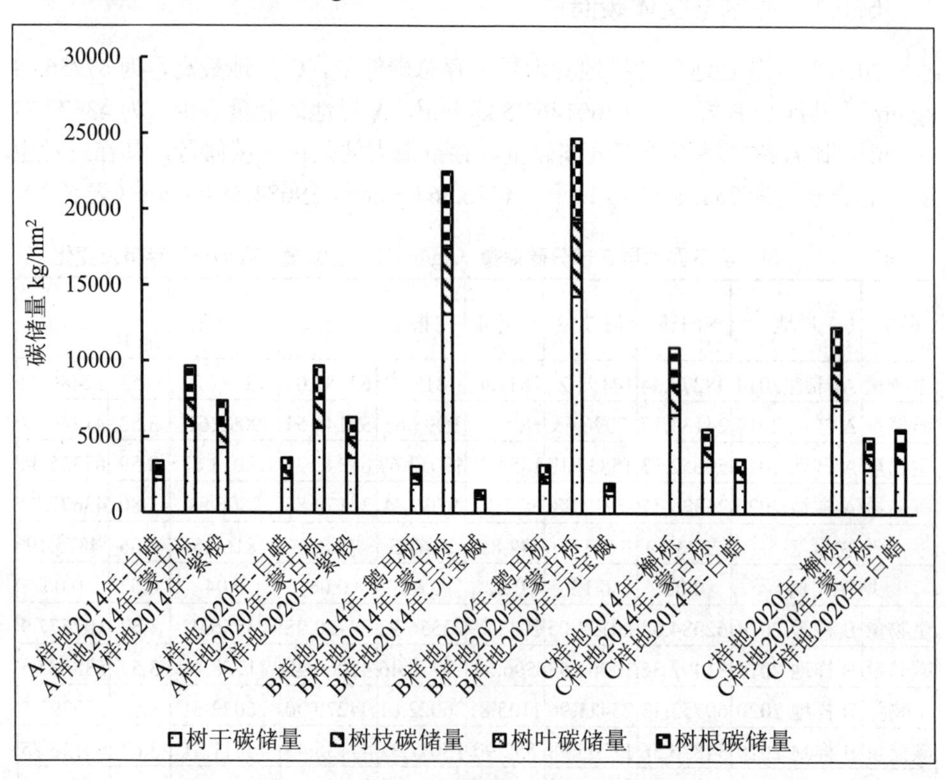

图 5-1 2020 年各立地条件群落主要树种各部分碳储量累积图

5.1.3 不同径级范围树种碳储量

不同径级范围乔木 2020 年碳储量如图 5-2 所示，总碳储量最大的径级范围均为 25 cm 以上径级，该径级范为碳储量在 A 样地、B 样地、C 样地分别为 17405.34 kg/hm^2、28909.43 kg/hm^2 和 27187.91 kg/hm^2。且该径级范围碳储量在任何一种立地条件下均明显高于其余任何一个径级范围的总碳储量。

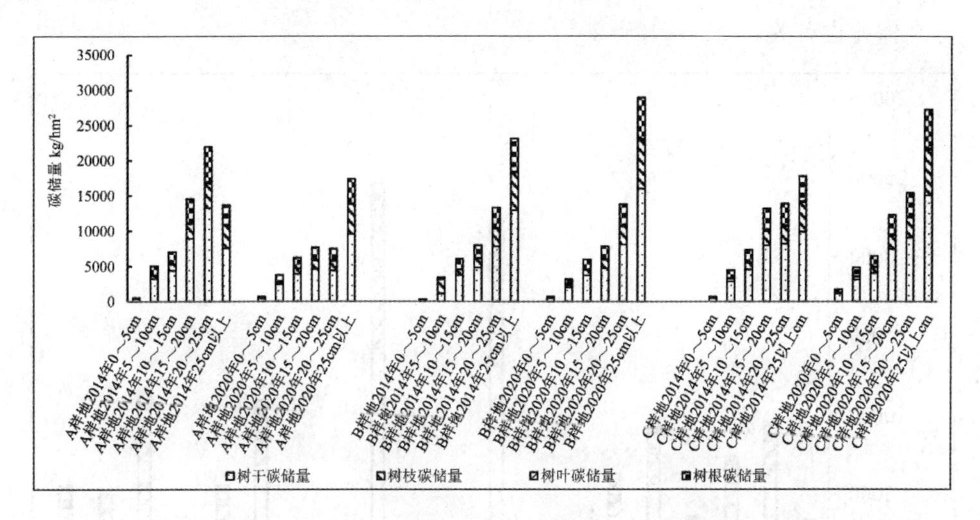

图 5-2　2020 年各立地条件不同径级乔木层碳储量累积图

5.2　不同立地条件森林群落碳储量动态变化

2020 年各立地条件总体碳储量之间的多少关系与 2014 年保持一致。从碳储量 2014—2020 年间增加量和增加比例来看，C 样地增加量 10662.48 kg/hm² 和增加比例 18.68%均为最高，其次为 B 样地，增加量为 6307.81 kg/hm²，增加比例为 11.72%，A 样地增加量为 2437.60，比例为 5.9%，均为最少。各部分碳储量的增加比较关系也同样是 C＞B＞A（表 5-3），碳储量的增加值及比例均与原碳储量成正相关。树木各组成部分碳储量增加比例最高的是树枝生物量，在三种生境中的增加比例分别为 11.57%、16.34%和 23.48%。由上可见，次生林经过五年的自然生长发育，碳储量均有明显的增加，且地上、地下比例也略有增加（表 5-3）。

分析各立地条件主要树种的碳储量变化，A 样地中的白蜡、B 样地中的鹅耳枥、蒙古栎、元宝槭以及 C 样地中的槲栎、白蜡，经过 2014—2020 年间的森林自然发育，碳储量有所增加，而 A 样地中的蒙古栎、紫椴以及 C 样地中的蒙古栎，在森林五年自然发育过程中，碳储量有所减少。白蜡、鹅耳枥、元宝槭作为林下种，其碳储量的增加主要是较多个体更新的结果（图 5-3）；而 B 样地中的蒙古栎、C 样地的槲栎碳储量增加则主要是树木生长造成胸径增加的结果。碳储量下降的均为群落中的优势种，可能与更新受到光照资源限制以及较多个体死亡有关。

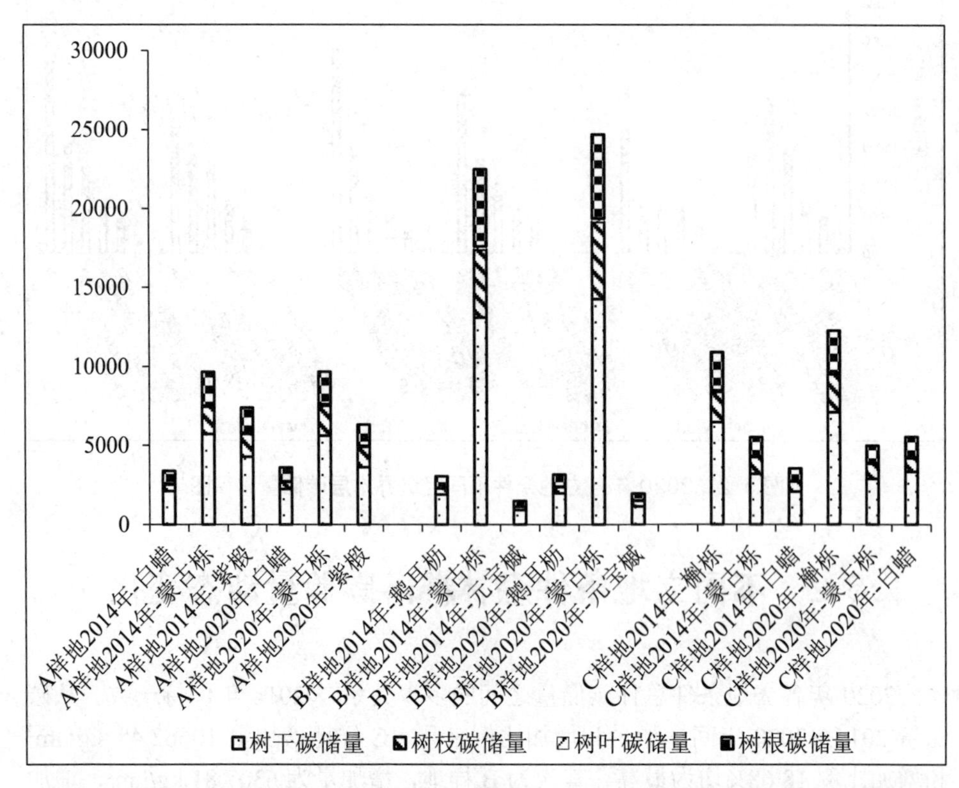

图 5-3 各立体条件群落主要树种植物体各部碳储量累积图（示 2014—2020 年间变化）

分析不同径级范围乔木层碳储量的变化，A 样地 2014 年，总碳储量最大累积出现在 20～25 cm 径级，到 2020 年最总碳储量最大累积出现在 25 cm 以上径级。B 样地和 C 样地，2014—2020 年间，各径级总碳储量随径级增加而增加，2014 年，A 样地的各径级总碳储量随径级增加先增大后减小。比较相同样地相同径级范围乔木五年前后碳储量变化，A 样地的 5～10 cm、10～15 cm、15～20 cm、20～25 cm 径级范围、B 样地的 10～15 cm、15～20 cm 径级范围，C 样地的 10～15 cm、15～20 cm 径级范围乔木层的总碳储量出现了下降，其余径级范围的碳储量则有所增加（图 5-4）。结合样地 2014—2020 年间各径级乔木个体数量变化分析，各生境中，某些径级范围碳储量的下降，与森林五年间动态更新、生长、死亡过程中造成的该径级个体数目减少有关。

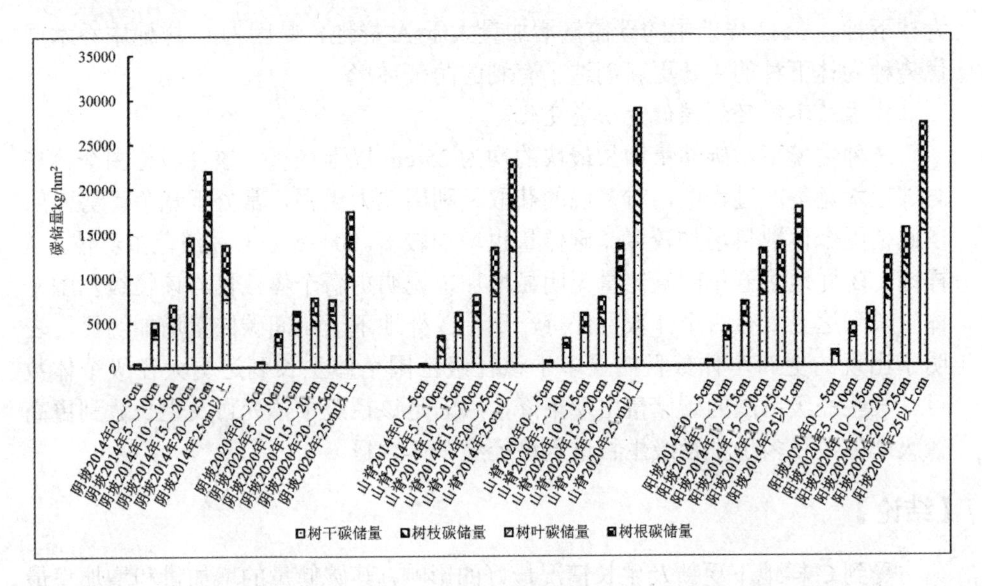

图 5-4　各立地条件不同径级乔木层碳储量累积图（示 2014—2020 年间变化）

【讨论】

不同生境乔木层碳储量变化动态

经过五年森林自然生长发育过程，三种不同生境样地中，现存碳储量与五年前一致，为 C 样地＞B 样地＞A 样地，且总碳储量增加值与比例同样符合该排序。这与三种生境下乔木层个体的更新量以及各个径级个体的生长量是相关的。植物体内的碳来源于光合作用对二氧化碳的固定，C 样地中乔木层个体获得的光照资源充足，光合作用固定的 CO_2 量多。同时，优势种形成的林下荫蔽环境，为林下种的更新生长创造了有利条件，所以碳储量存量及增加量均最高。

乔木层主要物种碳储量变化动态

主要物种碳储量的变化则呈现出林下种增加而优势种减少的趋势，同样可用更新、死亡个体数量及林分内物种密度解释。蒙古栎作为在三个群落中都出现的优势种，经过五年的森林自然发育过程，碳储量的变化却截然不同。A 样地中，蒙古栎种群碳储量基本保持稳定，B 样地中碳储量明显增加而 C 样地中明显减少。参照第 2 章主要物种五年间径级结构变化可知，A 样地中，五年前后蒙古栎种群径级结构基本一致，B 样地中，小径级更新个体的出现可能是造成生物量增加的主要原因，而在 C 样地，中径级蒙古栎个体数量下降则是导致碳储量下降的主要原因。白蜡同时出现在 A 样地、C 样地两种生境条件下，均为林下种。在 C 样地中的碳储量增加量大于 A 样地，是因为 C 样地中乔木层优势种为林下种的生长更新创造了有利的荫蔽环境。

乔木层不同径级碳储量动态变化

三种生境下，碳储量增长最快的均为 25 cm 以上径级，该径级范围个体在与邻近木竞争的过程中，对资源的获取、利用能力更强，常处于竞争优势，所以此范围个体数目增加较多，碳储量也增加较多。0～5 cm 径级范围群体，A 样地、B 样地下五年间碳储量无明显增加，说明更新个体数目与该径级范围个体生长到达更大径级个体数目保持一致，C 样地下五年间碳储量增加明显，表明了出现的更新个体数目明显多于该径级范围个体生长到达更大径级个体数目。某些径级范围的碳储量出现下降，原因是该径级个体死亡及生长达到更高径级个体数目多于小径级生长进入该径级个体数目。

【结论】

受到 C 样地下更新及生长情况最好的影响，其碳储量的增加量和增加率最高；在植物体各组分碳储量中，存量最大的是树干碳储量，最少的为树叶生物量，树根和树枝生物量因生境和物种而异；增加比例最多的是树枝碳储量，且碳储量的地上、地下比例也有增加的趋势。主要树种碳储量的变化表现出明显的生境与物种特异性，可以概括为 A 样地及优势种由于生长、更新条件的不适宜碳储量呈下降趋势，而 C 样地及林下种由于更新较好，碳储量呈增长趋势。不同径级范围碳储量的变化与该径级个体的现存数量与初次调查时数量的比较密切相关。

第二篇

自然保护区森林群落物种分布与共存

第 6 章　北暖温带落叶阔叶林濒危植物气候适生区预测*

全球气候的急剧变化严重影响物种的分布与生存。自工业化以来，人为活动导致了 CO_2 等温室气体急剧富集，气候变化显著且快速，区域性极端天气现象频发。全球气候的急剧变化已经造成大量物种濒危甚至灭绝，因物种、生境的差异，气候变化导致的物种分布变化呈现出复杂性和多样性。就目前地球系统中 CO_2 等温室气体的蓄积量而言，未来的气候变化仍将持续几十年甚至几百年。基于 4 种 RCP 排放情景，由 CMIP5 的气候模型预测可知，到 21 世纪末，全球温度很有可能会比 1850—1900 年高 2℃（Collins et al.，2013）。全球气候变化势必影响植物的生存与分布，尤其是那些分布区正在缩小的濒危植物。

八仙山国家级自然保护区内紫椴（*Tilia amurensis*）和黄檗（*Phellodendron amurense*）是中国国家濒危保护物种（易危）。紫椴是椴树科、椴树属的落叶阔叶大乔木（中国科学院中国植物志编辑委员会，1993）。椴树科物种多分布于热带地区，椴树属是该科唯一的北温带分布属，该属在东亚的物种较多，其中紫椴种群主要分布在我国东北、朝鲜半岛和俄罗斯远东地区（吴征镒，1991；吴征镒等，2011；吴征镒和王荷生，1983；吴征镒等，2003；中国科学院中国植物志编辑委员会，1993）。受城市化的快速发展、生境破坏以及人为砍伐等影响，全球范围内紫椴的分布面积在逐渐缩小，其生存已经受到了严重的威胁。2013 年我国颁布的《中国生物多样性红色名录——高等植物卷》更将其列为我国国家濒危保护物种。黄檗是芸香科、黄檗属的落叶阔叶大乔木，是第三纪孑遗植物，具有极高的药用价值（秦彦杰等，2006；中国科学院中国植物志编辑委员会，1993）。芸香科也是泛热带分布科，黄檗属是该科少数在温带分布的属，黄檗属主要在东亚分布，其中黄檗主要分布于东亚，包括我国东北、华北、朝鲜、日本及俄罗斯远东地区，但在中亚和欧洲也有分布（吴征镒，1991；吴征镒等，

* 本章所涉物种分布及适应预测图参见 2021 届南开大学植物学专业博士研究生唐丽丽的毕业论文。

2011；吴征镒和王荷生，1983；吴征镒等，2003；中国科学院中国植物志编辑委员会，1993）。因极高的药用价值及其生境的破坏，在20世纪60～90年代，黄檗的野生种群遭到了严重的破坏（秦彦杰等，2006）。早在1987年，我国颁布的《中国珍稀濒危保护植物名录（第一册）》中黄檗就被列为渐危物种，2013年颁布的《中国生物多样性红色名录——高等植物卷》同样将其列为易危（渐危）物种。

当前对紫椴和黄檗在全球气候变化背景下的研究多集中在我国范围内。对紫椴的适生区预测相对较少，且预测区域主要集中在中国东北地区，如贾翔等（2017）通过MaxEnt模型预测发现，未来分布于我国东北的红松-紫椴-水曲柳-蒙古栎混生林的南北界限都将北移，分布面积有缩减趋势，低适生区面积扩张。对我国东北地区黄檗的研究指出，随着全球气候的变化，黄檗的在我国东北的适生区将发生很大的变化，当前在我国东北所设的保护区将丧失部分对黄檗的保护能力，未来黄檗的生存状况更加堪忧（Yu et al.，2014）。对我国全域黄檗的预测分析表明，未来我国东北、京津冀大部分地区、河南北部和内蒙古东南部将更适合黄檗的分布，气候方面温度季节性变化、年均温和年均降水量对黄檗的分布影响最大（黄治昊等，2018）。植物的分布是连续的，未来随着气候变化，欧亚大陆范围内紫椴和黄檗种群的整体分布将如何变化，二者的气候适宜区又将迁移至何处？在本就未形成优势种群的八仙山国家级自然保护区，紫椴和黄檗的气候适宜性如何？

为回答以上问题，本章将基于MaxEnt模型，拟合东亚地区紫椴、欧亚大陆黄檗分布对气候的响应，预测最理想（RCP2.6）和最糟糕（RCP8.5）的排放情景下紫椴及黄檗未来的适生区变化，探讨气候因子对紫椴和黄檗分布的影响。

拟解决的科学问题

根据本章的研究内容，提出以下科学问题：

① 当前气候下，紫椴在东亚、黄檗在欧亚大陆的适生区如何分布？

② 对紫椴在东亚地区、黄檗在欧亚大陆分布起决定性作用的气候因子是什么？在RCP2.6、RCP8.5两种排放情景下，未来该因子如何变化？

③ 两种排放情景下，未来紫椴在东亚地区、黄檗在欧亚大陆的适生区及气候适宜性如何变化？

④ 八仙山国家级自然保护区对紫椴和黄檗的气候适宜性如何？

【研究方法】

物种分布数据获取及筛选

从 GBIF 数据库（https://www.gbif.org/）中获取紫椴和黄檗的经纬度位点数据。对所获数据进行数据清洗（data clean），清除掉十进制数中小数点后位数少于 4 位的数据，以确保获取到精确的物种分布信息。另外，对经过清洗的位点数据进行筛选，确保 18.5 km（以环境数据的精确度为准）范围内没有重复位点，减少建模过程中的偏差。获取过程在 R 语言（版本 3.6.1）（R Core Team，2019）“bdverse”（Gueta et al.，2020）、“bdDwc”（Gibas et al.，2020）和“bdclean”（Nagarajah et al.，2020）程序包中完成，筛选过程在“spThin”程序包（Aiello-Lammens et al.，2015）中完成。

经过数据清理和筛选，得到紫椴在东亚地区的分布点为 206 个，其中 75%（154 个）用于模型训练，25%（52 个）用于模型检验；得到黄檗在欧亚大陆的分布点为 208 个，其中 75%（156 个）用于模型训练，25%（52 个）用于模型检验。因多数研究表明，物种分布将随着气候变暖而北迁，为更好地探究紫椴的适生区变化，文中所指东亚地区是在原定纬度范围（4°N～53°N）的基础上向北扩增近 10°。

气候数据获取及筛选

温度和降水等气候数据是大空间、时间尺度上影响植物分布的主要因子（Beer et al.，2010；Kelly & Goulden，2008；Loarie et al.，2009；Williams et al.，2007）。当前及未来的温度、降水等气候数据获取自 Worldclim 网站（http://www.worldclim.org）（2.0 版），共 19 个生物气候学指标，数据的空间分辨率为 10°，（约 340 km^2）。本研究未来的气候数据，是 BCC_CSM2 气候模型对 RCP2.6 和 RCP8.5 排放情景下气候的模拟结果。RCP2.6 是一种非常理想的排放情景，此情景下将严格减缓温室气体排放，辐射强迫在 2100 年之前达到 2.6 W/m^2 的峰值，然后下降，此情景下未来升温超过 2℃的可能性仅有 22%（Pachauri et al.，2014；Stocker，2014；Collins et al.，2013）。RCP8.5 是一种非常糟糕的排放情景，此情景下温室气体排放量最高，到 2100 年辐射强迫达到 8.5 W/m^2 以上，并将继续上升一段时间，这种情境下未来升温一定会超过 2℃（Pachauri et al.，2014；Stocker，2014；Collins et al.，2013）。本研究未来的气候数据包括四个时间段，分别是 T2030、T2050、T2070 和 T2090，其中 T2030 为 2021—2040 年，T2050 为 2041—2060 年，T2070 为 2061—2080 年，T2090 为 2081—2100 年。在 Worldclim 网站 2.0 版当中，未来气候数据是依据 CMIP6 的气候模型进行预测的，CMIP6 是将于 2021 年发布的第六次 IPCC 评估报告中采用的气候模型，四种排放情景也已由 RCPs 变更为 SSPs（Shared Socioeconomic Pathways），不过它们所代表的意义一致，因此在本文中仍延用 RCPs 来表示。

分别对东亚地区和欧亚大陆的 19 个生物气候因子进行共线性分析，保留相关性低于 0.8 气候指标（选择不显著相关的气候指标），确保环境变量的独立性，此过程在 R 语言“psych”程序包（Revelle，2020）中进行。

最大熵模型（MaxEnt）构建、优化与检验

本章采用 MaxEnt 模型（Elith et al.，2011；Phillips et al.，2006；Phillips et al.，2004）来预测濒危植物对未来气候变化的响应。

最大熵模型的基本组件包括①一个有限的地理空间X，X是一组离散且有限的网格单元，②一组给定的、能对应到*X*的物种分布位点x_1，x_2，…，x_m，③一组能一一对应到 X 的特征 f（features，多为环境变量）（Phillips et al.，2006；Phillips et al.，2004）。最大熵模型原理是基于这三个组件，找到满足约束条件的、且有最大熵的概率分布（Phillips et al.，2006；Phillips et al.，2004）。简而言之就是首先计算出约束条件，再在满足此约束条件的无数种概率分布中找到熵值最大的，就是模型的目标概率分布π，也就是生态学者视为的物种潜在分布。最大熵模型的约束条件是要求模型中的每一个环境变量的期望值等于或近似于其经验平均值（Elith et al.，2011；Merow et al.，2013；Phillips et al.，2006；Phillips et al.，2004）。环境变量的期望值是对一组环境变量进行加权平均而得的，这组环境变量是模型预测的物种分布点所对应的环境变量（Elith et al.，2011；Merow et al.，2013）。环境变量的经验平均值是已知（给定的）物种分布位点所对应的环境变量的经验平均值（Elith et al.，2011；Merow et al.，2013）。这一约束条件是将环境变量视为线性变量（linear features）情况下的约束条件，如果环境变量是二次变量（quadratic features），则约束条件中用方差替换平均值，6 种不同类型的环境变量（linear、quadratic、product、threshold、Hinge、categorical features），其约束条件各不相同（Elith et al.，2011；Merow et al.，2013）。

基于模型原理，可知每个环境变量 f_j 在π分布下的期望值 $\pi\left[f_j\right]$，

$$\pi\left[f_j\right]=\sum_{x\in X}\pi(x)f_j(x) \tag{1}$$

其中 X 是一个有限的地理空间，也是一组离散且有限的网格单元；x 则是此空间中的网格单元。$\pi(x)$ 是 x 在此空间中出现的概率，也就是权重，$f_j(x)$ 是环境变量 f_j 在 x 位置的具体数值。

基于模型原理，m 个网格单元的经验平均值 $\tilde{\pi}$ 为

$$\tilde{\pi}(x)=\frac{\left|\{1 \leqslant i \leqslant m: x_i=x\}\right|}{m} \tag{2}$$

根据最大熵原则，拟合中需要找到满足约束条件的具有最大熵的概率分布$\hat{\pi}$，约束条件为在$\hat{\pi}$下每个环境变量的平均值$\hat{\pi}\left[f_j\right]$都与已有物种分布区域（observed）环境变量的平均值$\tilde{\pi}\left[f_j\right]$尽可能相近。

拟合最大熵概率分布$\hat{\pi}$的过程与拟合最大似然吉布斯函数$q_\lambda(x)$（the maximum likelihood Gibbs distribution）的过程一致（Della et al.，1997；Dudik et al.，2004），$q_\lambda(x)$是多个特征组合的指数线性表达式：

$$q_\lambda(x_k)=\frac{\exp\left(\sum_{j=1}^{n}\lambda_j f_j(x_k)\right)}{\sum_{i=1}^{m}\exp\left(\sum_{j=1}^{n}\lambda_j f_j(x_i)\right)} \tag{3}$$

其中，λ是一个包括 n 个环境变量 f 系数的向量。

拟合最大受罚似然函数（maximize penalized log likelihood），即最大化：

$$\frac{1}{m}\sum_{i=1}^{m}\ln q_\lambda(x_i)-\sum{}_j\beta_j\left|\lambda_j\right| \tag{4}$$

$$\beta_j=\beta\sqrt{\frac{s_2\left[f_j\right]}{m}} \tag{5}$$

其中，$\frac{1}{m}\sum_{i=1}^{m}\ln q_\lambda(x_i)$部分被称之为 log likelihood；$\sum_j\beta_j\left|\lambda_j\right|$是对模型环境变量权重的惩罚（penalization），也叫正则化过程（regularization）。正则化过程可以使模型在拟合过程中着眼于重要的环境指标，拟合出包含环境变量较少且各特征系数值非 0 的模型，以避免模型拟合过程中出现过拟合现象（Phillips et al.，2006；Phillips et al.，2004）。最大化 log likelihood 与 regularization 之间的差异，也就是找出即能很好地拟合数据且模型结果也不复杂的吉布斯分布，由β_j来控制模型拟合好坏与复杂程度之间的权衡（Phillips et al.，2006；Phillips et al.，2004）。β是只取决于环境变量f_j类型的正则化参数。$s_2\left[f_j\right]$是特征f_j的经验方差。

为了直观且以概率的形式展示 MaxEnt 模型结果，Phillips 等（2006）引入逻辑斯谛输出格式，即模型结果可转化为：

$$\Pr\left(y=1|z\right)=\frac{e^{H}q_{\lambda}\left(x_{z}\right)}{1+e^{H}q_{\lambda}\left(x_{z}\right)} \qquad (6)$$

其中，$\Pr\left(y=1|z\right)$ 为在给定环境条件 z 下物种分布的条件概率，q_{λ} 是目标函数 π 的最大熵估计，H 是 q_{λ} 的熵，x_{z} 是一组具有环境条件z的分布空间单元中 $X\left(z\right)$ 的任意一个元素。模型拟合过程如下：

① 物种分布和环境数据预处理：将经过清理的物种分布数据基于 K-fold 方法分为 2 部分，其中 75%用于训练模型，25%用于检验模型。根据从 19 个生物气候学指标中筛选出共线性小于 0.8 的变量，组合、排列构建出不同的气候变量数据组。

② 模型训练：基于 17 个的正则化倍数（regularization multiplier，0.1～10 不等）、多个的气候变量数据组（表 6-1 和表 6-2）、5 个环境变量类型（feature class：linear、quadratic、product、threshold 和 hinge）构成多种模型组合，进行模型训练。

表 6-1　紫椴最大熵模型训练所用环境指标

	BIO 2	BIO 10	BIO 11	BIO 12	BIO 13	BIO 14	BIO 15	BIO 16	BIO 17	BIO 18	BIO 19	建模 Modeling			
												Partial ROC	Omission rate at 5%	AICc	delta AICc
1	√	√	√				√			√	√				
2	√	√	√	√			√			√	√				
3	√	√	√		√		√			√	√				
4	√	√	√				√	√		√	√				
5	√	√	√			√	√			√	√				
6	√	√	√				√		√	√	√				
7	√	√	√	√		√	√			√	√				
8	√	√	√	√			√		√	√	√				
9	√	√	√		√	√	√			√	√				
10	√	√	√		√		√		√	√	√				
11	√	√	√			√	√	√		√	√				
12	√	√	√				√	√	√	√	√	**0**	**0.038**	**3684.301**	**0**

注：表中粗体字行表示该组环境数据用于最终建模，Partial ROC、Omission rate at 5%、AICc、delta AICc 为模型检验标准。

表 6-2　黄檗最大熵模型训练所用环境指标

	BIO2	BIO5	BIO8	BIO 12	BIO 13	BIO 14	BIO 15	BIO 16	BIO 17	BIO 18	BIO 19	建模 Modeling			
												Partial ROC	Omission rate at 5%	AICc	delta AICc
1	√		√				√			√	√				
2	√		√	√			√			√	√				
3	√		√		√		√			√	√				
4	√		√				√	√		√	√				
5	√		√			√	√			√	√				
6	√		√				√		√	√	√				
7	√		√	√		√	√			√	√				
8	√		√	√			√		√	√	√				
9	√		√		√	√	√			√	√				
10	√		√		√		√		√	√	√				
11	√		√			√	√	√		√	√				
12	√		√				√	√	√	√	√				
13	√	√	√				√			√	√				
14	√	√	√	√			√			√	√				
15	√	√	√		√		√			√	√				
16	√	√	√				√	√		√	√				
17	√	√	√			√	√			√	√				
18	√	√	√				√		√	√	√	**0**	**0.042**	**3872.075**	**0**
19	√	√	√	√		√	√			√	√				
20	√	√	√	√			√		√	√	√				
21	√	√	√		√	√	√			√	√				
22	√	√	√		√		√		√	√	√				
23	√	√	√			√	√	√		√	√				
24	√	√	√				√	√	√	√	√				

注：表中粗体字行表示该组环境数据用于最终建模，Partial ROC、Omission rate at 5%、AICc、delta AICc 为模型检验标准。

③ 模型筛选：基于各模型 AUC 的统计显著性（Partial ROC）（Peterson et al.，2008）、预测能力（omission rate，E＝5%）（Anderson et al.，2003）和复杂程度（AICc）指标（Warren and Seifert，2011），从训练的模型中筛选出最优模型。具有 AUC 统计显著性的（Partial ROC≤0.05）、漏报率（Omission rate）≤5%、delta_AICc 值＜2 的模型为最终选定模型。

④ 最优模型检验：利用最终选定模型对当前及未来气候条件下物种分布进行预测，并通过额外的物种分布信息对最终模型进行检验。

⑤ 适生区变化评估：比较不同排放情景和年代下模型的预测结果，评估未来紫椴和黄檗的适生区变化情况。

⑥ 外推风险（Exploration risk）评估：根据 mobility-oriented parity metric

（MOP）方法（Owens et al.，2013）计算模型的外推风险。

整个过程在 R 语言“ENMeval”程序包（Muscarella et al.，2014）和“kuenm”程序包（Cobos et al.，2019）中进行。

通过对东亚 19 个气候因子的共线性分析，本研究组建了 12 套环境因子组合（表 6-1）用于紫椴的模型训练，共建模型 7440 个。经检验后，筛选出符合预先设定的检验标准的模型。最终选定紫椴预测模型的正则化倍数为 0.1，所用环境指标为 BIO2、BIO10、BIO11、BIO15、BIO16、BIO17、BIO18 和 BIO19。经最终检验，所选最优模型符合设定的检验标准，且 AUC 值为 0.966，模型对数据的适用性非常高。

通过对欧亚大陆 19 个气候因子的共线性分析，本研究组建了 24 套环境因子组合（表 6-2）用于黄檗的模型训练，共建模型 14880 个。经模型检验后，筛选出符合预先设定的检验标准的模型。最终选定黄檗的预测模型的正则化倍数为 0.1，所用环境指标为 BIO2、BIO5、BIO8、BIO15、BIO17、BIO18 和 BIO19。经最终检验，所选最优模型符合设定的检验标准，且 AUC 值为 0.949，模型对数据的适用性也非常高。

根据最终选定的模型，对当前和未来 2 种排放情景下紫椴在东亚、黄檗在欧亚大陆的适生区进行了预测。

6.1 濒危植物分布的主要影响因子

温度和降水对紫椴气候适生区的分布具有重要影响。根据气候因子在紫椴分布模型中的贡献率（表 6-3）可知，8 个气候因子对紫椴模型均有贡献，没有无效变量，总贡献率高达 99.9%。BIO11，即最冷季度平均温度，贡献率为 33.2%，对紫椴适生区分布影响最大；BIO18，即最热季度降雨量，对模型的贡献率为 20.1%，对紫椴适生区分布也有较大的影响。紫椴对这两个最主要气候因子的响应曲线为单峰曲线，即紫椴气候适宜性随着 BIO11 和 BIO18 的升高先增加再减小（图 6-1 a、b）。对于紫椴在东亚分布而言，BIO11 的峰值为-10 ℃左右，BIO18 的峰值为 600 mm 左右（图 6-1 a、b）。未来 2 种排放情景下，现有紫椴分布地区的 BIO11 和 BIO18 均呈现了升高的趋势（图 6-2 a、b）。从 RCP2.6 至 RCP8.5，BIO11 明显升高、BIO18 也大幅增加（图 6-2 a、b），即未来气候情景越糟糕，排放的温室气体量越大，东亚紫椴现存区的最冷季度温度（BIO11）会越高，最热季度的降水（BIO18）会越多。

降水对黄檗适生区的分布具有重要影响。根据气候因子在黄檗分布模型中的贡献率（表 6-3），7 个气候因子对黄檗模型均有贡献，没有无效变量，它们对模型的总贡献率高达 99.9%。另外，对黄檗是适生区分布影响最大的两个气候因子是 BIO17（最干季度降雨量）和 BIO18（最热季度的降水），贡献率分别为 31.0%和 28.2%。黄檗的分布对 BIO17 和 BIO18 的响应曲线也为单峰曲线（图 6-1 c、d）。随着 BIO18 的增加，黄檗的气候适应性先升后降，BIO18 为 700 mm 左右时黄檗在欧亚大陆的适应性达到峰值；然而与之不同的是，随着 BIO17 的持续增加，黄檗的气候适宜性达到峰值后会有所下降，但最终会保持在比较高的水平（Logit p＝0.70），BIO17 为 340 mm 左右时，黄檗的适宜性达到峰值（图 6-1 c、d）。未来 2 种排放情景下，现有黄檗分布地区 BIO17 和 BIO18 的变化趋势有所差别。从 RCP2.6 至 RCP8.5，BIO17 明显减小，而 BIO18 则大幅增加（图 6-2 c、d），也就是未来气候情景越糟糕，排放的温室气体量的越大，欧亚大陆黄檗现存区的最干季度的降水（BIO17）会越少，最热季度的降水（BIO18）会越多，干湿会更加极端。

表 6-3　气候因子对紫椴（*Tilia amurensis*）、黄檗（*Phellodendron amurense*）分布模型的贡献率

气候因子 Climatic factors		紫椴模型贡献率（%） Percent contribution to *Tilia amurensis*' model	黄檗模型贡献率（%） Percent contribution to *Phellodendron amurense*' model
BIO2	昼夜温差月均值 Mean Diurnal Range	10.3	13.1
BIO5	最热月份最高温 Max Temperature of Warmest Month	/	9.3
BIO8	最湿季度平均温度 Mean Temperature of Wettest Quarter	/	8.6
BIO10	最热季度平均温度 Mean Temperature of Warmest Quarter	10.3	/
BIO11	最冷季度平均温度 Mean Temperature of Coldest Quarter	33.2	/
BIO15	降雨季节量变异系数 Precipitation Seasonality	13.1	5.7
BIO16	最湿季度降雨量 Precipitation of Wettest Quarter	1.5	/

续表

气候因子 Climatic factors		紫椴模型贡献率（%） Percent contribution to *Tilia amurensis*' model	黄檗模型贡献率（%） Percent contribution to *Phellodendron amurense*' model
BIO17	最干季度降雨量 Precipitation of Driest Quarter	9.9	31.0
BIO18	最热季度降雨量 Precipitation of Warmest Quarter	20.1	28.2
BIO19	最冷季度降雨量 Precipitation of Coldest Quarter	1.5	4
总计 Total		99.9	99.9

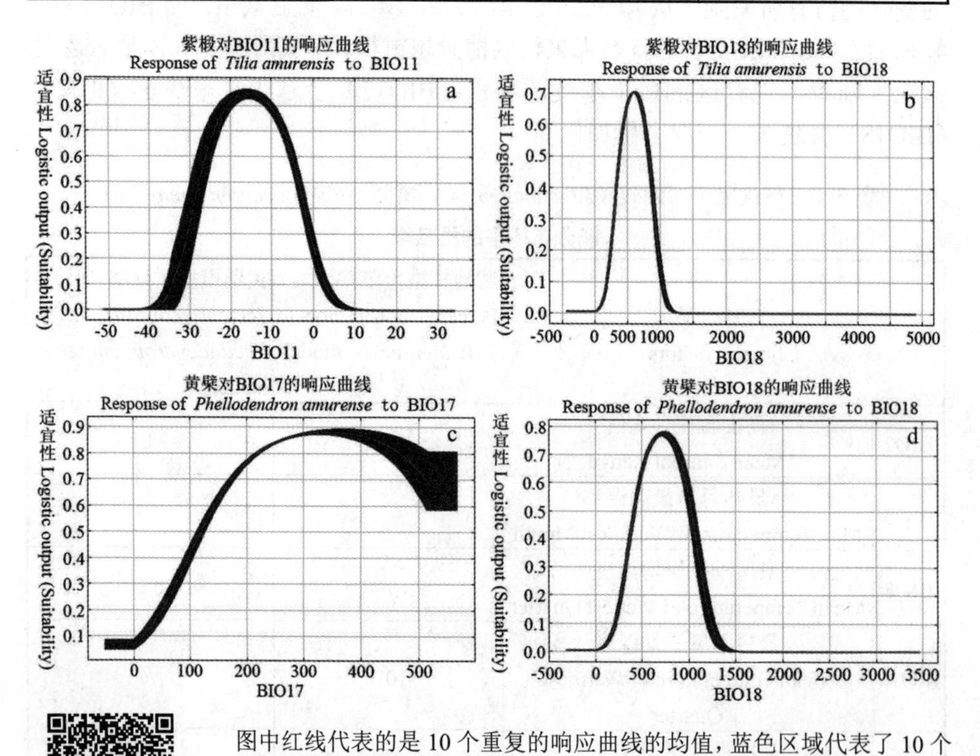

图中红线代表的是 10 个重复的响应曲线的均值，蓝色区域代表了 10 个重复的响应曲线的均值+/− 1 个标准差范围。彩图参见所附二维码。

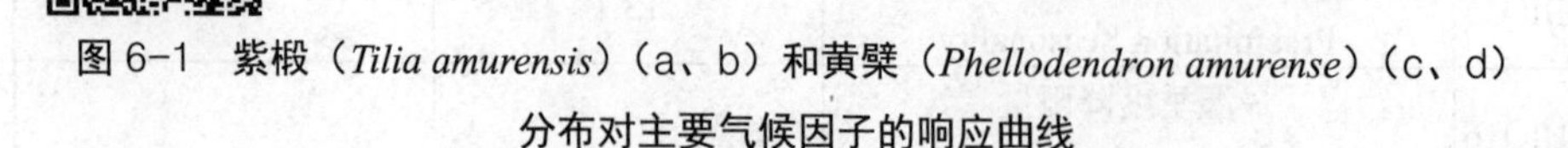

图 6-1　紫椴（*Tilia amurensis*）（a、b）和黄檗（*Phellodendron amurense*）（c、d）分布对主要气候因子的响应曲线

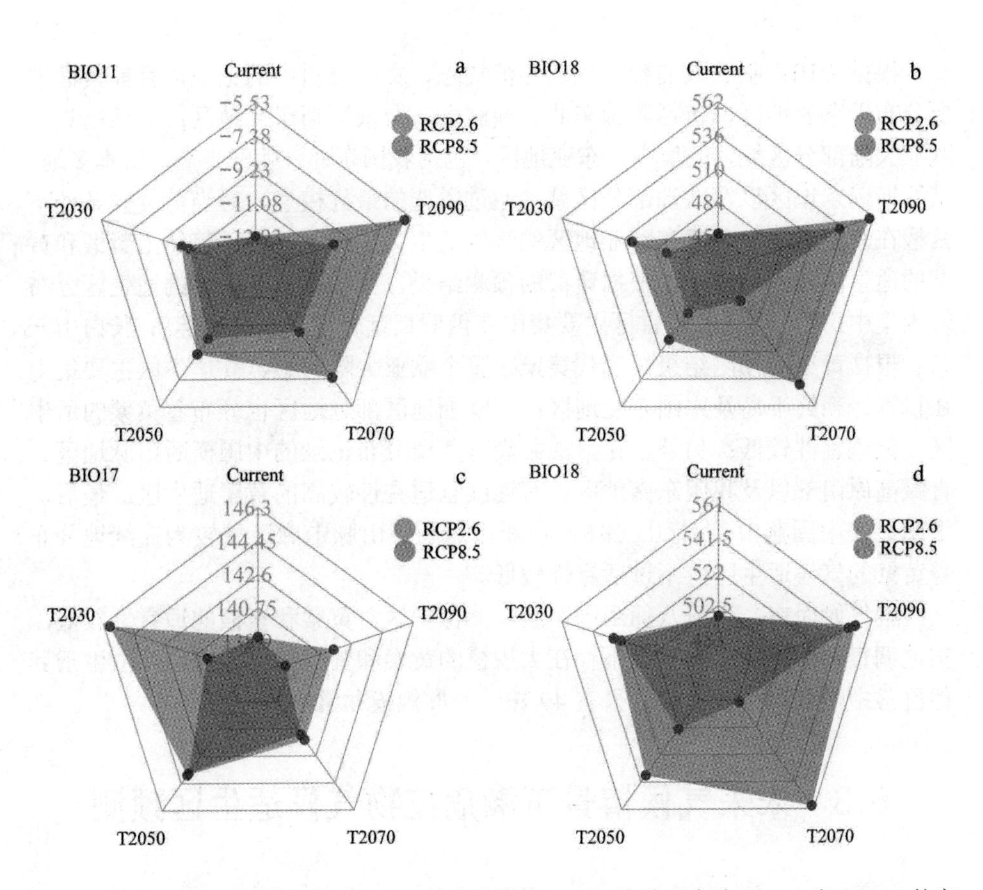

a、b 为东亚地区 BIO11 和 BIO18 的变化趋势，c、d 为欧亚大陆 BIO18 和 BIO16 的变化趋势。图中各气候情景和各时期的气候数量值是均值，用紫椴（*Tilia amurensis*）和黄檗（*Phellodendron amurense*）的分布点在东亚地区和欧亚大陆分别获取了各排放情景和各时期的 BIO11、BIO17、BIO18 值后经计算所得。

图 6-2　未来最冷季度平均温度（BIO11）、最干季降雨量（BIO17）和最热季降雨量（BIO18）的变化趋势

6.2 当前气候条件下濒危植物气候适生区预测

根据 GBIF 中获取的数据以及各植物志、文献资料中的记载，目前紫椴主要分布于东亚地区，包括我国东北、朝鲜半岛及俄罗斯远东地区；黄檗则见于欧亚大陆部分区域，但集中于东亚地区，包括我国东北、朝鲜半岛、日本多地、俄罗斯远东地区以及欧洲部分区域。通过所选的最优模型，对当前气候条件下紫椴在东亚地区、黄檗在欧亚地区的气候适生区进行了评估，整体上紫椴和黄檗的适生区范围均较小。根据紫椴的预测结果，紫椴在东亚地区的适生区分布较为集中，中、高气候适宜区主要集中在俄罗斯远东地区、朝鲜半岛-长白山一带。根据黄檗的预测结果，当代黄檗在整个欧亚大陆的中、高适生区主要集中在日本、朝鲜半岛及中国东北地区；在欧洲地区部分地区也分布着黄檗的适生区，但适宜性较低；另外，在目前并没有黄檗分布记录的中国横断山脉地区、青藏高原南部以及我国东南地区，有连续且适宜性较高的黄檗适生区；最后，很明显在中国燕山-太行山-秦岭-横断山这一条山脉走廊区域较为连续地分布着黄檗的气候适生区，不过适宜性较低。

就气候而言，当前八仙山国家级自然保护区对黄檗和紫椴的适宜性较低，实地调查中保护区内确实也不存在大规模的黄檗和紫椴种群，它们均散生于其他群落中，且黄檗在保护区只有 49 株，种群规模非常小。

6.3 未来气候情景下濒危植物气候适生区预测

通过选出的最优模型，本研究预测了对两种排放情景下紫椴在东亚地区、黄檗在欧亚大陆未来的气候适生区，相对紫椴而言，未来气候的变化更不利于黄檗的生存，横断山区的气候对黄檗有较高的适宜性，可作为黄檗迁地保护的备选地之一。

未来不同排放情境下紫椴的适生区将向北扩散，随着温室气体排放量的增加与积累，向北扩散趋势会越来越明显，俄罗斯远东地区的中、高适生区面积将扩增。就紫椴适宜性而言，未来俄罗斯远东地区及俄罗斯南部的适宜性明显升高，朝鲜半岛-长白一带的适宜性明显下降；随着温室气候的排放量增加与积累，紫椴适宜性升高和下降的程度均明显增强。

未来不同排放情境下黄檗的适生区明显向北缩小且破碎化。在 RCP2.6 气候情景下缩小的趋势并不明显，主要是我国东南一带及朝鲜半岛的适生区面积将缩小、北移；RCP8.5 气候情景下，自 2050 年代起黄檗的适生区将明显向北缩小且破碎化程度逐渐加剧。相对紫椴而言，黄檗的适宜性变化程度较低。整体上，我国东部地区、日本大部、朝鲜半岛及欧洲中部地区黄檗的适宜性将会降低；而我国横断山脉、青藏高原南部、日本北部、俄罗斯北部及远东地区、欧洲北部黄檗的适宜性有所提升。

6.4　模型外推风险评估

生态位模型（或物种分布模型）最重要的应用之一就是基于校准好的模型，预测物种在新的时间和空间领域的分布。利用已知时空范围内的数据校准模型，用以预测物种在未知时空范围适宜性的过程被称之为模型的外推过程（Owens et al.，2013；Zurell et al.，2012）。新的时空范围内并无物种的分布信息，模型无法在新的时空范围内进行训练和校准，因此外推过程中的风险无法避免。由于新的时空范围内物种分布信息未知，进行外推风险评估主要通过比较η(M)与η(G′)间的相似性来进行，其中η(M)是校准模型时已知有物种分布区域的环境指标，η(G′)是用于预测新的时空范围物种分布的环境指标。目前测定外推风险的方法较少，包括基于多元环境相似性（Multivariate Environmental Similarity，MES）的最小环境相似性法、最大距离法（Most Dissimilar Variable，MOD）和 mobility-oriented parity metric（MOP）法（Elith et al.，2010；Owens et al.，2013）。MOP 的方法通过比较 η(G′)与 η(M) 间的多维距离来判定其间相似性。若相似性为 0，则该区域环境指标的值已经超出了物种可有效分布的环境指标的阈值，该区域为严格外推区域（strict extrapolation），在这种条件下预测物种适宜性的风险极高（Owens et al.，2013）。通过 MOP 方法，对所建响应模型的外推风险进行了评估，结果显示紫椴的高预测风险区（严格外推区域）在印度及东南亚区域，黄檗的高预测风险区多集中在沙特阿拉伯和印度地区。这些高预测风险区均未涵盖模型给出的紫椴和黄檗适宜分布区，本章所建模型对紫椴和黄檗未来适生区分布的预测结果比较可信。

【讨论】

模型准确性评估

所有的模型都是错误的，但有一些模型是有用的（Box，1979）。生态位模型（或物种分布模型）亦如此，生态学者们尽力以最完善的模型来还原自然界物种分布过程最真实的状态，但自然界的一切都是极其复杂且瞬息万变的，几乎不可能准确还原，因此生态位模型的预测结果及准确性也常受到质疑。本文将从模型结果理解、建模优化及外推风险评估三个方面来对模型预测结果的准确性进行讨论。

就模型结果理解方面，本章的宗旨是通过生态位模型预测物种对气候变化的响应、预测物种未来的气候适生区，而非物种未来的分布概率。根据模型原理，最大熵模型计算过程就是在找满足约束条件且熵值最大的概率分布，此分布是除给定环境条件外不再受任何未知条件限制的一种概率分布（Shannon，1948）。据此，最大熵模型得到的物种潜在分布格局只受给定的环境变量影响，不再受任何其他因素影响，是在给定环境条件下物种潜在分布的最大可能。本文构建模型时给定的环境变量是气候因子，因此所得预测结果也是物种的气候适宜性。

建模优化过程中模型的显著性（significance）、模型的预测能力（performance）以及模型的简便性（simplicity）是三个必不可少的检验条件。为确保模型的显著性，在每个模型训练中，对50%数据重新取样建模，重复500次，然后统计AUC≤1的概率，据此概率分布来选出满足AUC统计显著性的模型（Cobos et al.，2019；Peterson et al.，2008）。另外，本章中模型的AUC是根据Peterson等（2008）推荐的偏ROC（Partial ROC）（Baker & Pinsky，2001）的方法计算而来，其研究证明此方法更适用于生态位模型。模型的预测能力则是通过检验模型的漏报率（omission rates）来判断，模型的漏报率越高，则代表模型越容易误将有物种真实分布的状况预测成没有物种分布的状况（混淆矩阵中的false absence），即低估（underprediction）了物种的分布情况（Anderson et al.，2003）。本研究设定了一个比较严苛的漏报率阈值（5%）来进行模型筛选，在具有AUC统计显著性的模型中，筛选出漏报率≤5%的模型，即在模型满足AUC统计显著性的基础上，又进一步确保了模型具有较强预测能力。模型的简便性（或复杂性）检验也是建模过程中不可避免的，模型越复杂，其结果越难以解释，而且容易出现过拟合现象。本研究在建模过程中设置了17个正则化倍数，以避免建模时出现过拟合现象，并利用AICc方法及标准（Warren & Seifert，2011）来选择适当复杂程度的模型。至此，建模优化过程中既确保了模型对数据的适用性，又充分检验了模型的准确性。

生态位模型在对新的时空范围内物种分布预测时必然存在外推风险（extrapolation risk），这也是生态位模型预测准确性受到质疑的主因，因此评估模型外推风险十分必要。对本研究所建响应模型外推风险评估可知，模型预测的紫椴和黄檗适生区均不在严格外推区域内，预测结果可信。另外，相对而言，RCP2.6 排放情景下未来的气候数值（η(G′)）更多涵盖在物种可有效分布的气候数值（η(M)）范围内，而 RCP8.5 排放情景下η(G′)则更多地超出了η(M)的范围。由于 RCP8.5 情境下温室气体排放量极高、气候变化更加异常，出现这一结果也非常合理。

温度、降水对紫椴和黄檗分布的影响

气候是大尺度下影响物种分布的重要因子。根据本章研究结果，紫椴分布受温度、降水双重影响，黄檗分布则主要受降水限制。影响紫椴在东亚地区分布的主要气候因子为最冷季度平均温度（BIO11）和最热季度降雨量（BIO18），紫椴分布对二者的响应均为单峰曲线，紫椴分布适宜性随着二者增加而增加，到达峰顶后又随之降低。当前紫椴分布区（中国东北、朝鲜半岛和俄罗斯远东地区）的 BIO11 和 BIO18 值均在响应曲线的单调递增区间内（图 6-1 a、b）；未来随着温室气体排放增加，该区域 BIO11 和 BIO18 均有所升高，BIO18 值仍将保留在响应曲线的单调递增区间，而 RCP8.5 情境下，21 世纪 70 年代以后，BIO11 值升至其单调递减区间（>−10℃）（图 6-2 a、b），届时紫椴的适生区将会发生明显变化。RCP8.5 排放情境下，21 世纪 70 年代后，紫椴适生区将明显北移，很有可能就是追赶其最适 BIO11 变化的结果。另外，苑丹阳（2020）对紫椴木质部结构解剖的研究结果，从显微结构的角度证实了温度、降水对紫椴的生长具有重要作用，其中温度主导、降水次之。

本研究结果表明，影响黄檗在欧亚大陆分布的主要气候因子是降水，包括最干和最热季度降雨量（BIO17 和 BIO18）。黄檗分布对二者的响应曲线为单峰曲线，黄檗的适宜性随着 BIO17 和 BIO18 的增加先升高后降低。其中，BIO18 持续增加超过其峰值（700 mm）后黄檗的适宜性快速降低，而 BIO17 持续增加超过其峰值（340 mm）后黄檗的适宜性则缓慢下降，并保持在 0.7 不变。由此可知，对于黄檗的分布而言，干季降雨量增加影响不大，而干季降雨量减少则影响较大，最热季度降雨量则应控制在一定的阈值范围内。当前黄檗分布区（中国东北、日本、朝鲜半岛等地）的 BIO17 和 BIO18 均在响应曲线单调递增区间内（图 6-1 c、d），未来也仍将保持在其单调递增区间内（图 6-2 c、d），也就是该区域黄檗的气候适宜性会随着 BIO17、BIO18 的增加而升高、减少而降低。根据预测结果，未来 RCP8.5 情景下 2050 年代开始，黄檗在中国东北、日本及朝鲜半岛的适宜性明显降低、适生区严重破碎化，这与 RCP8.5 情景下 2050 年代 BIO17 大量减少有直接关系（图 6-1 c）。另外，从 BIO18 的变化来看，RCP8.5 情景下 BIO18 的值高于 RCP2.6 情境下的 BIO18 值，RCP8.5 情景下黄檗的适宜性本应较高，但是预测结果出现了相反的情况，导致这一现象的原因可能 BIO17 的变化比 BIO18 的变化更易引起黄檗适宜性的变化。经统计可知（图 6-2 c）整体上 2 种排放情景下 BIO17 的值均较小（＜150 mm），未到其峰值（340 mm）的一半，很有可能 BIO17 值已经接近了黄檗生存的极限，产生了干旱限制，未来一旦 BIO17 减少，黄檗的气候适宜性也将随之大幅降低。黄檗的显微结构研究显示，其木质部细胞结构特征与逐月的帕默尔干旱指数呈显著正相关关系，也说明了黄檗的生长易受干旱限制（顾卓欣，2018）。

全球气候变化下紫椴、黄檗面临威胁

随着温室气体的排放和全球气候急剧变化，未来紫椴和黄檗的适生区均将北移，欧亚大陆尺度上，相对于紫椴，黄檗面临的生存威胁更严重。随着全球气候变化，未来东亚范围内紫椴的适生区不减反增，而欧亚大陆的黄檗将面临着适生区破碎化的威胁。Yu 等（2014）对紫椴和黄檗的比较研究中也发现，随着全球气候的变化，黄檗适生区的变化比紫椴适生区变化更加强烈。若温室气体排放量持续增加（RCP8.5 排放情景），在我国东北及朝鲜半岛范围内，紫椴和黄檗的生存均将受到严峻考验，届时紫椴的适生区会北迁至俄罗斯远东地区，黄檗的适生区则将急剧收缩于长白山脉局部地区。横断山区可作为黄檗迁地保护的备选地之一，然而若未来气候急剧恶化，横断山区的气候适宜性也有所降低，其适生区也会有所断裂。与黄治昊等（2018）预测的结果相似的是，未来黄檗在华北地区、甚至燕山-太行山-秦岭-横断山这一条山脉走廊区域的适宜性会有所增加，不过本研究的结果也表明华北地区未来不会有大面积的黄檗高度适生区出现。八仙山国家级自然保护区在当前及未来对紫椴和黄檗的气候适宜性均不高，随着全球气候变化，未来保护区内的紫椴和黄檗的生存或将面临严峻威胁，作为保护区内重点保护及濒危物种，其生存状况需得到严密监控。

【结论】

本章探究了大空间尺度上紫椴和黄檗的分布对全球气候变化的响应，回答了本章所提的科学问题，现总结如下：

① 经检验，本研究的预测结果比较可信。本研究自建模优化起，已从模型

的统计显著性、预测能力、模型复杂度三方面确保了模型对数据的适用性；其次，就模型外推风险而言，本研究通过 MOP 分析确保了所建模型预测的物种适生区内并不存在高外推风险状况；最后，在模型结果理解方面，本研究并非预测未来紫椴和黄檗的真实分布区，真实的物种分布所涉及的因素复杂多样、难以量化，本研究的宗旨在于探究二者对全球气候变化的响应，预测未来二者的气候适生区，既揭示了全球气候变化对紫椴、黄檗的威胁，又可为将来有可能进行的迁地保护等措施提供科学依据。

② 根据预测结果，当前气候下，紫椴的气候适生区主要分布于中国东北、朝鲜半岛及俄罗斯远东地区，与资料记载的紫椴分布点并无出入；而黄檗的适生区则除了东亚、欧洲这些有黄檗分布记录的区域外，中国横断山区也有较大面积的黄檗中度适生区分布。就气候而言，八仙山国家级自然保护区对紫椴、黄檗的适宜性均较低。

③ 影响紫椴和黄檗分布的主要气候因子分别是东亚地区的最冷季度平均温度（BIO11）、最热季度降雨量（BIO18）和欧亚大陆的最干季度降雨量（BIO17）和最热季度降雨量（BIO18）。未来随着全球气候变化，现有紫椴分布区的 BIO11、BIO18 将明显升高，现有黄檗分布区的 BIO18 也将增加，但 BIO17 会明显减少，温室气体排放量越大，气候因子的变化幅度越大。

④ 随着全球气候变化，未来紫椴、黄檗的适生区将北迁，气候变化越严峻，二者适生区变化越强烈。若温室气体排放量持续增加，未来紫椴的适生区将迁移、扩散至俄罗斯远东地区，中国东北、朝鲜半岛或将不再适合紫椴分布；黄檗的适生区将急剧向北收缩，并将严重破碎化，横断山区内黄檗的中度适生区将有所断裂，其适宜性也将有所下降。就气候而言，未来八仙山国家级自然保护区也不适宜紫椴和黄檗的分布，保护区内二者的生存状况需得到严密监控。

第7章　北暖温带森林群落物种分布对地形的响应

自洪堡时期开始，研究者们就开始认识到了地形对植物分布的影响。海拔、坡度和坡向等作用于植物分布的研究涵盖了众多生态类型及地形条件。随着研究手段的深入，研究者们认识到地形之所以影响植物分布，主要因为其对局地微气候的调控（Austin，1980；Moeslund et al.，2013）。海拔对微气候的调控主要表现在温度方面，包括空气温度、地表温度、土壤温度及昼夜温差等，海拔升高，温度也随之降低，温差随之加大（Bolstad et al.，1998；Chisăliţă et al.，2010；Geiger et al.，1995b；Macek et al.，2019）。坡向对微气候的调控主要作用于温度和土壤含水量。通常情况下，在北半球南坡温度高于北坡，北坡土壤相对较为湿润（Barry & Blanken，2016a；Burnett et al.，2008）。坡度对微气候的调控则主要表现在水土保持上，包括土壤含水量、土层厚度、土壤养分等方面。一般认为，陡坡土壤的水土条件远比缓坡恶劣（Bennie et al.，2006；Dulamsuren & Hauck，2008；Dulamsuren et al.，2005）。

对生境微气候的研究逐步揭开了地形对植物分布的作用原理，植物功能性状也为揭示其原理提供了又一重要载体。植物功能性状是植物的形态、生理、物候等特征，这些特征代表着植物在特定环境中生长、繁殖等生态策略的最终表现（Díaz et al.，2016；Perez-Harguindeguy et al.，2016）。根据 Westoby（1998）提出的叶-树高-种子方案（Leaf-Height-Seed scheme），简称 LHS 方案，比叶面积、最大树高和种子质量是植物生长策略最基本的表现，表现了植物体与所处环境间最基本的权衡。比叶面积是每单位干物质量的捕光面积，是植物投资回报率的一种体现，反映了植物叶片在长、短投资回报周期间的权衡（Reich et al.，2007；Westoby，1998）。最大树高是指植株在成熟期时的树高，是植物在产量和抗干扰间权衡的表现（Westoby et al.，2002）。种子质量是指植物种子干重，反映了植物在种子耐受性和高繁殖量间的平衡（Leishman et al.，2000；Muller-Landau，2010）。另外，木质密度也是备受关注的一种功能性状，是木本植物在生长与死亡风险之间权衡的一种体现。在此，死亡风险主要来源于生物力学及水力投资失败，即因植物过高引起的机械损伤或水源供应不足等（Díaz et al.，2016)。

近年来，众多研究表明在不同的地形梯度中，植物功能性状表现出一定的趋势。通常情况下，在海拔梯度上，高海拔地区的植物植株较矮，木质密度较大；坡向梯度上，阳坡的植物种子较重；坡度梯度上，陡坡的植物植株较矮，木质密度和种子质量较大（Liu et al.，2014；McFadden et al.，2019；Moles & Westoby，2004；Shipley et al.，2017)。植物功能性状之所以随着地形梯度表现出这种趋势，是因为在高海拔、阳坡及陡坡环境中，植物的生存压力较大，此时植物需要牺牲掉高速生长和繁殖等所需能量，用以提高其抗逆能力（Díaz et al.，2016；Kidson & Westoby，2000；Westoby，1998；Westoby et al.，2002)。此类研究在解析植物对地形的响应机理方面具有重要贡献，但多在群落水平上进行，且以定性分析为主。就目前而言，在相关研究中，植物功能性状作用的强度、方向等信息并没有定量的分析，具体何种功能性状在何种地形条件下发挥的作用更为重要等内容也尚未涉及，植物功能性状在植物分布对地形的响应中所起的作用尚不清楚，从植物生态策略角度来解析地形对植物分布的影响还有待完善。

Pollock 等于 2012 年提出的广义线性混合模型（Generalized Linear Mixed Model，GLMM）将功能性状引入生态位模型当中，以此来解析植物功能性状如何调节物种分布对环境的响应（Pollock et al.，2012)。目前，基于此模型，研究者们探究了植物功能性状在调节植物分布对土质、土壤含水量、太阳辐射等环境条件的响应中所起的作用（Catford et al.，2019；Jamil et al.，2013；Miller et al.，2019；ter Braak，2019；Zirbel & Brudvig，2020)。本章拟采用 GLMM 模型，以八仙山北暖温带落叶阔叶林中 31 种常见木本植物为研究对象，探究物种对地形条件的响应及植物功能性状在此响应中所起的调节作用，从植物生态策略角度解析地形对植物分布的作用机理。

拟解决的科学问题

根据本章的研究内容，提出以下拟解决的科学问题：

① 八仙山北暖温带落叶阔叶林常见木本植物功能性状多样性如何？

② 八仙山北暖温带落叶阔叶林常见木本植物对地形条件如何响应？

③ 植物功能性状如何调节植物分布对地形条件的响应？

【研究方法】

物种分布数据获取

在八仙山国家级自然保护区内进行样方调查，以获取物种的分布信息。依据不同的立地条件，在保护区内设置 3 个 1 hm^2 的固定样地（A、B、C），并用全站仪将每个 1 hm^2 样地划分为 100 个 10 m×10 m 的样方。此外，根据地形梯度在保护区额外随机设置 69 个 10 m×10 m 的样方。样方调查中，记录每个样方中的全部物种，并对每个样方中胸径≥3 cm 的木本植物进行逐一挂牌，记录其位置坐标、树号、种名、胸径、树高等指标。本研究选择其中比较常见的 31 种木本植物（表 7-1）进行分析。

为避免空间自相关对模型的影响，本研究对 3 个固定样地中的样方进行重取样。重取样过程中，在每个固定样地中设置 3×3 的栅格，从每个栅格中随机选取 3 个样方。经过重取样后，最终用于建模的样方为 150 个（27×3+69＝150）。为避免偶然性，重复 10 次重取样过程，构建成 10 组样方数据进行建模。样方分布及重取样示例请见图 7-1。

表 7-1　31 种常见木本植物学名及缩写

编号	物种名	学名	缩写
1	色木槭	*Acer mono*	Ac.mo
2	元宝槭	*Acer truncatum*	Ac.tr
3	臭椿	*Ailanthus altissima*	Ai.al
4	坚桦	*Betula chinensis*	Be.ch
5	鹅耳枥	*Carpinus turczaninowii*	Ca.tu
6	小叶朴	*Celtis bungeana*	Ce.bu
7	大叶朴	*Celtis koraiensis*	Ce.ko
8	沙梾	*Cornus bretschneideri*	Co.br
9	山里红	*Crataegus pinnatifida* var. *major*	Cr.pi
10	君迁子	*Diospyros lotus*	Di.lo
11	白蜡树	*Fraxinus chinensis*	Fr.ch
12	核桃楸	*Juglans mandshurica*	Ju.ma
13	栾树	*Koelreuteria paniculata*	Ko.pa
14	桑	*Morus alba*	Mo.al
15	油松	*Pinus tabuliformis*	Pi.ta
16	山杨	*Populus davidiana*	Po.da
17	山樱花	*Prunus serrulata*	Pr.se
18	杜梨	*Pyrus betulifolia*	Py.be
19	槲栎	*Quercus aliena*	Qu.al

续表

编号	物种名	学名	缩写
20	槲树	*Quercus dentata*	Qu.de
21	蒙古栎	*Quercus mongolica*	Qu.mo
22	栓皮栎	*Quercus variabilis*	Qu.va
23	鼠李	*Rhamnus davurica*	Rh.da
24	刺槐	*Robinia pseudoacacia*	Ro.ps
25	黄花柳	*Salix caprea*	Sa.ca
26	暴马丁香	*Syringa reticulata*	Sy.re
27	北京丁香	*Syringa pekinensis*	Sy.pe
28	臭檀	*Euodia daniellii*	Eu.da
29	紫椴	*Tilia amurensis*	Ti.am
30	糠椴	*Tilia mandshurica*	Ti.ma
31	大果榆	*Ulmus macrocarpa*	Ul.ma

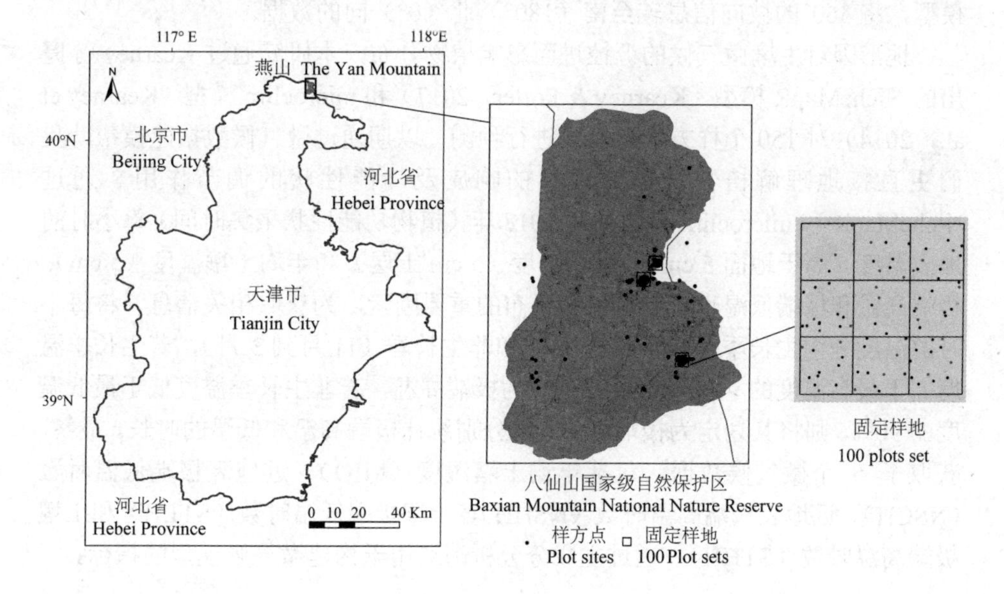

右图为固定样地的示例，其中圆点是重取样中所选样方，此图为 10 组重取样的一个示例（组 1）。

图 7-1　八仙山国家级自然保护区及样方分布图

植物功能性状数据获取

为全面反映植物在生存、生长、繁殖与地形条件间的联系，本研究选择 4 个常用的功能性状，包括比叶面积（$cm^2 \cdot g^{-1}$）、种子质量（mg）、最大树高（m）和木质密度（$mg \cdot mm^{-3}$）。31 种木本植物的 4 个性状值，多获取于 TRY 植物功能性状数据库（Kattge et al.，2020）、中国植物功能性状数据库（Wang，et al.，2018）、Kew Seed Information database（https://data.kew.org/sid/）、中国植物志和相关发表文章，对于未获取到的性状，实地采集植物的叶片及枝条进行测定，测定方法依据植物功能性状测定手册（Perez-Harguindeguy et al.，2016）。

对 31 种木本植物的功能性状进行主成分分析，以探究保护区内森林物种功能性状多样性及主要趋势。主成分分析过程在 R 语言中进行。

环境数据获取

本研究的地形因子包括海拔、坡度和坡向。各样方的海拔获取自精确度为 30 m 的 DEM 数据，该 DEM 数据采购自图新云 GIS。基于此 DEM 数据，在 QGis（3.10 版本）中获取各样方的坡向和坡度信息。为使坡向数据可用于线性模型，将 360°的坡向信息转至南（180°）北（0°）向的数据。

地形因对生境微气候的调控进而影响植物分布，本研究通过 Kearney 等提出的 NicheMapR 模型（Kearney & Porter，2017）和 microclim 模型（Kearney et al.，2014）对 150 个样方的微气候进行预测，以期通过微气候数据建模帮助我们更直接地理解植物分布对地形的响应及功能性状的调节作用。通过 NicheMapR 和 microclim 模型预测 2018 年（植物功能性状采集时间）每小时的地表温度（高于地面 5 cm）、土壤温度（5 cm 土层）和年均土壤湿度（5 cm）。极端高温和极端低温也是影响植物分布的重要因素，为获取相关信息，将每小时的温度分为生长季（4 月到 10 月）和非生长季（11 月到 3 月），若生长季温度高于最高温度的 90%，则将其划定为极端高温，若非生长季温度低于最低温度的 90%，则将其划定为极端低温，并分别统计极端高温和低温的时长。最终，获取了 5 个微气候数据，包括年均土壤湿度（MIO）、近地表极端低温时数（NSCH）、近地表极端高温时数（NSHH）、土壤极端低温时数（STLH）和土壤极端高温时数（STHH），通过主成分分析筛选用于构建微气候模型的指标。

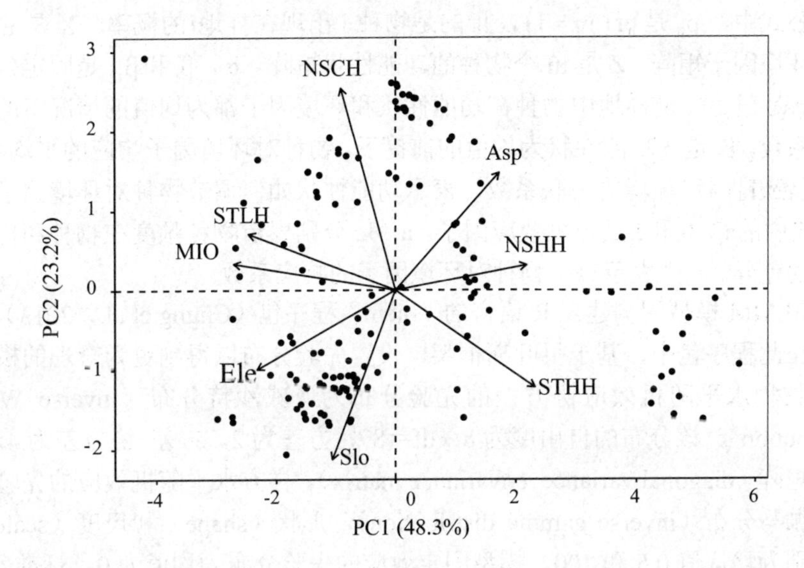

图中 Asp 是坡向（南向），Ele 是海拔，MIO 是土壤湿度，NSCH 是近地面极端低温时数，NSHH 是近地面极端高温时数，Slo 是坡度，STLH 是土壤极端低温时数，STHH 是土壤极端高温时数。

图 7-2　3 个地形因子和 5 个微气候因子的主成分分析（PCA），以此来选择用于微气候模型的微气候因子

建模数据预处理

为避免原始数据分布过于偏斜和能更简单地解释模型结果，对环境和功能性状数据进行 log 转换和中心化处理。经过此预处理，在模型结果中，截距（intercept）可反映在环境数据和功能性状数据都为均值的情况下，物种的分布状况，斜率（coefficient）则可被解释为在其他环境指标和性状为均值的情况下，某一环境或性状-环境关联对植物分布的影响。

广义线性混合模型（GLMM）构建及检验

本章采用 Pollock 等（2012）提出的性状-环境模型（the trait-environment model），也就是广义线性混合模型（GLMM），来探究植物分布对地形的响应及功能性状所起的调节作用。在 Pollock 所提模型的基础上，增加了样地号作为随机效应（Jamil et al.，2013），模型公式如下：

$$\mathrm{Logit}\left(p_{ij}\right)=\alpha+\alpha_j+\left(\beta_1+b_j\right)X_i+\beta_{12}Z_jX_i+c_i\ ,$$
$$i=1, 2, \cdots, n, \quad j=1, 2, \cdots, m,$$

公式中，p_{ij} 是 $pr(y_{ij}=1)$，指的是物种 j 出现在样地i的概率。X 是 n 个样地的环境因子矩阵。Z 是 m 个物种的功能性状矩阵。α，β_1 和 β_{12} 是固定效应因子。α 是截距，是样地中物种在功能性状和环境因子都为均值的情况下的总体频度系数。β_1 是在功能性状为均值的前提下，物种对环境因子响应的平均系数。β_{12} 代表着性状-环境的关联系数，表示功能性状如何调节物种对环境因子的响应。式中的a_j，b_j和c_i是随机效应因子。a_j和c_i分别表示物种频度在物种和样地水平上的差异。b_j则表示每个物种对环境因子的响应系数。

GLMM 模型的构建在 R 语言的“blem”程序包（Chung et al.，2013）中进行。在此程序包中，基于贝叶斯框架，设置先验分布以得到更为合理的模型结果。物种水平随机效应协方差的先验分布为逆威沙特分布（inverse Wishart distribution），该分布的自由度为 8（df＝8），方差为 2，方差-协方差为 4×4 的对角矩阵（diagonal variance-covariance matrix）。样方水平随机效应的先验分布为逆伽马分布（inverse gamma distribution），形状（shape）和尺度（scale）参数分别为默认值 0.5 和 100。模型固定效应的先验分布为均值为 0、标准差为 1 的正态分布（normal distribution）。

模型检验则依据 AUROC（the area under the receiver operating characteristic curve，AUC）和 AUPRC（the area under the Precision-Recall curve）指标进行（Boyd et al.，2012；Sofaer et al.，2019）（Boyd，Costa，Davis & Page，2012；Sofaer，Hoeting，& Jarnevich，2019）。AUROC 和 AUPRC 的计算则在 R 语言程序包“PRROC”（Grau et al.，2015；Keilwagen et al.，2014）中进行。另外，本研究计算了每个物种的 AUPRC 与物种频率的比值，物种的频率与随机模型的 AUPRC 值一致，因此用该比值来反映所构建模型相对于随机模型的优势。

基于 31 个木本植物的 4 种功能性状数据及其在 150 个样方的分布数据和样方的地形数据，构建木本植物对地形的响应模型（将此类模型称为地形模型）。此外，为帮助我们理解地形模型结果，保持物种及功能性状数据不变，将土壤湿度和极端低温时长作为微气候数据，构建木本植物分布对微气候的响应模型（此类模型称为微气候模型）。在重采样过程中组建了 10 组样方数据，因此也将构建 10 组地形模型和 10 组微气候模型，并提取 10 组模型的系数，以此来反映模型结果的整体趋势，避免模型结果的偶然性。

7.1　植物功能性状多样性

4 种功能性状种间差异较大。种间差异最大的性状是种子质量，从 0.10 mg 至 9259.00 mg 不等，跨越 4 个数量级；种间差异最小的性状是木质密度，从 0.35 $g \cdot cm^{-3}$ 到 0.85 $g \cdot cm^{-3}$ 不等；31 种木本植物中，最高树种平均高度为 30 m，是最矮树种（5 m）的 6 倍；物种的比叶面积从 5.60 $cm^2 \cdot g^{-1}$ 到 45.05 $cm^2 \cdot g^{-1}$ 不等。

根据 PCA 分析（图 7-3），前两主成分解释了 31 种木本植物功能性状 62.53% 的差异，且有两种明显趋势。在 PC1 轴上明显体现了植物从较高、种子较重到较矮、种子较轻的变化。在 PC2 轴上则明显表现了植物从木质密度和比叶面积较小到大木质密度和大比叶面积的变化。

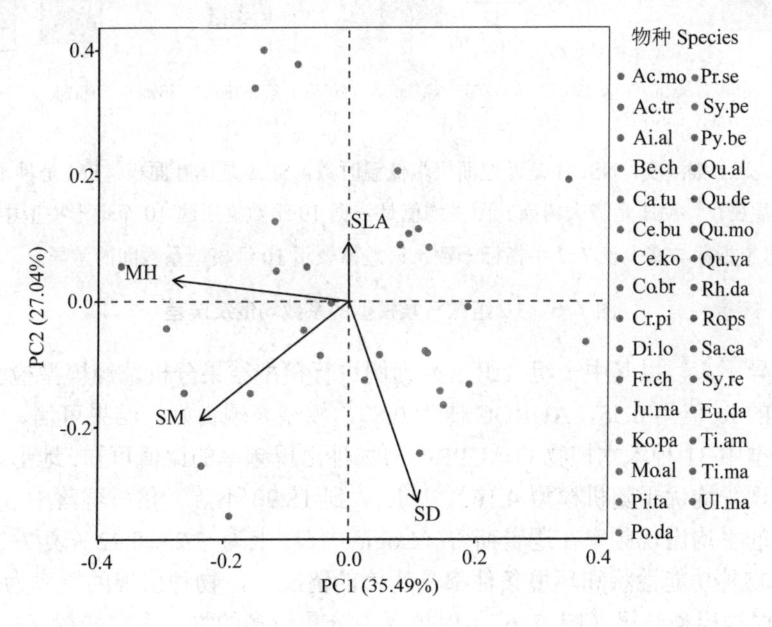

图 7-3　31 种木本植物 4 种功能性状的主成分分析（PCA）

7.2　植物分布对地形的响应

根据模型拟合结果（图 7-4、图 7-5）可知，10 组地形及微气候模型的系

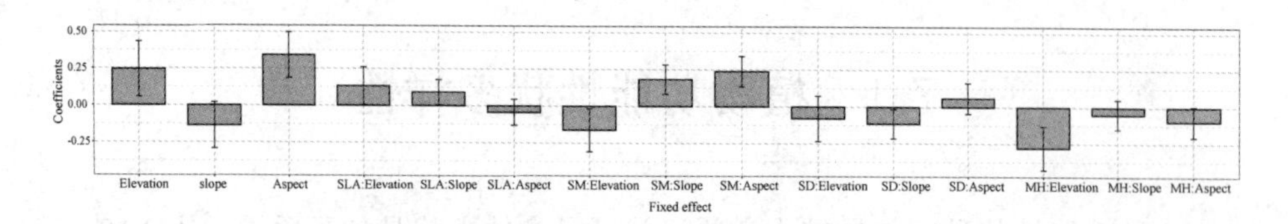

SLA 是比叶面积，SM 是种子质量，SD 是木质密度，MH 是最大树高。图中均值是依据 10 组数据所建 10 个地形模型中系数的均值，每个指标与文中表 7-1 中指标一致。误差棒表示 10 组模型系数间的差异。

图 7-4　10 组地形模型的系数均值及误差

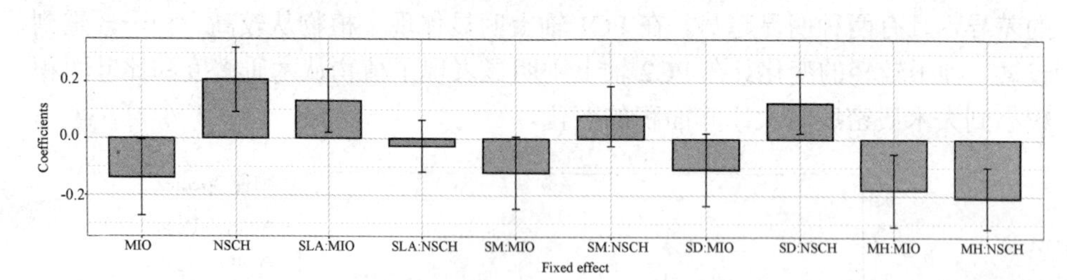

MIO 是土壤湿度，NSCH 是近地面极端低温时数，SLA 是比叶面积，SM 是种子质量，SD 是木质密度，MH 是最大树高。图中均值是依据 10 组数据所建 10 个地形模型中系数的均值，每个指标与文中表 7-2 中指标一致。误差棒表示 10 组模型系数间的差异。

图 7-5　10 组微气候模型的系数均值及误差

数间差异不大，以其中一组（组 1）为例进行模型结果分析。经模型检验，地形模型的 R^2 值为 0.55，AUROC 值为 0.87，模型表现良好、结果可信。另外，根据模型中 31 种木本植物的 AUPRC 与物种出现频率的比值可知，地形模型的拟合表现平均优于随机模型 4.16（从 1.17 到 18.90 不等）倍。群落中 31 种木本植物的平均出现频率在逻辑斯蒂（Logit）尺度上为-2.23±0.22（表 7-2），也就是在物种功能性状和环境条件都是均值的情况下，物种出现的概率为 7%到 11%。根据模型结果（图 7-6），保护区中分布较多的物种为白蜡树（*Fraxinus chinensis*）、鹅耳枥（*Carpinus turczaninowii*）、元宝槭（*Acer truncatum*）、槲栎（*Quercus aliena*）、蒙古栎（*Quercus mongolica*）和核桃楸（*Juglans mandshurica*）等，这与实地考察及前人研究结果较为一致（陈国平等，2018；丛明旸等，2013；王天罡，2007）。

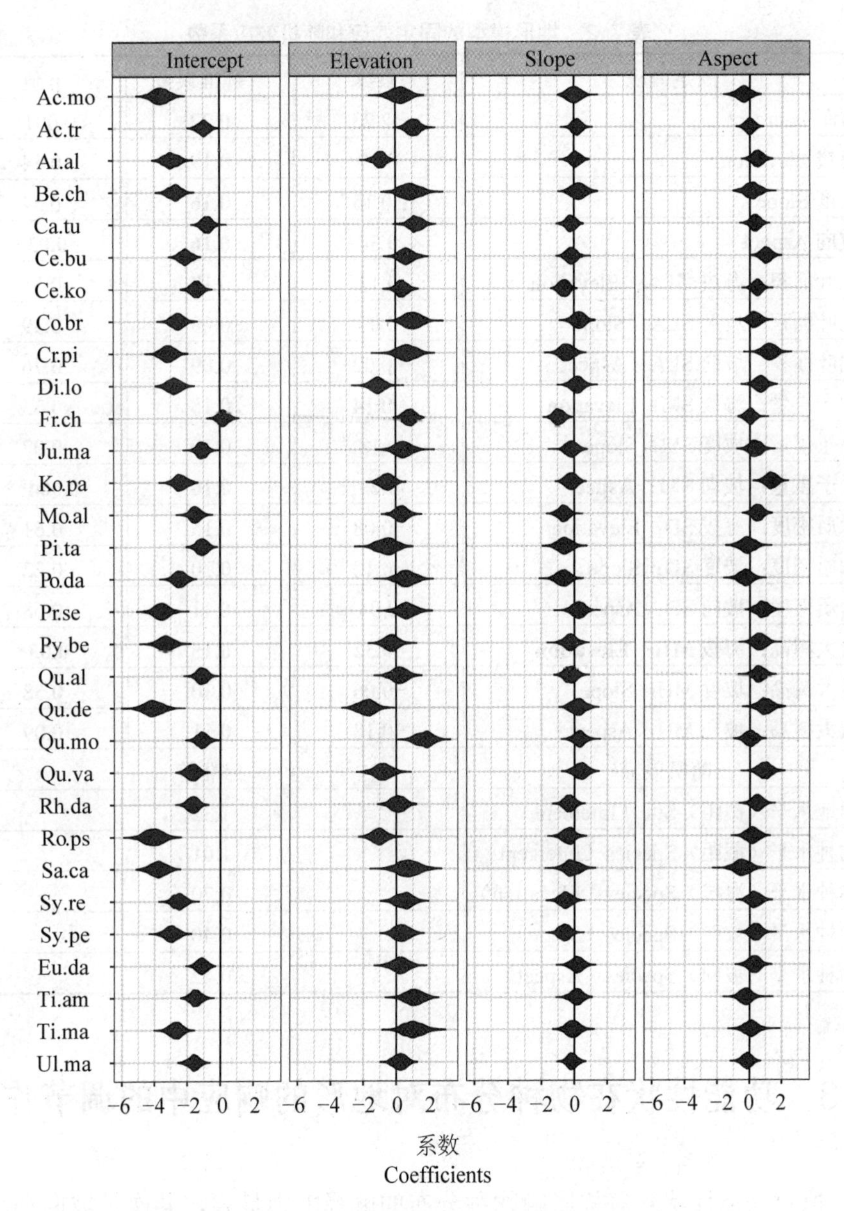

图 7-6　环境指标对 31 种木本植物的影响（图中物种名参见表 7-1）

3 个地形因子中，坡向对保护区物种分布的影响最大且具有一定显著性（0.34，p＝0.03），而且其影响在种间也较为一致（标准差为 0.42）（表 7-2）。海拔的影响次之（0.27），且在物种水平上的差异较大（标准差为 0.70）（表 7-2）。

表 7-2　地形模型的固定效应和随机效应系数

固定效应	系数	标准误	p 值
截距 Intercept	-2.23	0.22	<0.001 ***
海拔 Elevation	0.27	0.19	0.14
坡度 Slope	-0.15	0.16	0.34
坡向 Aspect	**0.34**	**0.16**	**0.03***
比叶面积：海拔 SLA：Elevation	0.13	0.13	0.31
比叶面积：坡度 SLA：Slope	0.07	0.09	0.39
比叶面积：坡向 SLA：Aspect	-0.02	0.09	0.76
种子重量：海拔 SM：Elevation	-0.14	0.15	0.33
种子重量：坡度 SM：Slope	0.18	0.10	0.07
种子重量：坡向 SM：Aspect	**0.29**	**0.10**	**0.004****
木质密度：海拔 SD：Elevation	-0.08	0.15	0.61
木质密度：坡度 SD：Slope	-0.12	0.10	0.22
木质密度：坡向 SD：Aspect	0.04	0.11	0.68
最大树高：海拔 MH：Elevation	**-0.32**	**0.15**	**0.03***
最大树高：坡度 MH：Slope	-0.06	0.10	0.58
最大树高：坡向 MH：Aspect	-0.18	0.11	0.09
随机效应	标准差		
样地水平（截距）Site（Intercept）	1.32		
物种水平（截距）Species（Intercept）	1.01		
物种水平（海拔）Species（Elevation）	0.70		
物种水平（坡度）Species（Slope）	0.40		
物种水平（坡向）Species（Aspect）	0.42		

7.3　功能性状在物种分布对地形的响应中的调节作用

植物功能性状对海拔影响物种分布的解释能力最强，其次是坡向和坡度（图 7-7），根据性状-地形的关联系数（表 7-2）可知，最大树高和种子重量的贡献最大。

地形模型中最大树高与海拔的关联系数为-0.32（p=0.03），结合在最大树高调节下物种对海拔的响应趋势（图 7-8 1 行 4 列），说明相对较高的树而言，矮树对海拔的响应更为积极，反之亦然。也就是说，较矮的树种在高海拔地区比低海拔地区更为常见，较高的树种在低海拔地区比高海拔地区分布更多。此外，植物最大树高也可调节其分布对极端低温的响应，根据微气候模型结果（表 7-3），矮树对极端低温时长的响应更为积极，也就是相对于温暖生境，矮树更常见于较冷的生境中。

表 7-3　微气候模型固定效应函数系数

固定效应	系数	标准误	p 值
截距 Intercept	-2.04	0.20	<0.001 ***
MIO	-0.10	0.13	0.42
NSCH	0.21	0.11	0.06
SLA: MIO	0.13	0.11	0.24
SLA: NSCH	-0.03	0.09	0.76
SM: MIO	-0.15	0.13	0.25
SM: NSCH	-0.12	0.11	0.28
SD: MIO	-0.12	0.13	0.37
SD: NSCH	0.14	0.11	0.18
MH: MIO	-0.14	0.13	0.26
MH: NSCH	**-0.22**	**0.11**	**0.04***

注：表中 MIO 是土壤湿度，NSCH 是近地面极端低温时数，SLA 是比叶面积，SM 是种子质量，SD 是木质密度，MH 是最大树高。

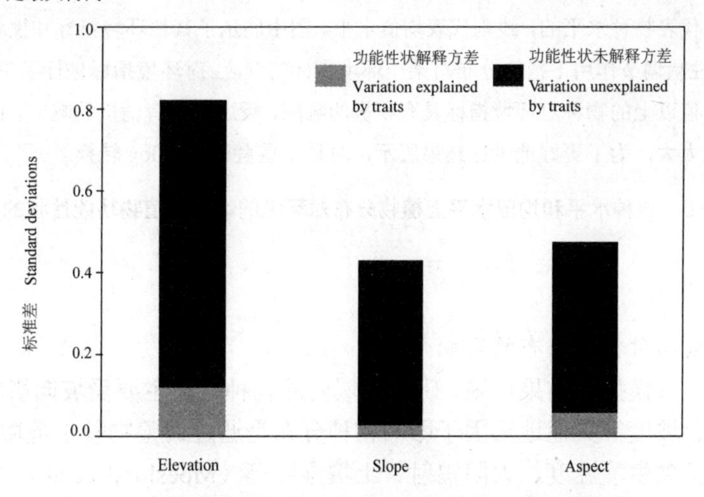

图 7-7　植物功能性状对地形因子影响植物分布的解释能力

地形模型中种子重量与坡向联合的系数为0.29（p=0.004），结合在种子质量调节下物种对坡向的响应趋势（图7-8 3行2列）可知，种子质量较大的树种对南坡具有更为积极的响应，种子质量较小的木本植物对南坡的响应则相对消极。可以理解为，相对于北坡，种子质量较大的树种在南坡比较常见，而种子质量小的树种正相反。

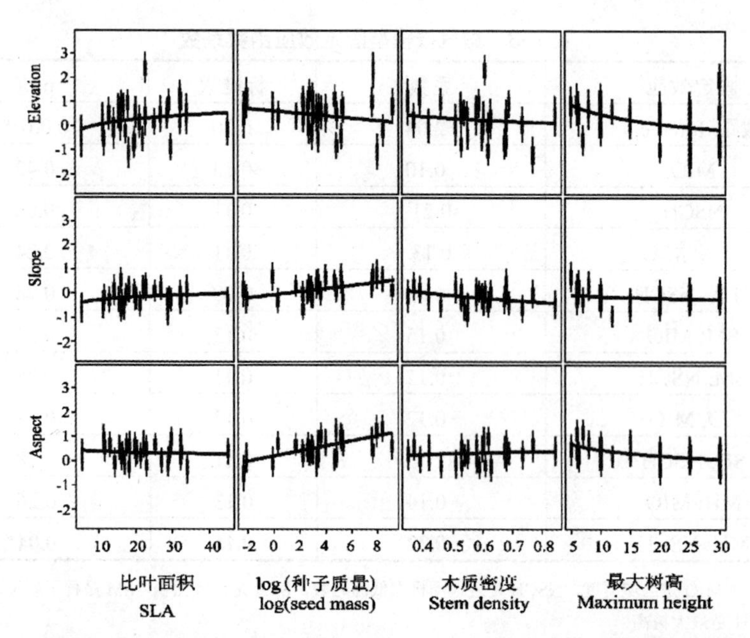

图中点代表物种水平的，线则代表均值水平。图中展示了其他环境指标和性状都为均值时，在某一性状调节作用下植物分布对某一环境指标的响应。对环境指标进行了中心化处理，以确保在0值以上的物种对环境指标具有积极的响应，反之则具有消极的响应。由于种子质量数值跨度太大，为了更好地进行结果展示，对种子重量进行了log转换。

图7-8　物种水平和均值水平上植物分布对环境的响应与植物功能性状的关系

【讨论】

山体坡向对物种分布的影响

根据地形模型的结果可知，研究区域内的物种分布主要受坡向影响。坡向，包括海拔、坡度等其他地形因子影响物种分布是通过调整物种生境微气候来实现的，包括微生境温度、太阳辐射、土壤湿度等（Moeslund et al.，2013）。毋庸置疑，山地森林群落中微气候随着坡向的变化而变化。这些微气候条件直接影响植物的分布（Elith & Leathwick，2009；Moeslund et al.，2013）。对于微生境温度而言，由于各坡向所接收的太阳辐射量不同，北半球南坡温度明显高于北坡（Geiger et al.，2009），南半球反之（Kumar et al.，1997）。就土壤湿度而言，同样由于受热不同，南、北坡的土壤含水量存在着很大差异（Burnett et al.，2008；Hais et al.，2016；Holden & Jolly，2011）。通常情况下，在北半球南坡的土壤比北坡的土壤更干燥。一项在美国亚利桑那州东北部、热带亚热带沙漠气候区的研究表明，10 cm 土层中南坡土壤水分张力比北坡低 78 kPa（Burnett et al.，2008）。在研究坡向对植物分布的影响中，Rorison 等发现由于接收的太阳辐射量差异，南坡的日均空气温度比北坡高 3℃，且土壤更加干燥。在这种条件下，对温度较为敏感且对土壤含水量要求不高的植物黑矢车菊（*Centaurea nigra*）则在南坡更为常见（Rorison，Gupta，et al.，1986；Rorison，Sutton，et al.，1986）。

根据地形和微气候因子的主成分分析结果（图 7-2）可知，保护区南坡的温度高于北坡，土壤含水量相对较低。保护区处于大陆性湿润气候区，年均降水量可达 800 mm 左右，南、北坡的土壤含水量虽然有差异，但还不至于达到限制大多数植物生长的阈值，南坡土壤含水量低或许并不影响植物分布。另外，保护区内南坡的温度较高，有益于暖温带落叶阔叶林大部分植物的生长。因此，本章地形模型结果显示，物种分布对南坡响应更为积极是合理的，而且可推断 31 种木本植物中大部分物种喜阳，且对土壤含水量不特别敏感。另外，物种分布对南坡的积极响应与陈国平等（2018）提出的保护区内阳坡物种丰富度高、密度大等结果也较为一致。

功能性状对植物分布沿地形梯度变化的调节

将功能性状引入物种分布模型（Jamil et al.，2013；Miller et al.，2019；Pollock et al.，2012）中，可以帮助生态学者检验性状-环境关联，进而从植物生态策略角度探究物种对环境条件的响应。在对澳洲东南部的桉树的研究中就发现，相对于比叶面积大的桉树树种，比叶面积较小的树种对土壤沙砾量的响应更为积极（Pollock et al.，2012）。在本研究中，最大树高和种子重量是发挥调节作用的主要功能性状。

研究结果显示，相对于较高的物种，保护区内较矮的植物在高海拔地区更为常见，高山树线研究中的“生长受限”理论（Hoch et al.，2002；Körner，1998）可以帮助我们理解这一现象。生长受限理论提出，在海拔较高的区域低温限制了植物细胞组织的形成，进而影响植株高度。具体而言，高山低温通过增加非结构性碳水化合物（Non-Structural Carbohydrates，NSC）的浓度，限制了茎和根中的组织形成（Hoch & Körner，2012，2009；Körner，1998；Shi et al.，2008）。也就是，在低温情况下，在卡尔文循环中形成了更多的构建 NSC 的糖，而非细胞组织。有研究表明，在土壤温度低于 6 ℃的环境中，由于细胞延伸率的大大降低，植物根的生长将严重受限（Nagelmüller et al.，2017）。与根的生长类似，高海拔地区茎的分生区的生长速度也会减缓，这可能是由于高山空气低温引起的（Hendrickson et al.，2004；Körner & Hoch，2006）。另外，本研究微气候模型中，最大树高与极端低温时长的关联确实也与物种分布之间存在显著负相关（-0.22，p＝0.04，表 7-2）。以上，都可以说明因高海拔地区低温对植物组织细胞生长的限制，导致在高海拔地区较矮树种更为常见。

地形模型结果显示，保护区内种子重的物种比种子轻的物种对南坡的响应更为积极，很可能与大种子植物在恶劣环境中能更好地生长有关。正如针对山体坡向对物种分布的影响讨论中可知，通常情况下，北半球南坡的土壤含水量较低，八仙山南、北坡的土壤含水量也呈现了这一趋势（图 7-2），陈国平等（2016）的研究结果也证实这一点。在面对干旱或其他恶劣环境条件时，较重的种子在幼苗生长和存活方面表现良好（Hallett et al.，2011；Lloret et al.，1999；Quero et al.，2007）。另外，所建微气候模型中，尽管不显著，但种子重量-土壤湿度的关联与物种分布之间的确表现为负相关，也就是说，相对种子较轻的物种，种子较重的植物在土壤含水量较低的区域更加常见。因此，很可能是由于八仙山保护区南坡相对较为干燥，与种子较轻的物种相比，因具较强的耐旱能力种子较重的植物在南坡更为常见。这一结果与众多研究种子重量与干旱生境间关系的结果一致（Hallett et al.，2011；McFadden et al.，2019；Moles & Westoby，2004；Shipley et al.，2017）。

【结论】

本章研究探索了在小尺度上植物功能性状如何调节物种对地形因子的响应，并对结果提出了最基本的理解，回答了本章所提的科学问题。现在总结如下：

① 八仙山北暖温带落叶阔叶林中，常见木本植物功能性状种间差异较大。其中，种间差异最大的性状是种子重量，跨越了 4 个数量级；种间差异最小的功能性状是木质密度。

② 八仙山北暖温带落叶阔叶林中，分布较多的物种为白蜡树（*Fraxinus chinensis*）、鹅耳枥（*Carpinus turczaninowii*）、元宝槭（*Acer truncatum*）、槲栎（*Quercus aliena*）、蒙古栎（*Quercus mongolica*）和核桃楸（*Juglans mandshurica*）

等。坡向是对 31 种常见木本植物分布影响最大的地形指标，在阳坡物种分布较多。海拔和坡度对植物分布的影响相对较小。

③ 植物功能性状可调节八仙山北暖温带落叶阔叶林物种分布对地形因子的响应。由于海拔升高，温度降低，植物细胞组织生长受限，相对于较高物种，矮树在气温较低的高海拔地区更为常见。因种子较重的植物对干燥生境有较强适应能力，相对于较轻种子的植物，种子较重的物种在较干旱的南坡更常见。

第 8 章　北暖温带落叶阔叶林群落物种共存模式

群落中多物种分布即共存，共存是生物及非生物因素共同作用的结果。物种共存模式的研究是对整个群落物种间复杂结构的梳理，受技术方法的限制，该项研究一直是生态学领域研究的难点。20 世纪末以来，涌现了多种方法，包括物种对共存指数、零模型等，根据不同的数据、从不同的角度分析群落物种模式（Gotelli，2000；Ripley，1977；Veech，2014）。然而，它们的关注点大多在种间关联如何影响群落物种共存上，忽略了环境条件对物种共存的影响。

联合物种分布模型（Joint Species Distribution Model，JSDM）的出现，是物种共存、分布和群落结构研究方法上的一大突破。JSDM 可在不假设多物种间相互独立的情况下，拟合物种分布对环境变量的响应，并通过物种两两间环境相关性和残差相关性来判断群落物种两两间的共存模式（Pollock et al.，2014）。这里“残差”一词并非通常意义上的残差，之所以称之为“残差”，是要反映在衡量物种共存模式时，已经排除掉了环境条件的影响（Ovaskainen et al.，2017）。环境相关（environmental correlation）分析可反映共享环境条件驱动下物种两两间的共存模式；残差相关（residual correlation）分析可判断排除了环境条件的影响后，物种两两间的共存模式（Pollock et al.，2014）。在 JSDM 中的残差相关性，可能是种间关联等生物过程，也有可能是在模型中没有考虑到的环境条件、随机扩散作用或其他生态、进化过程等（Pollock et al.，2014；Warton，Blanchet，et al.，2015；Zurell et al.，2018）。

目前，JSDM 模型已应用到众多物种共存的研究当中。Veitch 等（2020）应用联合物种分布模型对鹿鼠（*Peromyscus maniculatus*）身上寄生虫的共存模式进行了分析发现，受寄主特性等生存环境的影响，跳蚤（*Orchopeas leucopus*）不喜与螨虫（*Neotrombicula microti*）共存，但却多与马蝇（*Guterebra* sp.）共存，螨虫与马蝇间不喜共存的趋势很有可能是种间关联作用导致的。Wagner 等（2020）对美国弗吉尼亚州西南部的 16 种淡水鱼类共存模式进行了分析，他们发现，因喜温暖湖泊的特性，蓝太阳鱼（*Lepomis cyanellus*）多与蓝鳃太阳鱼（*L. macrochirus*）、驼背太阳鱼（*L. gibbosus*）等共存，不常与大眼鱼（*Sander bitreus*）、小口黑鲈（*Micropterus dolomieu*）等共存；排除生境环境条件的影响后，大眼鱼与黄色河鲈（*Perca flavescens*）更喜共存，而小口黑鲈不常与白斑狗鱼（*Esox lucius*）共存。Kraan 等（2020）对新西兰 27 种大型底栖动物的共存模式的分析发现，在排除生境条件的影响后，底栖动物也有显著的共存趋势，且裸露沙地底栖动物间共存趋势比海草草甸的更加明显。

本书第 6 章在不考虑物种共存的情况下（假设物种间相互独立），研究了地形条件对研究区域内 31 种常见的木本植物分布的影响。然而，不假设种间相互独立情况下，地形条件又将对物种分布有何影响，31 种木本植物在群落中如何共存等都尚不清楚。本章将采用联合物种分布模型（JSDM）对研究区域内 31 种常见木本植物两两间的共存模式以及地形条件的作用进行分析，并通过成对种间关联方法分析共存或不常共存物种间的空间关联性。

拟解决的科学问题

根据本章的研究内容，提出以下拟解决的科学问题：

① 八仙山北暖温带落叶阔叶林中 31 种常见木本植物间哪些物种更喜共存？哪些物种不喜共存？

② 地形条件在该群落物种共存中所起的作用如何？

③ 在物种个体水平上，群落中共存或不常共存物种间的空间关联性如何？共存与不共存是否有空间尺度约束？

【研究方法】

数据获取

本章所用的数据包括 31 个常见木本植物的分布数据（见表 7-1）、每个样方地形条件数据，以及每种植物的个体空间分布数据。植物分布和环境数据用于 JSDM 的构建，植物的个体空间分布数据用于成对种间关联分析。相关数据获取自八仙山国家级自然保护区的 3 个固定样地。物种分布和样地环境信息数据获取方法与第 4 章的获取方法相同。植物的个体空间分布位置则采用全站仪进行实测。在调查中，以西南角为坐标原点，用全站仪测定每一植株在 x、y 坐标轴上的直线距离，即为该植株的空间分布位置。

联合物种分布模型（JSDM）构建及检验

目前 JSDM 还处在蓬勃发展阶段，研究者也多关注模型的构建和比较。目前提出的方法主要包括 BayesComm 模型（Golding et al.，2015；Pollock et al.，2014）、Gjam 模型（Clark et al.，2017）、Boral 模型（Hui，2016）、HMSC 模型（Ovaskainen，Abrego，et al.，2016；Ovaskainen et al.，2017）等。群落调查中

共设置植物样方300个，均匀分布于3个固定样地中，根据此样方、样地的层级属性，本研究选用HMSC模型，基于海拔、坡度和坡向3个地形因子，对样方和样地水平上群落物种共存模式进行分析。

JSDM模型是在多元概率回归模型（Multivariate probit regression model）的基础上建立的（Pollock et al.，2014）。JSDM模型中选择使用潜变量（Latent variable）公式对模型进行参数估计，而非直接使用概率模型的联系函数（link function）进行参数化（Pollock et al.，2014）。JSDM中潜变量与联系函数有类似的功能，都用于建立连续型线性预测变量（环境指标）与二项式物种分布数据之间的联系（Pollock et al.，2014）。JSDM模型中，若潜变量值z_{ij}大于0，则模型估计物种分布概率过半，判定该物种会出现，即y_{ij}为1；反之（$z_{ij}<0$），则物种不会出现，即y_{ij}为0。JSDM的核心公式（Wilkinson et al.，2019）为：

$$y_{ij}=1(z_{ij}>0),\ i=1,2,\cdots,n;\ j=1,2,\cdots,J,$$

$$z_{ij}\sim\mu_{ij}+e_{ij},$$

$$\mu_{ij}\sim\mathbf{X}_{i,.}\boldsymbol{\beta}_{.,j},$$

$$\mathbf{e}_i\sim MVN(\mathbf{0},\mathbf{R})。$$

其中，i为样点，j为物种。μ表示环境变量的线性函数（linear predictor），为模型的固定效应函数。e是残差，是模型的随机效应函数。**X**是n×K的环境矩阵，k为其中一个环境变量。“.”表示的是矩阵中单独的一行或一列，$\mathbf{X}_{i,.}$代表环境矩阵里的一列，**β**表示物种对环境变量的回归系数矩阵，$\boldsymbol{\beta}_{.,j}$则是物种*j*那一行的回归系数向量。模型中残差e_i的相关性可以通过**R**来捕获。**R**为一个由多元正态分布（MVN）决定的对称矩阵（J×J），对角元素为1，非对角元素为-1到1。**R**中元素表示物种对间的关联（association network），反应排除了环境变量的影响后，群落物种的共存模式。

在HMSC模型中，为减少估算**R**过程中参数数量（R的元素数量随着物种数J增加呈幂数增加），在模型中引入潜在因子（latent factor）η和因子载荷（factor loading）λ（Ovaskainen，Abrego，et al.，2016；Warton，Blanchet，et al.，2015）。HMSC模型的公式（Ovaskainen，Abrego，et al.，2016；Ovaskainen et al.，2017；Warton，Blanchet，et al.，2015；Wilkinson et al.，2019）为：

$$
\begin{aligned}
y_{ij} &= 1(z_{ij} > 0),\\
z_{ij} &\sim \mu_{ij} + e_{ij},\\
\mu_{ij} &\sim \mathbf{X}_{i,.}\boldsymbol{\beta}_{.,j},\\
\beta_j &\sim MVN(\omega, \sigma),\\
\omega &\sim N(0, 1),\\
\sigma &\sim IW(5, I),\\
e_{ij} &= v_{ij} + \varepsilon_{ij},\\
\varepsilon_{ij} &\sim N(0, 1),\\
v_{ij} &= \boldsymbol{\eta}_{i,.}\boldsymbol{\lambda}_{.,j},\\
\eta_{ih} &\sim N(0, 1),\ h = 1, 2, \cdots, H,
\end{aligned}
$$

式中，大部分函数指标与核心函数类似。其中，β_j的标准差σ为满足自由度(df)为 5(自由度＝K个环境指标+1截距+1)、尺度(scale)为I的逆威沙特(Inverse Wishart）分布，I 是J×J的单位矩阵（identity matrix)。在 HMSC 模型中，随机效应函数分为了v_{ij}和ε_{ij}两部分，其中v_{ij}是潜在因子$\boldsymbol{\eta}_{i,.}$和因子载荷之积$\boldsymbol{\lambda}_{.,j}$；$\varepsilon_{ij}$是模型误差，它满足均值为 0，标准差为 1 的正态分布。潜在因子η_{ih}满足均值为 0，标准差为 1 的正态分布，*h*为潜在因子数量（2＝样方水平 + 样地水平)。在 HMSC 模型中，通过因子载荷可将 **R** 参数化为$\mathbf{R}' = \Lambda^T\Lambda$，其中$\Lambda = \{\boldsymbol{\lambda}_{.,j}\}$，$\Lambda$是一个J×nf的矩阵，nf是潜在因子数量，远远小于J。

根据 HMSC 模型中的$\mathbf{R}'$衡量物种间的残差相关性。物种间环境相关性则通过 Pollock 等（2014）提出的方法进行计算，用以分析受环境因素驱动的物种共存模式。残差及环境相关性均为-1 到 1 的值，若相关性为正值时，说明两物种积极共存，也就是在群落中两个物种同时出现或同时不出现；相关性为负数时，两物种消极共存，即在群落中物种 a 出现时物种 b 不出现，物种 b 出现时物种 a 不出现。

HMSC 的构建是在 R 语言的“HMSC”程序包（Blanchet et al.，2018）中进行的，模型基于贝叶斯框架构建，其后验系数分布采用马尔科夫链蒙特卡洛方法（MCMC）进行抽样，抽样过程中构建一条具有 150000 次迭代次数的单链，前 110000 次迭代将被舍弃，并用 40 倍去稀释（thin)，最终产生 1000 次迭代结果。另外，HMSC 程序包中并不包含环境相关性计算函数，本研究根据 Pollock 等（2014）提出的公式，构建 R 函数对其进行计算。模型的检验则通过模型的马尔科夫蒙特卡洛链的收敛状况和预测能力进行评估。为确保 HMSC 模型得到系数的准确性，采用 Heidelberger 等提出的方法（Heidelberger & Welch，1983，1981；Schruben，1982）判断模型的马尔科夫蒙特卡洛链的收敛状况。

为评估模型的预测能力，将数据分为两部分，其中 70%用于模型训练，30%用于模型检验，在样方和样地水平上分别对模型的预测能力进行检验。

空间种间关联性分析

基于物种个体的相对位置数据（x，y），采用双变量函数g(r)分析物种对的空间种间关联性，g(r)函数由 Ripley' K 函数（Ripley，1981）推演而来，其中 r 为空间尺度。分析中，采用 0～50 m 的空间尺度，依据g(r)函数计算物种对的$g_{12}(r)$值。在相同的空间尺度上，基于随机标签零模型（random labeling），以 99%置信区间为标准，通过 99 次蒙特卡洛模拟生成上下两条包迹线。种间关联性则通过比较$g_{12}(r)$值与包迹线的位置来判断，当$g_{12}(r)$值位于包迹线上方时，说明物种间呈现显著的空间正相关；当$g_{12}(r)$值位于包迹线下方时，说明物种间呈现显著的空间负相关；当$g_{12}(r)$值位于包迹线之间时，说明物种间并无显著的空间相关性。种间关联分析在 Programita（2018）（Wiegand & Moloney，2004；Wiegand & Moloney，2013）中完成，制图在 Origin（2021）软件中完成。

8.1　森林群落物种共存的影响因素

经检验，模型具有较好的拟合和预测能力。模型后验分布的马尔科夫蒙特卡洛链（图 8-1）的收敛状况良好；模型的预测能力在不同的尺度下有所不同，样方水平上，模型解释了 19%的物种分布差异，样地水平上，模型解释了 74%的物种分布差异，表明虽然在样方水平上模型很难预测物种分布，但在样地水平上其预测能力较强。

对模型的方差分解结果（图 8-2）表明，相对随机效应（39%），固定效应对物种分布差异的解释度较高（61%），说明地形因子对保护区内 31 种常见木本植物分布有重要影响，但其余因素（如竞争等种间关联作用）的影响也不容忽视。地形因子中，相比海拔和坡度，坡向对 31 个常见物种的分布影响较大，这与本书第 7 章结论一致。不同物种对固定和随机效应的响应不同（图 8-2），其中大部分物种的分布差异可以归因于地形因子，如山里红（Cr. pi）、黄花柳（Sa. ca）、杜梨（Py. be）、刺槐（Ro.ps）和小叶朴（Ce.bu）等；但蒙古栎（Qu. mo）、坚桦（Be.ch）、鹅耳枥（Ca.tu）等的分布差异明显受其他因素（如竞争等种间关联作用）影响。

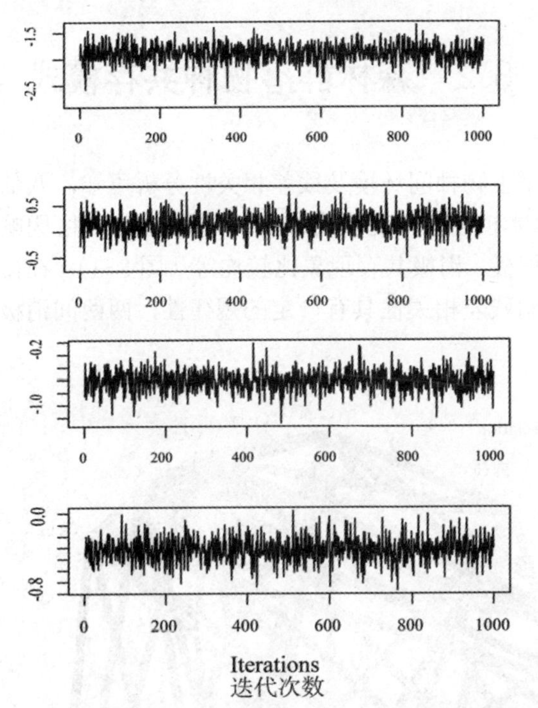

图 8-1　联合物种分布模型后验分布的马尔科夫蒙特卡洛链收敛示例图

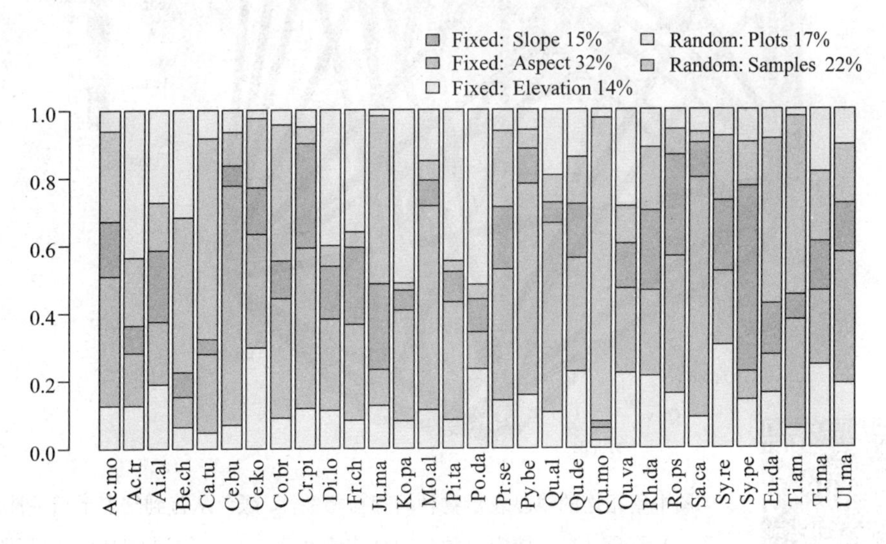

图 8-2　联合物种分布模型方差分解图

8.2 森林群落物种共存模式

经对样地水平上物种间环境及残差相关性分析可知，八仙山北暖温带落叶阔叶林中 31 个木本植物两两之间表现出了显著的相关性，因响应群落的地形条件，物种两两间积极、消极共存现象比较均等（图 8-3）；在排除了对地形条件的偏好后，物种间残差相关性具有一定的规律性，两两间消极共存现象更强烈（图 8-4）。

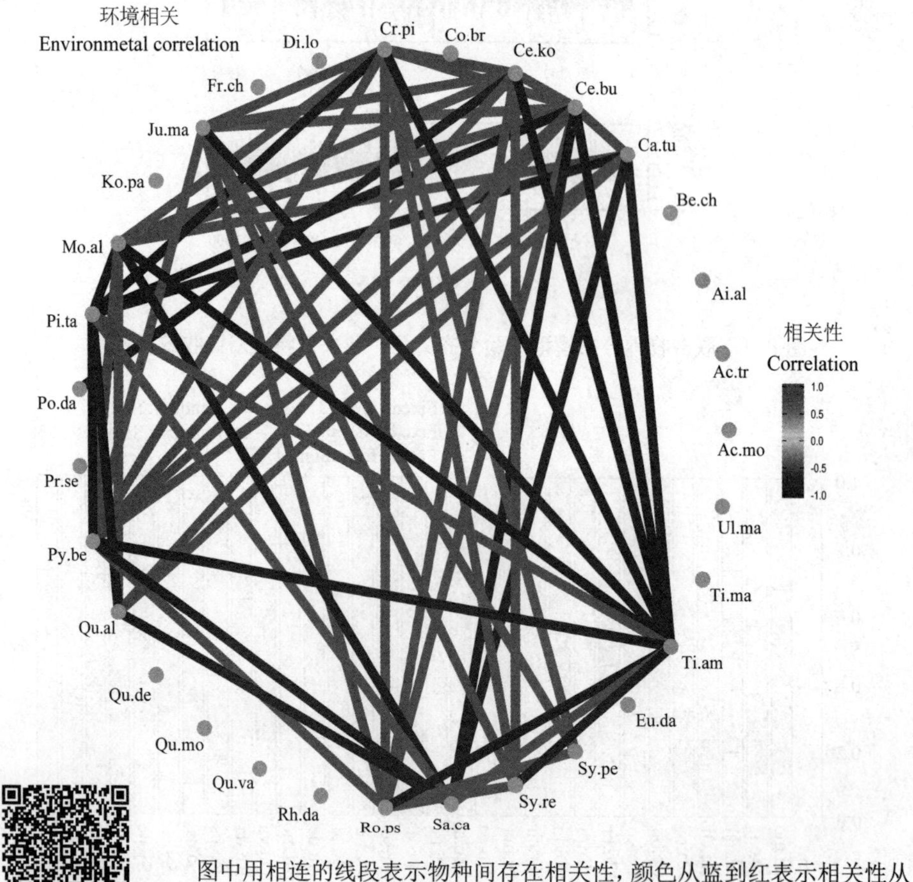

图中用相连的线段表示物种间存在相关性，颜色从蓝到红表示相关性从负（-1）到正（1）。图中物种名的全称请见表 7-1。彩图参见所附二维码。

图 8-3 地形驱动的 31 个物种两两间的共存模式

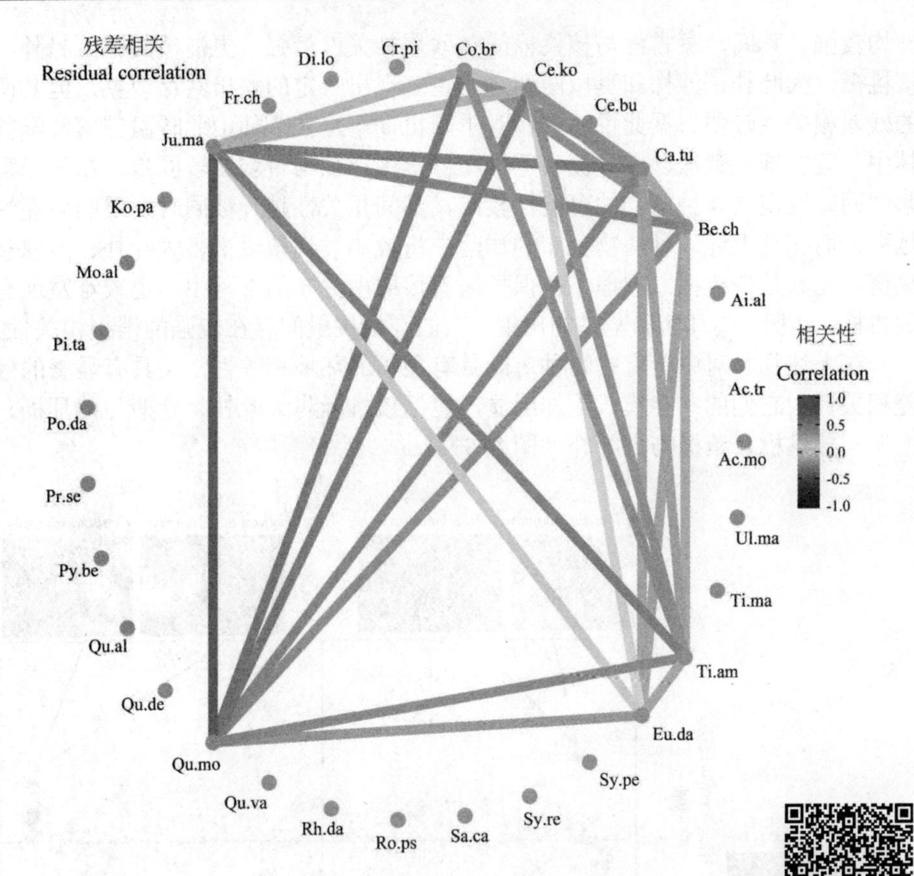

图中用相连的线段表示物种间存在相关性，颜色从蓝到红表示相关性从负（-1）到正（1）。图中物种名的全称请见表 7-1。彩图参见所附二维码。

图 8-4　残差驱动的 31 个物种两两间的共存模式

研究区域群落中众多物种间都存在着显著（$p<0.05$）的环境相关性，如核桃楸（Ju.ma）与刺槐（Ro.ps）、暴马丁香（Sy.re）、北京丁香（Sy.pe）、大叶朴（Ce.ko）和山里红（Cr.pi）的积极共存可归因于它们对地形条件的响应较为相似；而紫椴（Ti.am）与核桃楸、刺槐、暴马丁香、北京丁香、大叶朴、山里红等众多物种的消极共存也可归因于它们对地形条件的需求差异较大。

在排除了物种对地形条件的偏好后，8 种物种间的残差相关性显著（$p<0.05$），且具有一定规律性。其规律性表现在蒙古栎（Qu. mo）、紫椴（Ti. am）、鹅耳枥（Ca.tu）和坚桦（Be.ch）间两两积极共存，它们与核桃楸、大叶朴、沙棶（Co.br）和臭檀（Eu.da）间（Eu.da）两两消极共存，且正、负的残差相关

性均较强。其间，蒙古栎与核桃楸间负残差相关性最强，更消极共存。另外，核桃楸、大叶朴、沙棘和臭檀两两之间也表现出一定的积极共存现象，但其间的残差相关性较弱。据此说明，相对于随机期望，在八仙山北暖温带落叶阔叶林中，蒙古栎、紫椴、鹅耳枥和坚桦在群落中存在与否均比较同步，在同一群落中同时发现这 4 种植物的可能性较高，其间相关性越强被同时发现的可能性越高；而在有上述 4 种植物分布的群落中将较难发现核桃楸、大叶朴、沙棘和臭檀，尤其是核桃楸。同理，在保护区有核桃楸分布的群落中，也较难发现有蒙古栎、紫椴、鹅耳枥和坚桦的出现，它们与核桃楸间存在较强的消极相关性。

在上述物种对中，有些物种对既具有显著的环境相关性，又具有显著的残差相关性，它们的共存模式更加明显，包括核桃楸与大叶朴、紫椴与鹅耳枥、紫椴与核桃楸、紫椴与大叶朴（图 8-5）。

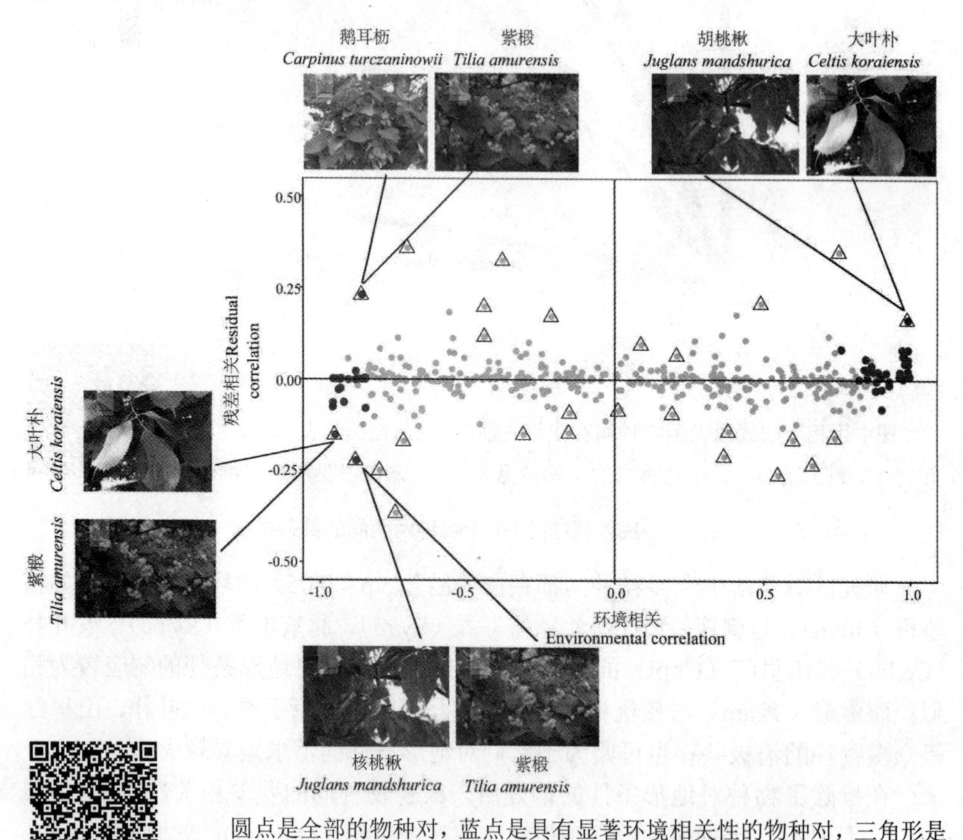

圆点是全部的物种对，蓝点是具有显著环境相关性的物种对，三角形是具有显著残差相关的物种对。彩图参见所附二维码。

图 8-5　物种对间的环境相关性和残差相关系分析

核桃楸与大叶朴既对地形条件有相似的响应（环境相关性为正且显著），在排除其对地形的偏好后，比随机期望更积极共存（残差相关性为正且显著），即在群落中同时发现核桃楸和大叶朴的可能性非常高，反之，一旦群落中没有发现核桃楸，也有较高可能不会发现大叶朴。即使对环境的响应有较大差异（环境相关性为负且显著），在考虑了对地形的偏好后，紫椴与鹅耳枥间却表现出了比随机期望更积极的共存趋势（残差相关性为正且显著）。紫椴与核桃楸、大叶朴则既对环境有不同的响应（环境相关性为负且显著），又存在其他因素促使其间表现出明显的消极共存现象（残差相关性为负且显著），即群落中若有紫椴的分布，则较难发现核桃楸和大叶朴。

8.3　共存物种间的空间种间关联特征

为进一步解析物种间的共存模式，通过点空间分布格局-种间关联方法，对3个固定样地中具有显著共存模式的4对物种在50 m尺度上的种间关联性进行了分析，结果表明两两物种间在不同尺度上存在着一定的空间关联性（图8-6）。其中，在50 m尺度上，C样地的核桃楸与大叶朴均存在着显著的空间正相关；在B样地中，随着空间尺度的增加（0～50 m），以20 m左右为过渡带，紫椴与鹅耳枥间的关联性从显著负相关过渡到显著正相关；小尺度下（＜30 m），B样地的紫椴与大叶朴间表现出显著的空间负相关，但随着尺度增加关联性减弱。与之类似，小尺度下（＜20 m），B样地的紫椴与核桃楸间存在着显著的空间负相关，但空间尺度超过20 m以后，其间的关联性并不显著。

【讨论】

综合JSDM和空间种间关联的分析结果，研究区域内31种常见木本植物共存受地形和其他因素共同作用，物种间共存模式多样，种间关联现象明显。地形条件（尤其是坡向）在研究区域内31种常见木本植物间的分布与共存中发挥重要作用，与本书第7章中在假设物种相互独立前提下分析31个木本植物对地形因子的响应的研究结果一致。然而，群落中另有大量其他因素显著（种间互作或模型未涉及环境条件）作用于物种共存（随机效应对物种分布解释度高达39%，且物种间存在显著的残差相关性）（图8-2）。31个木本之间多数物种因对地形条件的需求差异或积极共存，或消极共存，在排除了地形条件的影响后，出现了两个积极共存群体，一是蒙古栎、紫椴、鹅耳枥和坚桦群体，二是核桃楸、大叶朴、沙梾和臭檀群体，蒙古栎等植物间的共存趋势更为强烈，两群体间物种则消极共存（图 8-4）。另外，有 4 对物种共存模式既表现出显著环境相关性，又表现出显著的残差相关性，且环境条件和残差的作用方向各异（图 8-5）。经过种间关联分析，发现这 4 对物种存着显著的种间关联，种间关联也随空间尺度的变化各异（图 8-6）。以下将对这 4 对物种的共存模式着重讨论。

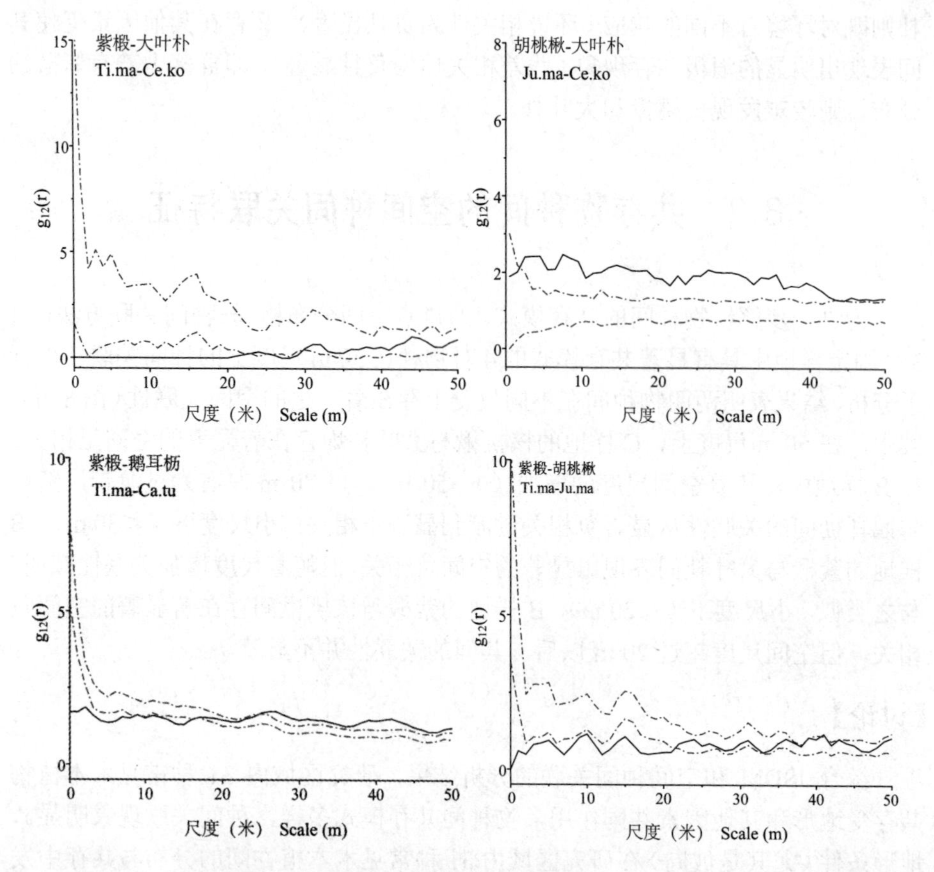

图 8-6 具有显著共存趋势的 4 个物种对的种间关联（物种学名请见表 7-1）

研究区域内核桃楸与大叶朴更常共存，在群落中相伴而生。经过 JSDM 分析可知，核桃楸与大叶朴对地形条件有相似的偏好（显著正环境相关，图 8-3）、生态位重叠。通常情况下认为对环境响应较为一致的物种会竞争资源、不能长期共存（Tilman，1982；Weiher & Keddy，2001；杜峰等，2004）。然而，研究区域内核桃楸与大叶朴却相反，即使排除掉地形条件的影响，它们之间也比随机期望更常共存（显著残差正相关，图 8-5）。另外，通过空间种间关联分析发现，在 0～50 m 尺度上，C 样地的核桃楸与大叶朴间均呈现显著的正种间关联（图 8-6）。对此通常的解释是由于生态位分化机制导致的物种共存，但研究区域内二者间存在较显著的生态位重叠（显著正环境相关），所以应该还存在其他因素促使二者更常共存。本研究区域内核桃楸和大叶朴的共存现象并非偶然，山东省徂徕山暖温带落叶阔叶林群落中，也共同分布着核桃楸与大叶朴（刘明，2019），但其间共存模式尚未有研究。胡桃属与朴属共存也有着长久的历史，根据考古孢粉化石资料显示，在第四纪早期的中-晚全新世时期，就已经发现了胡桃属与朴属在群落中共存的现象（孔昭宸等，2014；牛旭亚，2013）。众多研究指出，核桃楸等胡桃属植物能分泌胡桃醌、黄酮醇等化感物质抑制邻体物种生长，但其化感效应也因物种而异，而且其凋落物有提高土壤肥力、改善土质、抑菌灭菌、提高土壤微生物数量等作用，因此有利于邻体物种的生长（Ma et al.，2016；黄建贝等，2014；马红叶等，2016；胥耀平，2006；杨巨仙，2016）。综上所述，大叶朴对核桃楸的化感物质应该并不敏感，加之胡桃醌等化感物质改善了生境条件有利于大叶朴的生长，由此产生的互利共生作用减缓了因生态位重叠引起的种间竞争作用，导致了二者在群落中更常共存。当然也不能排除是其他因素所致，其间的具体共存机制、胡桃醌等化感物质是否起到促进作用等还需进一步分析。

研究区域内紫椴与鹅耳枥、核桃楸和大叶朴间均存在着显著的共存模式，在一定空间尺度上，与鹅耳枥更常共存，与核桃楸和大叶朴不常共存。紫椴与鹅耳枥对地形条件有不同的喜好，但排除掉地形的影响后，它们之间更常共存。虽然看似不合理，但结合空间种间关联分析则很易理解：紫椴与鹅耳枥的积极共存是在较大尺度上（25～50 m）的。在大尺度下八仙山落叶阔叶林中地形条件差异较大，紫椴和鹅耳枥各自占据着自己的生态位而共存；但小尺度下（<20 m），保护区地形条件较为相似，二者则不常共存。综合考虑，紫椴与鹅耳枥的共存模式很有可能是生态位分化所致。研究区域内紫椴与核桃楸和大叶朴的不常共存很有可能受多重作用影响，其一是它们对地形条件的偏好不同，紫椴与二者喜欢生存在不同的地形条件下，自然共存可能性较小；在排除地形条件影响后，紫椴与二者间也表现出强烈的消极共存趋势，综合紫椴与二者在小尺度上显著负种间关联趋势，推断在小尺度其间很有可能存在着种间竞争作用。对北京雾灵山核桃楸群落中核桃楸与紫椴的种间关联分析中也表明，紫椴树种一旦成年进入主林层，其与核桃楸间的空间关联则呈显著负相关（林大影等，2008）。此外，在 JSDM 中因未假设物种间相互独立，紫椴更常与鹅耳枥

共存、不常与核桃楸、大叶朴共存也很有可能是受了其他物种种间关联的间接影响。群落中蒙古栎最常与鹅耳枥共存（正残差相关性最强且显著，图 8-4），与紫椴次之，很有可能紫椴与鹅耳枥的积极共存是受蒙古栎的影响；而蒙古栎与核桃楸最不常共存（负残差相关性最强且显著，图 8-4），与大叶朴次之，由此导致了紫椴与核桃楸和大叶朴也不常共存。

本章通过 JSDM 判断出研究区内 31 个常见木本植物的共存模式，并分析了几对物种共存模式的成因，群落整体的物种共存机制将在下一章进行分析。

【结论】

本章研究采用 JSDM 探究了八仙山北暖温带落叶阔叶林中 31 种常见木本植物两两间的共存模式，结合种间关联解析了物种两两共存的成因，总结如下：

① 经 JSDM 拟合可知，地形条件（尤其是坡向）在研究区域内 31 种常见木本植物间的分布与共存中发挥重要作用，与本书第 7 章中在假设物种相互独立前提下分析 31 个木本植物对地形因子的响应的研究结果一致。然而，群落中另有大量其他因素显著（种间互作或模型未涉及环境条件）作用于物种共存（随机效应对物种分布解释度高达 39%，且物种间存在显著的残差相关性）。

② 经环境及残差相关性分析可知，31 个木本之间共存模式多样，众多物种因对地形条件的需求差异或积极共存，或消极共存。在排除了地形条件的影响后，与随机期望相比，蒙古栎、紫椴、鹅耳枥和坚桦更常共存，核桃楸、大叶朴、沙梾和臭檀间更常共存，但两群体间物种不常共存。

③ 研究区域内有 4 对物种共存模式更加显著。其中，核桃楸与大叶朴更常共存，在群落中相伴而生，它们对地形条件的偏好类似，不过种间很有可能存在互利共生作用减缓了二者对生境资源的竞争，因此更常共存。紫椴与鹅耳枥在较大空间尺度上更常共存，二者对地形偏好存在一定差异，其间能共存很有可能是生态位分化的结果。紫椴与核桃楸和大叶朴不常共存，尤其是小空间尺度上（＜20 m）种间显著负相关，它们间不仅对地形偏好差异较大，在小空间尺度上很有可能存在种间竞争作用进而导致其间不常共存。

第 9 章　北暖温带落叶阔叶林群落物种共存机制

群落物种共存机制，也就是群落构建机制（assembly rules），此概念由 Diamond（1975）正式引入生态学研究领域。经过多年争议，生态学者越来越认识到需要整合生态位理论和中性理论去理解群落物种共存机制（Chave，2004；Leibold & McPeek，2006；Tilman，2004），并开始探究二者的相对重要性（Logue et al.，2011）。生态位理论认为，群落物种构建的基础是物种间的生态位分化，具体作用机制包括环境选择（environmental filtering）和竞争排斥（competitive interactions）（Tilman，1982；Webb et al.，2002；Weiher & Keddy，2001）。中性理论强调了在群落构建过程中随机性的重要性，认为群落中的所有个体具有相同的出生、死亡、迁移、分化速率及相同的竞争力和适应能力，扩散限制是其重要的作用机制（Bell，2001；Cadotte，2006；Hubbell，2001；Keppel et al.，2010；Norden et al.，2009；Schlägel et al.，2020；Thompson & Townsend，2006）。

群落构建机制的研究先后经历了几个研究热潮。20 世纪七八十年代，研究者多热衷于探究竞争排斥作用在群落物种共存中所起的作用（Hille Ris Lambers et al.，2012）。沉寂了 10 年左右，随着 Webb 等（2002）于 21 世纪初提出了基于物种的系统发育和功能性状去分析群落构建机制，至今此方法风靡了将近 20 年（Hille Ris Lambers et al.，2012）。根据此方法，研究者可以分析环境过滤、竞争排斥及中性理论在群落物种共存过程中的驱动作用。该方法利用净亲缘指数（Net Relatedness Index，NRI）和最近亲缘指数（Nearest Taxon Index，NTI）来计算物种间的系统发育距离（Webb et al.，2002），并在功能性状保守和趋同两种情况下去讨论群落的构建机制（Kraft et al.，2007；Vamosi et al.，2009）。而功能性状保守或趋同，在中性作用下，群落谱系结构都呈随机状态。植物功能性状的保守与趋同，则通过植物功能性状的系统发育信号的强弱来反映，系统发育信号目前广泛应用 Blomberg 等（2003）提出的 K 值法进行检验。

国内外相关研究表明，不同植物群落类型、不同空间尺度、不同演替时期及不同生境条件中，群落构建机制各有不同（Batalha et al.，2015；Gastauer et al.，

2017；Kraft & Ackerly，2010；曾文豪等，2018；柴永福等，2019；侯嫚嫚等，2017；蒋晓轩，2020；张佳鑫，2020）。车应弟等（2017）对甘南藏族自治州亚高寒草甸植物群落的分析结果表明，该高寒草甸群落构建机制随着地形条件的变化而变化。本书第 8 章对八仙山北暖温带落叶阔叶林 31 种常见木本植物的共存模式进行了分析，发现受地形等多重因素影响，物种间或更常共存，或不常共存，不过整体上该群落的构建机制尚未清楚。本章将基于此 31 种常见木本植物的谱系发育结构和功能性状特征，来分析不同立地条件下该群落物种的共存机制。

拟解决的科学问题

根据本章的研究内容，提出以下拟解决的科学问题：

① 不同立地条件下，落叶阔叶林群落物种功能性状是否受系统发育历史影响？

② 不同立地条件下，落叶阔叶林群落物种谱系结构是发散还是聚集？

③ 不同立地条件下，落叶阔叶林群落物种共存机制如何？

【研究方法】

数据获取及样地立地条件分析

本章所用植物及环境数据均获取自八仙山国家级自然保护区的 3 个 1 hm^2 的固定样地（A、B 和 C）。31 种常见木本植物分布、植物功能性状及地形条件数据获取方法与第 4 章方法一致。31 种木本植物中，A 样地有 24 种，B 样地有 21 种，C 样地有 28 种。

采用主成分分析等方法对 3 个 1 hm^2 样地的立地条件及其间差异进行可视化。可视化过程在 R 语言“scatterplot3 d”（Ligges & Mächler，2003）、“ggbiplot”（Vu，2011）和“ggplot2”（Wickham，2016）程序包中进行。

构建群落物种谱系树

参考 Webb 等（2002）的实验方法，构建谱系树。Webb 等于 2002 年首次尝试将谱系树运用于群落生态学的研究（Webb et al.，2002），于 2005 年建立 phylomatic 平台（Webb & Donoghue，2005）。经过多次完善，谱系发育理念和 phylomatic 平台已经广泛应用于群落生态学研究当中，相关的研究在世界范围内得以积极迅速的开展（Swenson，2013；Zanne et al.，2014）。采用此方法，按照科/属/种的格式，将 A、B 和 C 固定样地中常见的木本植物信息输入到 phylomatic 平台，生成 3 个基于 APG Ⅲ分类系统（Group，2009）的具有进化枝长的系统发育树框架，并在 R 语言的“picante”程序包（Kembel et al.，2010）

中将此框架进行图形化，并计算其物种多样性、系统发育多样性指数（Phylogenetic Diversity，PD）。

检测功能性状系统发育信号

按照 Blomberg 等（2003）提出的 K 值法，以木本植物的比叶面积、种子质量、最大树高和木质密度为基础，检测 A、B 和 C 样地植物功能性状的系统发育信号。植物功能性状数据的获取方法请见本书第 4 章。K 值为实际 MSE_0 / MSE 与其期望的比值，其中 MSE_0 是系统发育树末端物种性状的均方误差（mean squared error）；MSE 是基于系统发育树的方差-协方差矩阵（variance- covariance matrix）计算的均方误差；计算 MSE_0/MSE 期望值时，假设性状以布朗运动方式沿着现有谱系树的拓朴结构进化。$K<1$，则功能性状表现出的系统发育信号比按布朗运动模型进化的弱，即相对于性状沿着谱系树进行布朗运动式的随机进化而言，亲缘关系近的物种性状更不相似，产生这种状况的原因有可能是适应性进化；$K=1$，则物种功能性状按布朗运动模型随机进化；$K>1$，则功能性状表现出的系统发育信号比按布朗运动模型方式进化的强，即相对于性状沿着谱系树进行布朗运动式的随机进化而言，亲缘关系近的物种性状更相似，物种的功能性状具有较强的系统发育保守性（Blomberg & Garland，2002；Blomberg et al.，2003）。功能性状系统发育信号的显著性用系统发育独立差（Phylogenetic Independent Contrast，PIC）方法去检验（Blomberg et al.，2003）。功能性状具有显著的系统发育信号（$p<0.05$），则表示亲缘关系较近的物种性状比完全随机状态下（随机为谱系树上的物种分配性状值）的更相似（Blomberg et al.，2003）。计算过程在 R 语言的"ape"（Paradis & Schliep，2019）和"picante"（Kembel et al.，2010）程序包中完成。

群落物种亲缘关系指数计算及分布估计

根据群落物种的净亲缘指数（NRI）和最近亲缘指数（NTI）来分析群落的系统发育结构。NRI 是以群落中物种两两之间的系统发育距离来揭示其谱系结构，NTI 是以群落中亲缘关系最近的物种之间的系统发育距离来揭示其谱系结构（Webb et al.，2002）。

根据 Webb 等（2002）提出的方法，NRI 和 NTI 的计算公式为：

$$NRI=-1\times\frac{MPD_{observed}-MPD_{null}}{sd(MPD_{null})},$$

$$NRI=-1\times\frac{MNTD_{observed}-MNTD_{null}}{sd(MNTD_{null})}。$$

其中，MPD（Mean Pairwise Distance）是群落所有物种两两之间的平均系统发育距离，MNTD（Mean Nearest Taxa Distance）是群落中亲缘关系最近的物种之间的平均系统发育距离。$MPD_{observed}$和$MNTD_{observed}$是指在群落内实际的MPD和MNTD值，MPD_{null}和$MNTD_{null}$是指零模型随机生成的MPD和MNTD值。。构建零模型（null model）时，将群落中所有物种在系统发育树末端随机置换999 次。若NTI>0，NRI>0，说明物种在系统发育结构上聚集，群落由亲缘关系比较密切的物种构成；若 NTI＞0，NRI＜0，说明物种系统发育结构发散，群落由亲缘关系较远的物种构成；若 NTI＝0，NRI＝0，说明物种在系统发育结构上呈现随机状态（Webb et al.，2002）。在植物功能性状保守的前提下，环境过滤作用会导致群落谱系结构的聚集，竞争作用会导致群落谱系结构的发散。在植物功能性状趋同的情况下，环境过滤作用会导致群落谱系结构发散，竞争作用会导致群落谱系结构随机或聚集（Kraft et al.，2007；Vamosi et al.，2009；Webb et al.，2002）。基于植物在谱系树上的枝长信息，结合A、B和C样地的物种调查信息，在R语言的“picante”程序包（Kembel et al.，2010）下，计算得出各样方的NRI、NTI 值，以此来反映各样地群落的谱系结构。

采用箱线图和高斯核密度估计方法（Gaussian kernel density estimation），可视化各样地群落物种亲缘关系指数，并估算NRI、NTI在大于0和小于0区域内的面积，以此对亲缘关系指数的正负趋势进行判断，分析各样地群落谱系结构聚集、发散还是随机，进而探究不同立地条件下群落的谱系结构和共存机制。此计算过程在 R 语言的“ggplot2”（Wickham，2016）和“zoo”（Zeileis & Grothendieck，2005）程序包下完成。

9.1 样地立地条件及群落多样性分析

经可视化、主成分分析可知，3个样地的立地条件间存在明显差异（表9-1、图9-1）。样地A位于海拔731 m左右的阴面缓坡，样地B位于海拔833 m左右的山脊，样地C位于海拔581 m左右的阳面缓坡。海拔和坡度梯度上，B>A>C；坡向梯度上（朝阳），C>B>A。

经多样性分析可知（表9-1），3个样地物种丰富度、多样性和系统发育多样性是一致的，多样性C>A>B。在海拔梯度上，低海拔样地群落多样性大于高海拔样地；在坡向梯度上，阳坡样地群落多样性大于阴坡样地群落多样性，山脊样地群落多样性最低。A 样地主要为白蜡-蒙古栎群系，B 样地主要为蒙古栎-鹅耳枥群系，C样地主要为槲栎-白蜡群系。

表 9-1　3 个样地概况及物种、遗传多样性

生境	样地	平均海拔（m）	平均坡度（°）	平均坡向（°）	物种多样性		系统发育多样性
					Shannon-Wiener 指数	Simpson 指数	
阴坡	A	731	19.2	10.7	0.94	0.53	648.7（352.2～1166.7）
山脊	B	833	26.4	-（70.2）	0.87	0.50	544.1（352.2～1012.4）
阳坡	C	581	13.4	160.8	1.37	0.68	755.2（355.0～1305.2）

注：坡向 0°代表北，180°代表南。

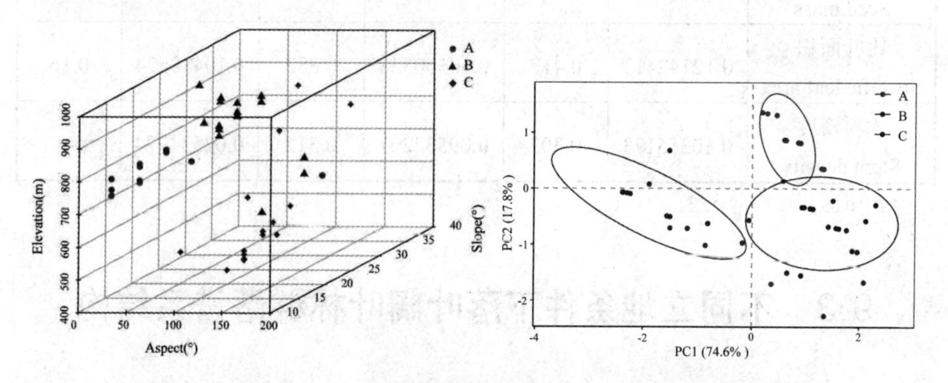

图 9-1　3 个样地立地条件可视化及主成分分析

9.2　不同立地条件下落叶阔叶林植物功能性状系统发育信号

比叶面积、种子质量、木质密度和最大树高这 4 种植物功能性状，充分地反映了植物在生长、死亡、繁殖、抗干扰等间的权衡。通过对 3 个样地中 4 种功能性状的系统发育信号的检测可知，在所研究的八仙山北暖温带落叶阔叶林中常见植物的这 4 种功能性状的系统发育信号均较弱（K＜1）（表 9-2），这说明与布朗运动模型相比（布朗运动模型中，性状沿着谱系树随机进化），亲缘关系近的物种功能性状更不相似，这 4 种功能性状没有较强的发育保守性，表现出趋同性进化的特点。另外，最大树高和种子重量检测出了显著的系统发育信号（P＜0.05），这说明与随机为谱系树上的物种分配性状值相比，亲缘关系近

的物种的性状还是更为相似的，也就是功能性状的进化在一定程度上还是受物种进化历史影响的。

表 9-2 不同立地条件下群落植物功能性状系统发育指数

功能性状 Functional trait	A		B		C	
	K	P 值 P Value	K	P 值 P Value	K	P 值 P Value
最大树高 Maximum height	0.45171114	0.017*	0.47287851	0.006*	0.17343909	0.011*
种子质量 Seed mass	0.48214957	0.003*	0.39283471	0.012*	0.41094705	0.001*
比叶面积 Specific leaf area	0.12142413	0.417	0.10500338	0.382	0.10488524	0.16
木质密度 Stem density	0.10355173	0.307	0.09532207	0.312	0.02534974	0.415

* $P<0.05$。

9.3 不同立地条件下落叶阔叶林群落谱系结构

基于 APG Ⅲ分类系统的信息，通过 phylomatic 平台获取了生成了 A、B 和 C 样地常见木本植物的谱系结构（图 9-2），谱系树的分枝长度代表物种的进化历史。3 个样地的物种进化历史间差异不大，C 样地物种丰富度较高，进化历史也相对复杂，内部节点（祖先节点）有 27 个，大于 A 样地（23）和 B 样地（20）的物种进化内部节点（图 9-2）。

结合 NRI、NTI 值箱线图及密度估计结果可知，整体上 3 个样地的亲缘关系指数 NRI、NTI 的值趋向大于 0（图 9-3，图 9-4，表 9-3），群落谱系结构以聚集为主。然而，NRI 和 NTI 均有小于 0 的情况（图 9-3），群落谱系结构也表现出一定的发散趋势。

样地水平上，B 样地 NRI 和 NTI 值大于 0 的趋势十分明显，其次是 C 样地，最后是 A 样地（图 9-3）。这说明 B 样地群落谱系结构聚集的趋势最为明显，其次是 C 样地和 A 样地群落。另外，不可否认的是，该落叶阔叶林的谱系结构也表现出一定的发散趋势，尤其是在 A 和 C 样地的群落，它们的 NRI 和 NTI 有众多小于 0 的值（图 9-3）。

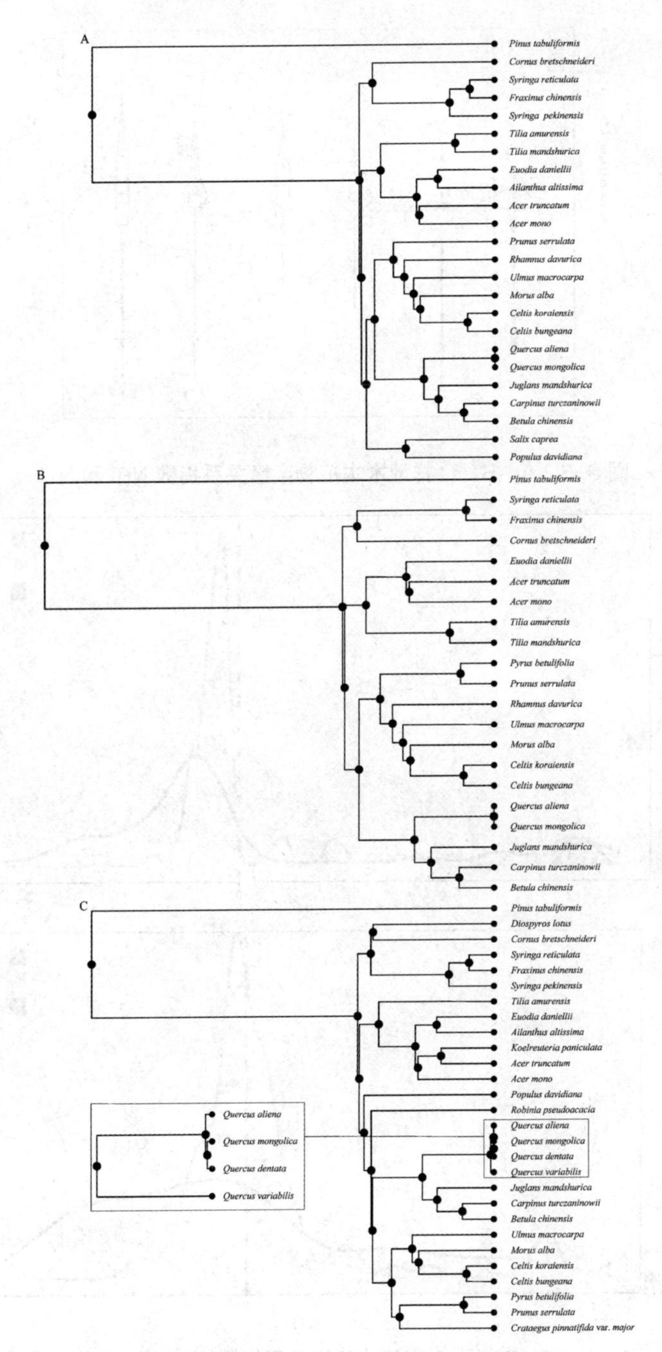

图 9-2　ABC 三个样地的乔木系统发育树

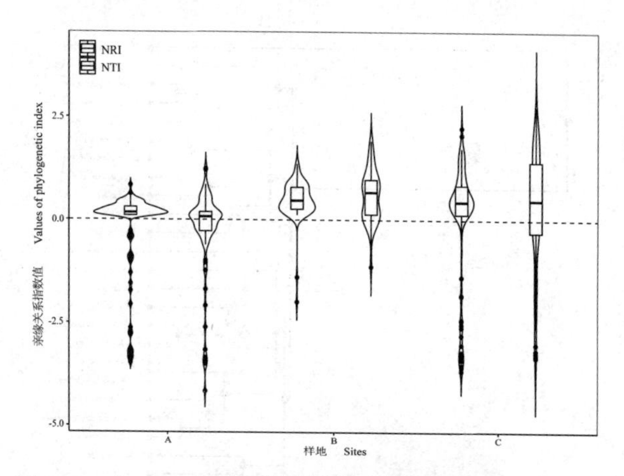

图 9-3 A、B、C 样地木本植物亲缘关系指数 NRI 和 NTI

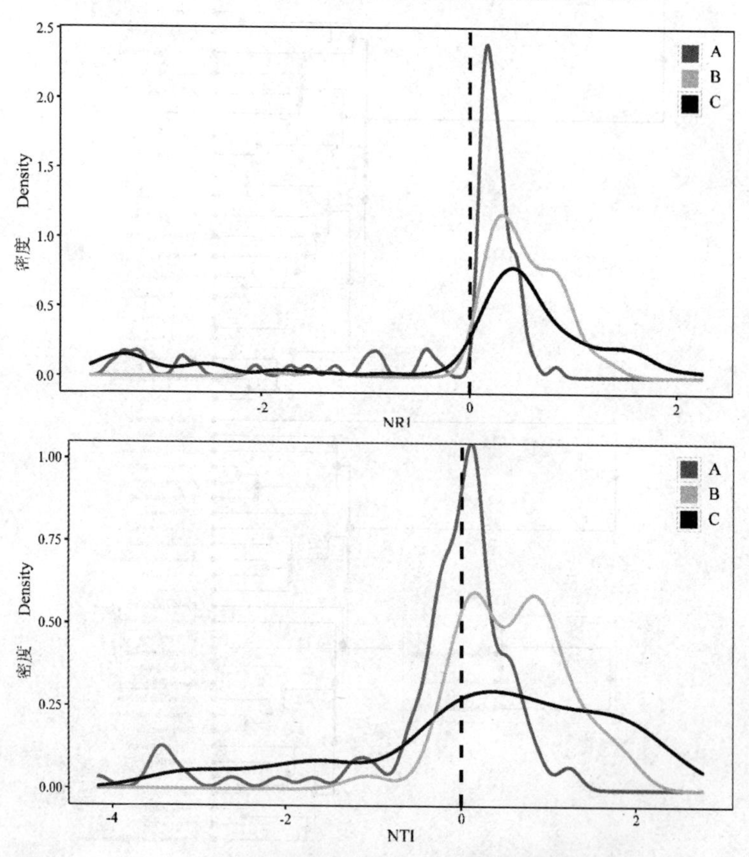

图 9-4 A、B、C 样地木本植物亲缘关系指数 NRI 和 NTI 的密度分布

表 9-3　A、B、C 样地木本植物亲缘关系指数 NRI、NTI 值在>0 和<0 区域的面积

样地	NRI		NTI	
	<0	>0	<0	>0
A	0.23	0.77	0.49	0.51
B	0.05	0.95	0.18	0.82
C	0.24	0.76	0.36	0.64

9.4　不同立地条件下落叶阔叶林群落物种共存机制

经功能性状系统发育信号检测可知，研究区域落叶阔叶林群落植物功能性状表现出趋同进化特点。在此情况下，群落整体的谱系结构更为聚集，此落叶阔叶林群落物种的共存过程以竞争排斥为主导，不过环境过滤也发挥了一定的作用。

不同立地条件下，竞争排斥和环境过滤对在物种共存过程中作用的强度有所差异。B 样地群落谱系发育结构较为聚集，A 样地和 C 样地群落谱系结构均有聚集和发散的趋势，A 样地发散趋势更加明显。结合功能性状趋同的特点可知，B 样地群落物种共存主要受竞争排斥驱动；A 样地群落的物种共存是环境过滤和竞争排斥共同作用的结果；C 样地群落物种共存机制以竞争排斥为主，环境过滤为辅。

【讨论】

植物功能性状系统发育信号弱

越来越多的研究证明，在未检测时不能假定功能性状的系统发育保守，包括植物、微生物等各个生物类群（Kraft & Ackerly，2010；Krause et al.，2014；Swenson & Enquist，2009）。在本研究中，通过检测植物功能性状的系统发育信号，也发现功能性状的进化表现出了趋同性，而非保守性。与本研究相似的是 Yang 等（2014）对中国热带森林的研究中，在最大树高、种子质量、比叶面积等性状中也检测到了较弱的系统发育信号。性状进化、物种进化都是非常复杂的过程，导致性状系统发育信号弱的因素也非常多；在有界的布朗运动模型（bounded Brownian motion model）下，进化速率越快，系统发育信号则越弱（Ackerly，2009；Revell et al.，2008）；性状的种内变异等也是导致系统发育信号 K<1 的因素之一（Blomberg et al.，2003；Ives et al.，2007）。希望在未来可

以获取更多的数据分析性状进化速率和种内变异，以论证该研究区域常见木本植物这 4 种功能性状系统发育信号较弱的原因。

值得注意的是，本章中功能性状所表现出来的趋同性，也就是亲缘关系近的物种的性状并不相似，前提是与性状沿着谱系树进行布朗运动式随机进化相比（Blomberg et al.，2003；Ives et al.，2007）；而与完全随机的情况相比，亲缘关系近的物种功能性状还是有一定相似性的（$P<0.05$）（Blomberg et al.，2003；Ives et al.，2007），尤其是最大树高和种子质量这两个权衡植物生死存亡和生长繁殖的性状，其进化与物种进化历史有一定的联系。本书第 4 章的结果显示，最大树高和种子质量是最能调节植物分布对环境响应的两种性状，还没有直接的、统计学上的证据证明其间是否存在着联系，有待进一步分析。

竞争排斥和环境过滤共同驱动群落物种共存

本章所研究的落叶阔叶林中，竞争排斥是群落物种共存最主要的驱动力，环境过滤在群落物种共存中发挥了一定的作用，不同立地条件下竞争排斥和环境过滤的强度不同，这与群落所处的演替时期及生境条件息息相关。环境过滤原理是将环境条件比作重叠的筛子，经过筛选，保留物种库中适合该环境的物种，剔除不适合的物种（Lavorel & Garnier，2002）。竞争排斥原理是经由环境过滤后，进入当地群落中的物种具有相似或相同生态位，随着资源等条件的限制，该类物种不可避免地发生竞争作用，生态位越相似，竞争会越激烈，进而引发竞争排斥，产生生态位分化，以保证群落的稳定（MacArthur & Levins，1967；Wilson & Gitay，1995）。整体上，该落叶阔叶林群落已经演替更新超过 60 年，研究所选的 31 种常见物种也都是在该区域占据一定优势地位的物种，在物种共存过程中此群落大部分已经渡过了初期的环境过滤，具有相似或相同生态位的物种已在此群落中生存繁衍，并由于生境条件及有限的资源，物种通过竞争排斥来保持群落的稳定，因此整体上该落叶阔叶林群落物种共存主要受竞争排斥驱动。然而，在一定区域环境过滤仍然在群落物种共存过程中发挥着作用。

不同立地条件下作用机制强度不同。竞争排斥在 B 样地群落中作用力最强，其次是 C 样地，最后是 A 样地；环境过滤作用强度则刚好反之。不同的演替时期是此现象最好的解释。陈国平对 3 个样地群落径级结构的分析表明，3 个样地群落大径木（DBH > 25 cm）植株最多的是 B，其次是 C，最后是 A，A 样地小径木（DBH < 10 cm）植株最多（陈国平等，2018）。也就是说，比较而言，B 样地群落处于演替晚期，其次是 C 样地，最后是 A 样地。因此本文研究区域 B 样地群落中竞争排斥主导物种共存，A 样地群落中环境过滤作用凸显，C 样地群落中竞争排斥为主、环境过滤为辅。众多研究也都发现了随着演替时期的

推进，群落物种构建机制从环境过滤向竞争排斥过渡（Batalha et al.，2015；侯嫚嫚等，2017）。

【结论】

本章基于谱系发育和植物功能性状探索了八仙山北暖温带落叶阔叶林群落物种共存机制，回答了所提的科学问题，现在总结如下：

① 在所研究的落叶阔叶林中，4 种植物功能性状中，最大树高和种子质量的进化在一定程度上受物种系统发育历史的影响。与沿着谱系树进行布朗运动式的随机进化相比，4 种功能性状的系统发育信号均较弱，呈现出趋同进化的特点。

② 通过对群落亲缘关系指数的分析可知，整体上，该群落的谱系结构聚集，但也表现出了一定的发散趋势。不同立地条件下，群落谱系结构聚集和发散状况有所差别，B 样地群落谱系结构较为聚集，C 样地群落谱系结构以聚集为主，兼具发散趋势，而 A 样地群落谱系结构聚集和发散趋势较为均等。

③ 根据植物功能性状的系统发育信号和亲缘关系指数，结合该落叶阔叶林所处的群落演替时期分析可知，该群落整体上竞争排斥作用主导物种共存，不过环境过滤也在发挥一定的作用。因处在不同的演替时期，不同立地条件下群落物种共存过程的主导因素不同，其中山脊样地（B）群落中竞争排斥驱动物种共存，阳坡样地（C）中群落共存机制以竞争排斥为主，环境过滤为辅，阴坡样地（A）中竞争排斥和环境过滤共同作用于物种共存过程。

第三篇

自然保护区特色植物资源

第10章　山樱花种群结构特征

种群结构、种群动态和种群资源利用能力与群落的稳定性密切相关（胡刚等，2018）。种群年龄结构是林木更新过程长短和速度快慢的体现，不仅能反映出种群的现存状态和植物与生境之间的适合度，还能预测种群未来动态和演变趋势（Johnsion E A et al. 1994；Henle K et al.，2004）。植物种群的生物学和生态学特征是植物对环境长期适应和选择的结果，其动态变化反映了种群的发展趋势，体现了种群与环境的交互关系及其在群落中的地位和作用（蔺雨阳等，2009；李立等，2010；刘彬等，2018）。因此，研究种群的结构特征及所在群落的结构与多样性，对理解森林生态系统内种群动态变化至关重要（魏识广等，2015）。

山樱花是蔷薇科（Rosaceae）樱属（*Cerasus*）植物，花色艳丽，具有较高的观赏价值（时玉娣等，2007；刘晓莉，2012），是樱属珍贵的种质资源。据记载，山樱花分布范围广，除华南、西北和东北外均有分布，且其形态变异多，容易形成适合当地气候的地理变异类型（李蒙，2013；李蒙等，2014）。然而，由于人们对野生资源的不合理利用，山樱花的生境遭到了严重破坏，种群数量急剧下降，高山居群已经极少（李蒙，2013）。相关研究阐述了山樱花的分布与气候因子之间的关系，结果表明温度是影响山樱花地理分布的最重要因素，其次为海拔和降水（李蒙等，2014）。在我国北方地区，尤其是近北纬 40°地区，年均温较低，极端低温已经低于山樱花正常生长繁殖所能忍受的下限，气候环境不适合山樱花的生长与繁殖，所以野生山樱花种群的分布更为罕见。

以往的研究多关注我国南方地区的山樱花种群和群落生态特征。李蒙等（2013）对大仰山高山湿地山樱花进行了数量结构特征的研究，表明该研究区域内山樱花种群更新良好，同时指出山樱花种群的更新是以牺牲大量的幼龄个体为代价的。吕月良等（2006）和陈璋（2007）研究了福建山樱花群落的数量特征、区系分布和群落中植物生活型组成。由于北方地区罕见野生山樱花种群的分布，人们对北方地区野生山樱花种群的相关研究和关注较少。本次研究在八仙山国家级自然保护区发现的野生山樱花种群，分布于北纬 40°左右，海拔 400～1000 m 的群落中，位于山樱花地理分布范围的北缘，相关种群及群落生态学研究亟待进行，研究结论将有助于深入理解我国北方地区野生山樱花种群现状及变化动态，也将补充北方地区野生山樱花群落生态学的相关研究资料。因此，本研究依据燕山山脉东麓的八仙山国家级自然保护区内设置的 3 个 1 hm^2 固定样地的调查和监测资料，从山樱花种群结构与所在群落结构和多样性角度探究山樱花种群的结构特点和更新能力，以期为山樱花种群的保护提供科学依据。

【研究方法】

研究区概况

研究地植被类型属于典型的暖温带落叶阔叶林，伴有少量的常绿性针叶林和暖性针阔混交林。群落结构简单，乔木层、灌木层、草本层，成层明显。乔木层建群种均为落叶阳性阔叶树种，优势种为落叶栎属，其次为鹅耳枥属和朴属；灌木层均为冬季落叶种，以胡枝子属、木兰属、绣线菊属为主；草本植物以禾本科、莎草科为主。

样地调查

在阴坡、山脊和阳坡的次生林分别设置 1 hm^2 的固定样地，将每个 1 hm^2 样地划分为 100 个样方，每个样方 10 m×10 m，记录每个样方的经纬度坐标、海拔、坡度和坡向，对每个样方内胸径≥3 cm 的乔木逐一进行挂牌，记录位置坐标、树号、种名、胸径、树高和生长状况，记录灌木层物种的种名、平均高度、盖度和数量和草本层的物种名称、平均高度和盖度。

数据统计与分析

（1）山樱花所在群落物种组成及群落间结构差异分析

按乔木层和灌木层分别计算各物种重要值（公式 1，2）（岳明等，1997；张金屯等，2000），群落之间物种组成相似性用 Jaccard 相似指数度量，计算公式为 $J=j/a+b-j$，其中 j 表示两个群落中共存的属（或种）数，a 和 b 分别表示每个群落中存在的属（或种）数。选取每个群落的结构指标，包括乔木层和灌木层的平均高度、乔木层的平均胸径，山樱花的树高、胸径建立矩阵，用 PCA 主成分项目及方法分析法分析群落间的差异。

乔木层物种重要值＝（相对多度+相对显著度+相对频度）/3 （1）

灌木层物种重要值＝（相对多度+相对盖度+相对高度）/3 （2）

（2）山樱花种群年龄结构与生态位分析

利用径级结构代替年龄结构分析种群特征并预测发展趋势（曲仲湘，1983），将海拔划分为低（400～600 m）、中（600～800 m）、高（800～1000 m）三个范围，分别绘制不同海拔范围和不同坡位（阴坡、山脊、阳坡）的山樱花树高、胸径分布图。以每个 1 hm² 样地为单位，以群落中物种的重要值为依据，分别计算 Shannon-Winner 生态位宽度（以下简称 S 生态位宽度）指数（公式 3）和 Levis 生态位重叠指数（公式 4）以及生态位相似性比例（公式 5）（张金屯，2011）。

$$Bi'=\sum_{j=1}^{n} P_{ij}\ln P_{ij} \tag{3}$$

其中，P_{ij} 表示物种 i 在第 j 个群落的重要值。

$$O_{ik}=\frac{\sum_{j=1}^{n} p_{ij}p_{kj}}{\sum_{j=1}^{n} p_{ij}^{2}} \tag{4}$$

$$O_{12}=O_{21}=1-0.5\sum_{i=1}^{n}\left|p_{1i}-p_{2i}\right| \tag{5}$$

（3）山樱花所在群落的乔木层径级分布与多样性格局

绘制不同海拔范围及不同坡位的乔木层物种径级分布密度图，比较径级结构在不同海拔、不同坡位之间的变化。分别计算每个群落乔木层和灌木层的 Shannon-Winner 多样性指数（公式 5）和 pielou 均匀度指数（公式 6）（张金屯，2011）并在不同海拔范围和不同坡位下进行比较分析。运用 R 语言进行约束性排序分析，研究群落结构因子对多样性的解释。在排序分析之前，用 decorana 函数判断使用单峰模型还是线性模型，本章中 Axis lengths＜3，使用线性模型中的约束性排序函数 RDA 进行分析（张维伟等，2019）。

$$\text{Shannon-winner}=-\sum_{i=1}^{m} p_i \ln p_i \tag{6}$$

其中，p_i 表示物种在群落中的重要值，m 表示群落中物种种类数量。

$$\text{pielou}=\frac{d}{\ln(m)} \tag{7}$$

多样性指数计算使用 R 4.0.0 的 vegan 包完成。

使用 R 4.0.0 的 vegan 包计算多样性指数、spaa 包计算生态位指数（张金龙等，2014），作图使用 R 4.0.0 基本包与 ggplot 2 扩展包完成。

10.1　山樱花所在群落的物种组成及差异

山樱花群落中共记录到木本植物 32 科 50 属 65 种。其中裸子植物 2 科 2

属 2 种，分别为侧柏（*Platycladus orientalis*）和油松（*Pinus tabulaeliformis*）；被子植物 30 科 48 属 63 种。在乔木层主要树种有蒙古栎、槲栎、白蜡、鹅耳枥、臭檀、桑和元宝槭；灌木层主要物种有迎红杜鹃、三裂绣线菊、小花溲疏、大花溲疏、大叶朴和锦带花，草本层主要物种有矮丛苔草（*Carex humilis*）、大叶铁线莲（*Clematis heracleifolia*）和求米草（*Oplismenus undulatifolius*）。山樱花为群落伴生种。山樱花群落中种类最多的科为蔷薇科，8 种，其次是椴树科，4 种。

表 10-1 展示了不同坡位山樱花群落中木本重要物种及山樱花的重要值。乔木层中，在阴坡白蜡的重要值最高（0.22），其次为蒙古栎（0.19），山樱花的重要值最低（0.02）；在阳坡槲栎的重要值最高（0.47），其次为桑（0.37），山樱花重要值为 0.34，与主要物种重要值接近；在山脊蒙古栎重要值最高（0.51），其次为臭檀（0.39）山樱花重要值同样为 0.34，也与主要物种重要值接近。在灌木层中，在阴坡重要值最高的为迎红杜鹃（0.43），最低的是卫矛（0.02）；在阳坡重要值最高的为大叶朴（0.18），最低的为三裂绣线菊（0.11）；在山脊重要值最高的为大花溲疏（0.32），最低的为三裂绣线菊（0.08）。

表 10-1 不同坡位山樱花群落乔木层、灌木层主要物种及重要值

层	坡位 Slope positon	植物种类 Species	拉丁学名 Lattin names	重要值 Important value
乔木层 Tree layer	阴坡 Shaddy slope	白蜡	*Fraxinus chinensis*	0.22
		蒙古栎	*Quercus mongolica*	0.19
		鹅耳枥	*Carpinus turczaninowii*	0.13
		油松	*Pinus tabulaeliformis*	0.09
		山樱花	*Cerasus serrulata*	0.02
	山脊 ridge	蒙古栎	*Quercus mongolica*	0.51
		臭檀	*Euodia danielli*	0.39
		元宝槭	*Acer truncatum*	0.36
		山樱花	*Cerasus serrulata*	0.34
		鹅耳枥	*Carpinus turczaninowii*	0.33
	阳坡 Sunny slope	槲栎	*Quercus aliena*	0.47
		桑	*Morus alba*	0.37
		白蜡	*Fraxinus chinensis*	0.37
		蒙古栎	*Quercus mongolica*	0.35
		山樱花	*Cerasus serrulata*	0.34

续表

层	坡位 Slope positon	植物种类 Species	拉丁学名 Lattin names	重要值 Important value
灌木层 Shrub layer	阴坡 Shaddy slope	迎红杜鹃	*Rhododendron mucronulatum*	0.43
		锦带花	*Weigela florida*	0.28
		三裂绣线菊	*Spiraea trilobata*	0.21
		小花溲疏	*Deutzia parviflora*	0.03
		卫矛	*Euonymus alatus*	0.02
	山脊 Ridge	大花溲疏	*Deutzia grandiflora*	0.32
		小花溲疏	*Deutzia parviflora*	0.11
		蚂蚱腿子	*Myripnois dioica*	0.10
		大叶朴	*Celtis koraiensis*	0.10
		三裂绣线菊	*Spiraea trilobata*	0.08
	阳坡 Sunny slope	大叶朴	*Celtis koraiensis*	0.18
		小花溲疏	*Deutzia parviflora*	0.18
		鼠李	*Rhamnus davurica*	0.15
		雀儿舌头	*Leptopus chinensis*	0.13
		三裂绣线菊	*Spiraea trilobata*	0.11

由表10-2和表10-3可知，不同坡位之间种属组成的差异性大于不同海拔之间，阳坡与阴坡之间种属组成差异性最大。

表10-2　不同坡位类型群落物种组成相似性Jaccard指数比较

（粗体表示种间相似指数，左下部表示属间相似指数）

坡位 Slope position	阴坡 Shaddy slope	山脊 Rigde	阳坡 Sunny slope
阴坡 Shaddy	—	**0.36**	**0.28**
山脊 Ridge	0.45	—	**0.41**
阳坡 Sunny slope	0.38	0.38	—

表 10-3 不同海拔范围之间群落物种组成相似性 Jaccard 指数比较
（粗体表示种间相似指数，左下部表示属间相似指数）

海拔范围 Range of altitude	400～600 m	600～800 m	800～1000 m
400～600 m	—	**0.52**	**0.47**
600～800 m	0.54	—	**0.46**
800～1000 m	0.5	0.5	—

10.2 山樱花所在群落结构的差异分析

运用 PCA 对群落结构指标进行分析，结果表明山樱花所在群落之间，山樱花种群结构以及整个群落乔木层发育都存在较大差异。前三个主成分的累计贡献率达到 80.21%。第一个主成分特征根为 2.9103，解释了总变异的 41.58%，对第一主成分效应最大的是山樱花的平均胸径和平均树高；第二主成分特征根为 1.7019，解释了总变异的 24.31%，对第二主成分效应最大的是乔木层的平均胸径和平均树高。前两主成分轴解释了总变异量的 65.89%（表 10-4，表 10-5，图 10-1）。

表 10-4 山樱花群落结构因子特征值和方差贡献率

主成分 Component	特征根 Eigen values	方差解释比例 Variance explained	累计解释比例 Cumulative variance explained
PC1	2.9103	0.4158	0.4158
PC2	1.7019	0.2431	0.6589
PC3	1.0026	0.1432	0.8021
PC4	0.8471	0.1210	0.9231

表 10-5 山樱花所在群落结构差异分析因子荷载矩阵

群落结构因子 Community structure factors	PC1	PC2	PC3
海拔 Elevation	−0.75	−0.11	0.55
山樱花胸径 Diameter of *Cerasus serrulata*	−0.99	−0.27	−0.13

续表

山樱花高度 Height of *Cerasus serrulata*	−0.86	−0.56	−0.18
山樱花重要值 Important value of *Cerasus serrulata*	−0.25	−0.58	0.32
乔木层胸径 Diameter of Tree layer	−0.49	0.83	0.29
乔木层高度 Height of tree layer	0.57	0.63	0.19
灌木层高度 Height of shrub layer	0.61	−0.33	0.74

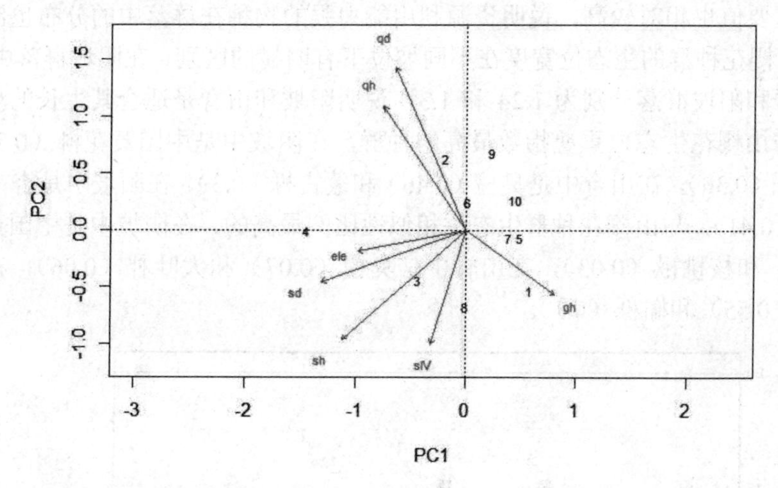

1～10 表示 10 个山樱花群落，首字母 q：乔木层，g：灌木层，s：山樱花；第二个字母 d：胸径，h：高度；IV：重要值；ele：海拔

图 10-1　山樱花所在群落间差异的 PCA 主成分分析

10.3　山樱花种群年龄结构分布格局与生态位

山樱花种群以 7～8 cm 径级个体占比例最高，种群径级分布呈倒“J”型，年龄结构属于增长型，更新良好。胸径在 15 cm 以下的个体数目相对较多，在 15～25 cm 径级范围形成了断层，预测种群动态为“间歇性”更新。图 10-2 显

示了不同海拔范围的山樱花胸径与树高的分布情况。不同海拔范围之间山樱花种群个体数量差异不大。400～600 m 范围内，胸径和树高比较小的幼龄树分布较多，随海拔增加，所分布的山樱花种群树高和胸径都有增加的趋势，且中、高海拔范围分布的山樱花种群在胸径和树高上的差异大于低海拔范围山樱花种群。根据各海拔范围山樱花种群年龄结构的特点，预测 600～800 m 范围内的山樱花种群更新状态最好。图 10-3 显示了不同坡位山樱花胸径与树高分布情况，从种群数量上来看，阳坡＞山脊＞阴坡，阴坡分布了胸径和高度较小的个体，可能是阴暗的环境限制了山樱花的生长和繁殖，阳坡和山脊分布的个体在发育阶段上差异较大，根据不同坡位山樱花年龄结构分布情况预测，阳坡中山樱花小径级个体数目最多，种群的更新状况最好。

由表 10-6 可知，不同坡位乔木层主要物种的生态位宽度较大的种群在群落中的重要值也相对较高，说明资源利用能力强的物种在群落中的分布也比较广泛。山樱花种群的生态位宽度在不同坡位下有明显的区别，在阴坡群落中为 0，在山脊和阳坡群落分别为 1.24 和 1.3，说明阳坡和山脊是适合其生长的坡位类型。与山樱花生态位重叠指数最高的种群，在阴坡中是中国黄花柳（0.72）和蒙古栎（0.36），在山脊中是臭檀（0.46）和蒙古栎（0.3），在阳坡中是杏（0.87）和桑（0.41）。与山樱花种群生态位相似性比例最高的，在阴坡中是中国黄花柳（0.05）和核桃楸（0.03），在山脊中是臭檀（0.07）和大叶朴（0.06），在阳坡是杏（0.55）和槲栎（0.1）。

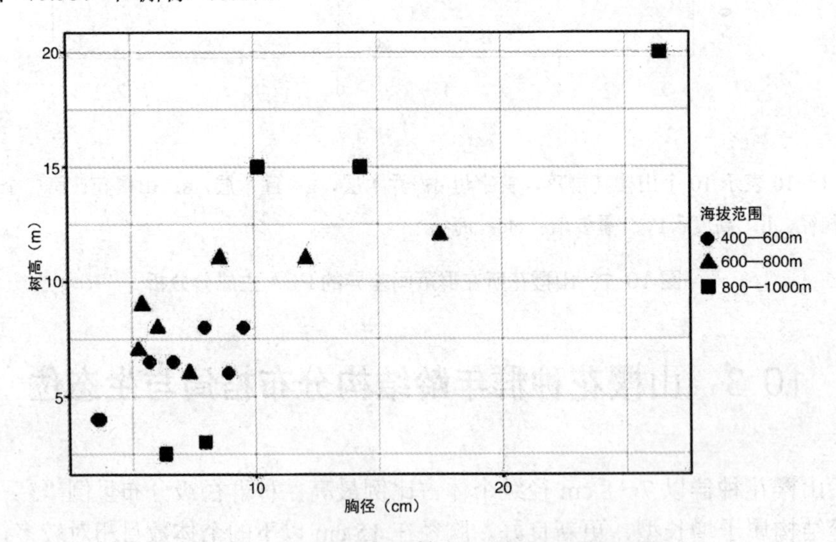

图 10-2　不同海拔范围山樱花胸径与树高分布

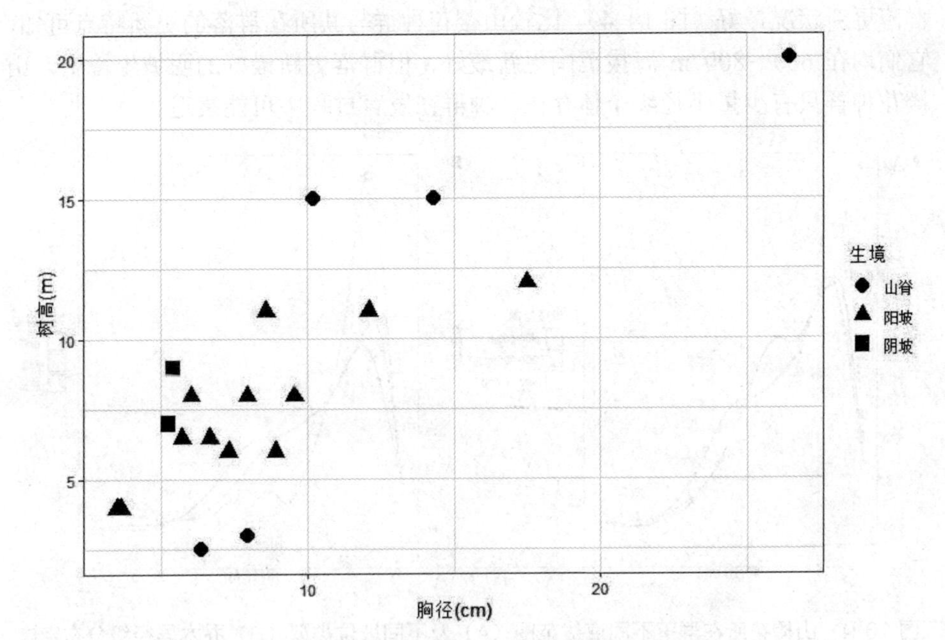

图10-3　不同坡位山樱花胸径与树高分布

表10-6　不同坡位下乔木层S生态位宽度

坡位 Slope position	阴坡 Shaddy slope	山脊 Ridge	阳坡 Sunny slope
物种1及s生态位宽度 Species 1 and s niche breadth	白蜡 3.90	蒙古栎 3.87	白蜡 3.81
物种2及s生态位宽度 Species 2 and s niche breadth	蒙古栎 3.64	鹅耳枥 3.42	槲栎 3.67
物种3 及s生态位宽度 Species 3 and s niche breadth	紫椴 3.13	元宝槭 3.21	桑 3.45

10.4　山樱花所在群落径级分布与多样性格局

山樱花所在群落的乔木层物种在不同海拔范围及不同坡位条件下，径级结构均呈现倒“J”型分布，整个群落更新良好。从各海拔范围和坡位类型的径级分布情况分析，600～800 m 范围以及阳坡类型群落中，小径级乔木比例最高，群落更新状况最好（图 10-4）。比较山樱花种群与其所在群落的更新特点可知，它们均在 600～800 m 海拔范围更新最好，但群落更新最好的阴坡生境中，山樱花种群只有少量小径级个体存在，种群在发育过程中可能衰退。

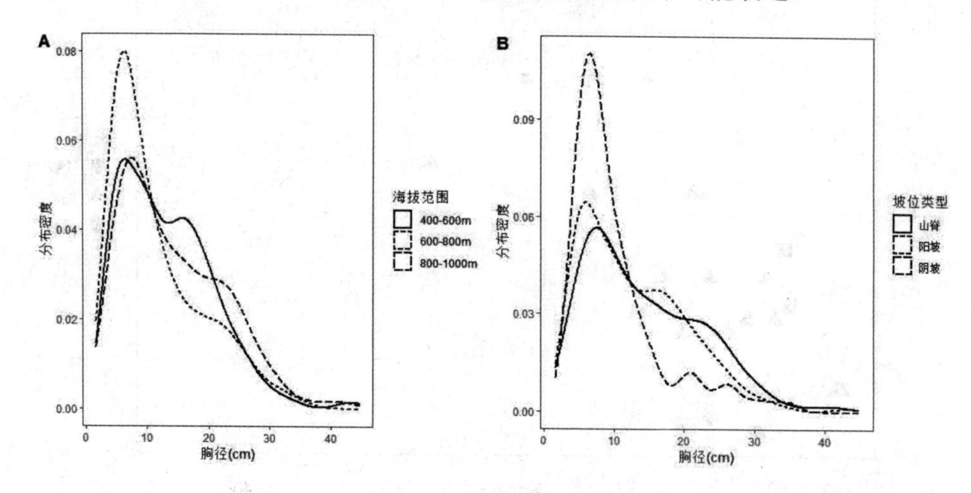

图 10-4 山樱花所在群落不同海拔范围（A）及不同坡位类型（B）乔木层径级分布密度

随海拔的增加，乔木层的三种多样性指数均呈现先增后减的单峰格局，600～800 m 范围的群落多样性指数最高。灌木层三种多样性指数的变化趋势与乔木层相反，为先降后升（图 10-5）。不同坡位乔木层的 Shannon-Winner 多样性指数和丰富度指数关系为阴坡＞阳坡＞山脊，pielou 均匀度指数关系为阴坡＞山脊＞阳坡，而灌木层三种多样性指数变化趋势均为阴坡＜阳坡＜山脊（图 10-6）。

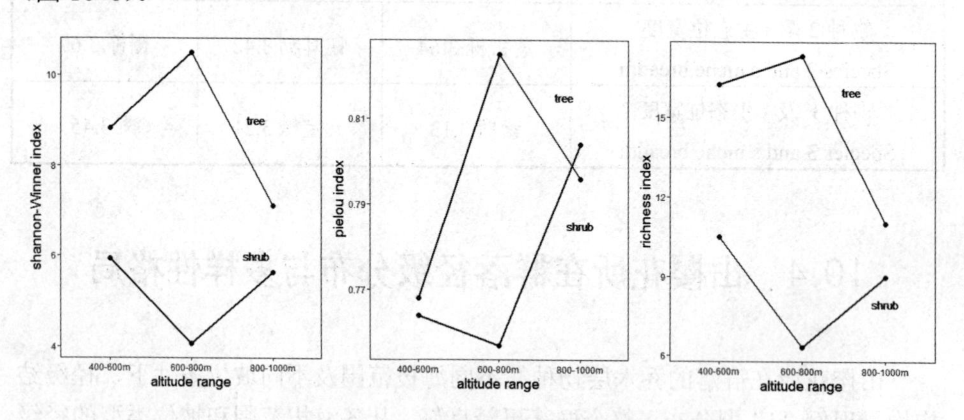

图 10-5 多样性指数随海拔的变化

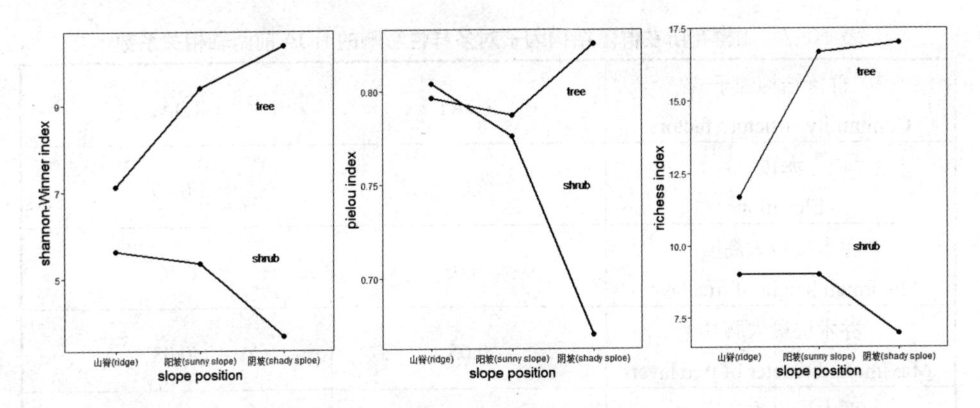

图 10-6　多样性指数随坡位类型的变化

使用 RDA 冗余分析研究群落结构因子对多样性指数的影响，可以看出，乔木层和灌木层的多样性指数在 RDA1 轴和 RDA2 轴上具有相似的分异程度。约束性成分对多样性指数变异的解释率为 58.02%，其中 RDA1 轴解释了约束性成分的 49.98%，RDA2 轴解释了约束成分的 33.69%。其中与 RDA1 轴相关性最高的是乔木层平均胸径，相关系数 0.56，随着乔木层平均胸径增大，乔木层和灌木层的丰富度、Shannon-Winner 指数均增加，均匀度指数均下降。与 RDA2 轴相关性最高的是灌木层的平均高度，相关系数 0.65，随着灌木层平均高度增加，灌木层的三种多样性指数及乔木层的均匀度增加，乔木层的 Shannon-Winner 指数及丰富度指数减小（图 10-7，表 10-7）。

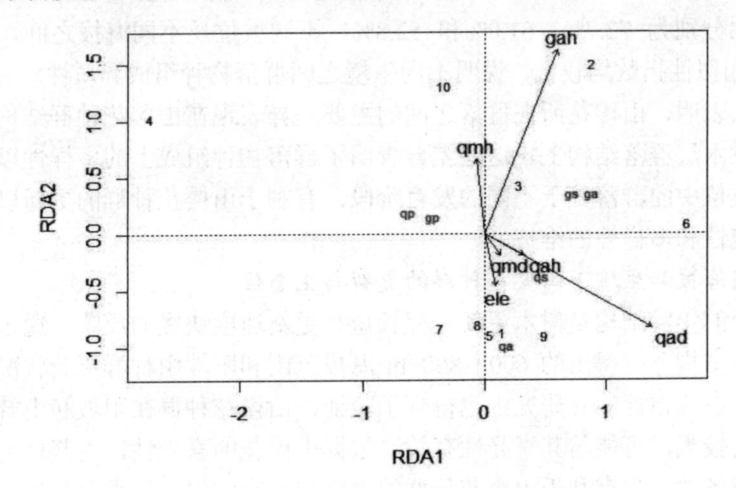

图 10-7　山樱花所在群落结构因子对多样性影响的 RDA 二维排序图

表 10-7 山樱花所在群落结构因子对多样性影响的 RDA 前两轴相关系数

群落结构因子 Commutity structure factors	RDA1	RDA2
海拔 Elevation	0.04	-0.19
乔木层最大高度 Maximum height of tree layer	-0.03	0.26
乔木层最大胸径 Maximum diameter of tree layer	0.05	-0.08
乔木层平均高度 Average height of tree layer	0.13	-0.07
乔木层平均胸径 Avergae diameter of tree layer	0.56	-0.34
灌木层平均高度 Average height of shrub layer	0.24	0.65

【讨论】

山樱花所在群落结构的差异

八仙山国家级自然保护区共有木本植物 44 科 82 属 123 种（韩英兰等，1996），本研究中的山樱花所在群落木本植物的科、属、种数目在整个自然保护区的占比分别为 72.7%、61.0%和 52.8%。不同坡位及不同海拔之间，种属间 Jaccard 相似性指数均较低，说明不同生境之间群落物种组成异质性较高。PCA 分析结果表明，山樱花所在群落之间的主要差异表现在山樱花种群结构以及整个群落乔木层群落结构上，这些差异表明了群落物种组成上的多样性以及不同海拔、坡位中的群落处于不同的发育阶段，有利于山樱花种群的更新以及整个群落稳定性和多样性的维持。

不同海拔和生境下山樱花种群的更新与生态位

林分的年龄结构是树木更新过程长短和更新速度快慢的反映，通过山樱花种群年龄结构分析得出的 600～800 m 海拔范围和阳坡中种群更新状况好的结论，在生态位指标的 u 研究中也得到了验证，山樱花种群在阳坡和山脊中的生态位宽度较大，可能与其喜光性有关。依据山樱花的喜光性，为其创造适宜的生态环境条件，将有利于山樱花种群的更新和发育。生态位重叠与生态位相似性比例分析将提供种群间竞争的相关资料，与山樱花生态位重叠及相似性比例高的种群，并非都是该群落中生态位宽度较大的种群，这说明山樱花种群可能同时受到群落优势种和共存种的竞争压力。本研究结论与李蒙等（2013）得到的大仰山山樱花种群更新良好的结论一致。从山樱花生长所需的气候条件分析（李蒙等，2014），八仙山的年均温已经接近适合其生长的最低年均温值，且1月极端最低温更是低于其适合生长的范围，所以山樱花种群在保护区内生长和更新良好，可能已经形成了适合当地环境的地理变异类型。此外，林下草本植物通过影响种苗的发芽，存活和生长发育，对乔木幼苗的更新也有重要影响（Giliam et al.，2007）。

山樱花所在群落物种多样性沿海拔和生境格局的变化

多样性沿海拔的变化趋势，是不同海拔范围的生境条件对群落各物种的生存、繁殖适合度的体现。本研究得出的乔木层与灌木层多样性变化趋势相反的结果，可以解释为乔木层种类和个体数量的增加限制了灌木层可利用的光照、水分以及土壤资源，留给灌木层的可利用生态位减少，从而降低了灌木层的丰富度和多样性。乔木层多样性沿海拔的变化可以解释为山体的中海拔范围水热条件最好，分化的生态位最多（张田田等，2019），而低海拔范围受干扰较强以及高海拔地区接近山顶，坡度增大，土壤中水分和养分流失快等原因都造成了低、高海拔地区多样性低于中海拔地区的现象。所以在600～800 m海拔范围，水、土等环境条件以及群落乔木层丰富的物种多样性使群落结构更加稳定，将为山樱花种群的生长与更新提供良好的生物与非生物环境条件。前人相关研究中，多样性随海拔变化的先增后减单峰格局、递减格局以及无规律格局都有报道（Qiao XJ et al.，2015；Sushil，2016；王喜龙等，2018），这与所研究的海拔范围及其所在山体垂直空间上的位置有关。造成多样性随坡位变化的原因可能是山脊处坡度较大，土壤中水分和营养物质流失较快，不利于乔木的生长。而阳坡和阴坡的多样性差异与所分布树种的生活习性有关，阴坡受阳光照射少，土壤中水分、养分更加充足，而阳坡土壤水分缺乏、植物蒸腾速率的变化等都可能导致物种多样性下降（祁小旭等，2019）。

群落结构对多样性的解释

群落结构指标能够反映群落中各种群的资源利用效率和竞争能力，也影响着一个群落中物种的数量、共存和分布状态。山樱花所在群落中，随乔木层胸径增大，乔木、灌木层的Shannon-Winner指数和丰富度指数增加以及pielou均匀度下降，这表明随群落的发育，种群之间对资源的分配越来越不平均，优势种效应越来越明显，群落物种组成也更加复杂。张维伟等（2019）研究了桥山栎林的多样性与群落结构的关系，结果表明在阔叶纯林和针阔混交林中乔木层胸径与多样性相关性较强，与本研究结论一致（Marks et al.，2016）。通过对北美东西部森林进行研究，得到了乔木层丰富度和最大树高相关的结论，并将其解释为限制树高的环境压力也是物种丰富度的环境过滤器；他们还从环境协变量和β多样性的作用角度进一步阐述了树高影响乔木层多样性的论点（Ghristian et al.，2017）。

位于燕山山脉东麓的八仙山国家级自然保护区内山樱花种群年龄结构为增长型，种群在 600～800 m 海拔范围以及阳坡和山脊中更新良好；但在阴坡中山樱花种群可能随群落发育而衰退。群落生境的多样性以及乔木层增长型的年龄结构为山樱花种群的生长与更新提供了优质的群落生态条件。不同坡位中与山樱花生态位重叠高、生态位相似性比例高的种群或将对其生长、繁殖和更新形成竞争压力。

【结论】

山樱花为落叶阔叶林伴生种，所在群落乔木层主要树种为蒙古栎（*Quercus mongolica*）、槲栎（*Q. aline*）、白蜡（*Fraxinus chinensis*）、鹅耳枥（*Carpinus turczaninowii*）、臭檀（*Euodia daniell*）、桑（*Morus alba*）和元宝槭（*Acer truncatum*），灌木层主要物种为迎红杜鹃（*Rhododendron mucronulatum*）、三裂绣线菊（*Spiraea trilobata*）、小花溲疏（*Deutzia parviflora*）、大花溲疏（*D. grandiflora*）、大叶朴（*Celtis koraiensis*）和锦带花（*Weigela florid*）；山樱花种群结构和所在群落的结构依坡位不同而发生变化。山樱花种群的年龄结构呈倒“J”型分布，600～800 m 海拔和阳坡更新状况最好；不同坡位山樱花种群的 Shannon-Winner 生态位宽度为阳坡＞山脊＞阴坡。与山樱花生态位重叠最高的种群，阴坡为中国黄花柳和蒙古栎，山脊为臭檀和蒙古栎，阳坡为杏和桑；山樱花所在群落的乔木层径级分布呈倒“J”型，多样性指数随海拔增加先增后减；不同坡位之间，阴坡多样性指数最高，山脊和阳坡较低。灌木层的多样性指数变化趋势与乔木层相反。群落的物种多样性将随群落发育，其优势种的优势度也将进一步提高，作为伴生种的山樱花种群将在阴坡可能衰退，在山脊和阳坡发育良好。该研究可为我国北方地区野生山樱花种群的保护与开发利用提供科学的参考依据。

第 11 章 山樱花开花动态及繁育系统

有性生殖是植物发育过程中非常重要的部分，生殖生物学主要研究有性过程中繁殖器官的分化及发育特性。其中两个重要的方面就是对开花物候和繁育系统的研究。开花物候影响着植物的传粉受精过程以及植物对环境的适应程度（Bolmgren，1998）。单株开花物候的影响因素包括第一朵花开放时间，开花速率以及花期持续时间，这决定了果树在花期获得的营养、光照甚至传粉者资源，进而影响生殖的成功与否及种群对环境的适应。开花物候的统计指标通常包括种群花期，单株花期，单花花期以及单花开放动态。繁育系统是指影响植物种群内或种群间进行自交或异交频率的形态特征和生理特性（Heywood，1976），其核心内容是交配系统（何亚平，2003；Devorah，2006），常选用杂交指数和花粉-胚珠比（P/O）。杂交指数是由单花完全开放时花冠大小、雌雄蕊成熟时间差异以及花药柱头间位置和距离三项指标的评分加和为判断依据的，得分越高，自交亲和的可能性越小，异交的可能性越大（Dafni，1992）。而花粉-胚珠比（P/O）是通过单花产生的花粉数量和胚珠数量比值来确定繁育系统类型的（Cruden，1977）。由于两种指标判断得出的繁育系统类型经常不一致，国内外学者常结合去雄、套袋后不同人工授粉处理方式的座果率指标，更加准确地判断繁育系统的类型（李海燕等，2020；王连军等，2020；李帅杰等，2020）。此外，人工授粉处理的研究结果还可为植物人工杂交繁殖时授粉方式的选择提供理论指导。

山樱花（*Cerasus serrulata*）是蔷薇科（Rosacea）李亚科（*Prunoideae*）樱属（*Cerasus*）多年生落叶乔木，在我国除华南、西北和东北外均有其野生种群分布（李蒙，2014）。野生山樱花常作为群落伴生种生活在林缘、灌木丛和混交林环境中，属于喜光树种。其树形优美，开花时花繁茂而艳丽，观赏价值高，并且具有预防水土流失、调节生态系统小气候和改善空气条件的效果（戴利燕，2017）。

以往关于山樱花生殖生物学的研究主要关注到我国南方地区以及国外山樱花的营养繁殖方面。陆贵巧（1998）研究了激素对山樱花扦插生根的影响，结果表明，800μg/g 浓度是其最适合的扦插浓度；Byun（1995）研究了扦插部位对成活率的影响，结果表明，根出条扦插成活率最高，萌芽干枝成活率低；在嫁接的砧木与接穗选择上，相关研究表明，欧洲甜樱桃（砧木）与山樱花（接穗）亲和性高（Beltz 1989）。由于在我国北方地区极少发现集中分布的野生山樱花种群，所以关于其生殖生物学的研究至今未见相关报道。本次在燕山东麓八仙山自然保护区发现的集中分布的野生山樱花种群，为充分研究并掌握其生殖生物学特性，进而在北方地区扩大山樱花种质资源和引种栽培提供了极为宝贵的研究材料。本章对野生山樱花种群的开花动态及繁育系统进行研究，以期为北方地区野生山樱花种群的保护，种质资源扩大以及引种栽培提供可靠的数据支持，从而更好地发挥野生赏樱花种群的观赏和生态环境调节与服务功能。

【研究方法】

研究地与材料

本研究中的山樱花为天津市蓟州区八仙山自然保护区永久监测样地中自然分布的野生山樱花种群，为群落伴生种。

花部形态与开花动态观察

从山樱花花蕾尖端漏出白色花瓣开始，每天观察露瓣情况，并在花瓣打开后每天持续观察开花情况，统计单花、单株及种群开花动态变化，记录花被片、雌雄蕊等结构的状态变化和持续时间。另随机选择 10 朵已开放的野生山樱花的花，观察并记录花瓣数量、花冠、花萼直径，花瓣长×宽，雄蕊数量，雌蕊数量，子房与胚珠数，各测定值记录变异范围并求平均值。其中开花物候期划分方法如表 11-1 所示。

表 11-1 开花物候期划分方法

物候期 Phenological phase	观测指标 observation standard
展叶期	全树有 25%的已经萌发的芽展出第一片叶
现蕾期	全树有 75%的芽现蕾
始花期	全树有 5%的花开放
盛花期	全树有 75%的花开放
末花期	全树有 90%的花开放

花粉活力及柱头可授测定

首先，确定花药离体培养的适宜蔗糖浓度和观测时间。设置 5 种蔗糖浓度处理，分别为0、5、10、15、20 g/L，其他培养基成分为：MS+0.5%琼脂+0.5 g/L硼酸，pH＝7。取自然散粉的新鲜花粉培养于25℃下，6 h后观察并统计花粉萌发率。选用最适蔗糖浓度配制的培养基，将新鲜花粉于25 ℃进行培养，培养时间为1、2、4、6、8、16、24 h，观察并统计不同培养时间下的花粉萌发率和花粉管长度并计算二者间Pearson相关系数。

标记同一开放时期的山樱花花蕾，采集花药开裂后不同时间的花粉于适宜蔗糖浓度的培养基中进行培养，在到达最佳培养时间后，以花粉萌发率和花粉管长度作为花粉活力的测定指标。另外采集处于不同开放程度下花朵的柱头，将其浸入凹面载玻片凹槽中的联苯胺-过氧化氢反应液，观察柱头周围是否变蓝以及气泡产生的程度，判断柱头的可授性。

花粉-胚珠比（P/O）的测定与杂交指数计算

随机选择10个花药未开裂的山樱花花蕾，摘取全部花药，用NaOH溶液制成花粉悬浮液，用血球计数板观察并计数，估算单个花蕾花粉粒总数；对花蕾的子房进行解剖，记录胚珠数。花粉胚珠比值（P/O）为花粉数与胚珠数的比值。参照Cruden（1977）的判断标准，P/O值为2108.0～195525.0时为专性异交，244.7～2588.0时为兼性异交；31.9～396.0时为兼性自交；18.1～39.0时为专性自交；2.7～5.4时为闭花受精。

使用游标卡尺测定山樱花花冠直径，观察并记录花药开裂和散粉时间，以及柱头可授性时间、花药与柱头间的空间距离，杂交指数得分为上述各项指标评分的加和。通过杂交指数判断繁育系统类型的标准为：OCI＝0，为闭花受精型；OCI＝1，为专性自交型；OCI＝2，为兼性自交型，有一定异交可能；OCI＝3，为兼性异交型，自交亲和，若雌雄异熟则趋向于雌蕊先熟，这种类型的植物常产生蜜汁，部分需要传粉者；OCI≥4，为异交型，部分自交亲和，需要传粉者。

人工授粉实验

对花朵开放前的山樱花进行处理，处理方式及目的如表11-2所示，统计各种处理方式的座果率。

表11-2　山樱花人工授粉的处理方式与处理目的

处理方式	处理目的
对照	检测自然状态下的亲和性
不套袋，去雄	检测自然异花授粉
套袋，不去雄	检测自然自花授粉

续表

处理方式	处理目的
套袋，去雄，无人工授粉	检测 是否存在孤雌生殖
套袋，去雄，人工自花授粉	检测同花自交亲和性
套袋，去雄，人工同株异花授粉	检测同株异花自交亲和性
套袋，去雄，人工异株异花授粉	检测杂交亲和性

11.1 山樱花花部特征及开花动态

观察结果显示，野生山樱花为完全花，花瓣白色，尖端略粉，花冠直径变异范围 1.42～1.92 cm，花瓣 5 片，倒卵形先端凹缺，花瓣长度和宽度变异范围分别为 0.83～1.18 cm 和 0.62～0.92 cm。雌雄同株，雄蕊 23～33 枚，长度 0.89～1.02 cm，雌蕊 1 枚，长度 1.12～1.31 cm，心皮 1，单室子房，胚珠 1～2，子房上位。

花芽从 3 月中旬开始膨大，4 月初进入始花期，随后大量开花，4 月末进入落花期，种群花期 30 d 左右，单株花期 11～14 d，单花花期 3～4 d。单花开花过程可分为花萼开裂、花瓣绽开、雄蕊露出、花药开裂授粉、雄蕊柱头萎蔫、花瓣凋谢 6 个阶段。雄蕊先于雌蕊露出，开花当天雄蕊的花药高于柱头，花朵完全开放后柱头高于雄蕊。花药完全暴露后 2 h 开始开裂散粉，开花 2 d 后花粉完全散出。

11.2 花粉活力

花粉离体培养最佳蔗糖浓度与最适培养时间的研究结果表明，花粉活力随培养基中蔗糖浓度的增加而逐渐增强，到 15 g/L 蔗糖浓度，花粉活力增加到最大（47.8%），当蔗糖浓度增加至 20 g/L，花粉萌发率降低到 32.6%（图 11-1）。图 11-2 显示了在蔗糖浓度为 15 g/L 的培养基中，花粉即时萌发率及花粉管长度随培养时间的变化，花粉萌发率呈现先升高后降低的趋势，并在 6 h 时达到最高，为 49.6%。当培养时间延长至 24 h 时，花粉即时萌发率降低至 5.2%。相关分析结果显示，同一时间花粉萌发率与花粉管长度均值的 Pearson 相关系数为 0.838（P＜0.01），表明花粉管长度变化趋势与花粉及时萌发率变化趋势接近，可以用花粉萌发率或者花粉管长度之一来表征花粉活力。

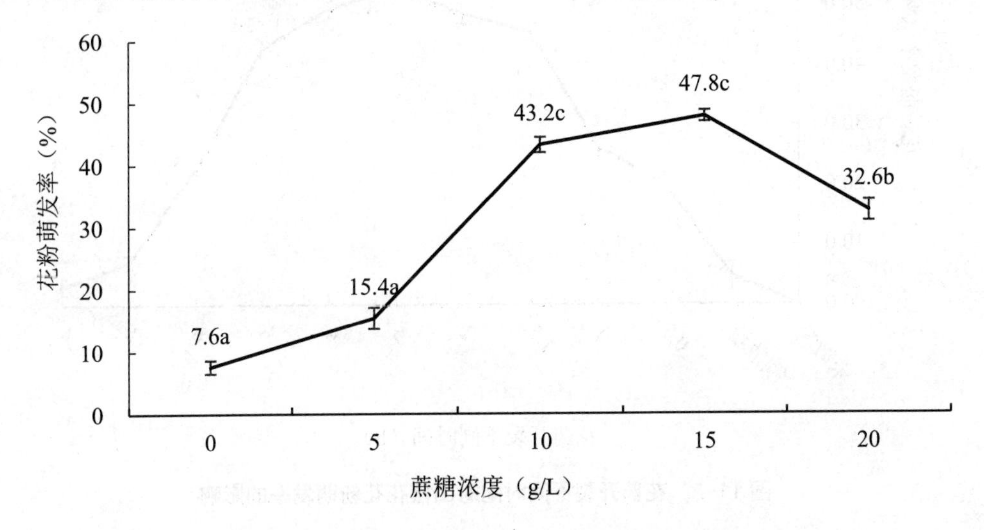

图 11-1　不同蔗糖浓度对山樱花花粉活力的影响

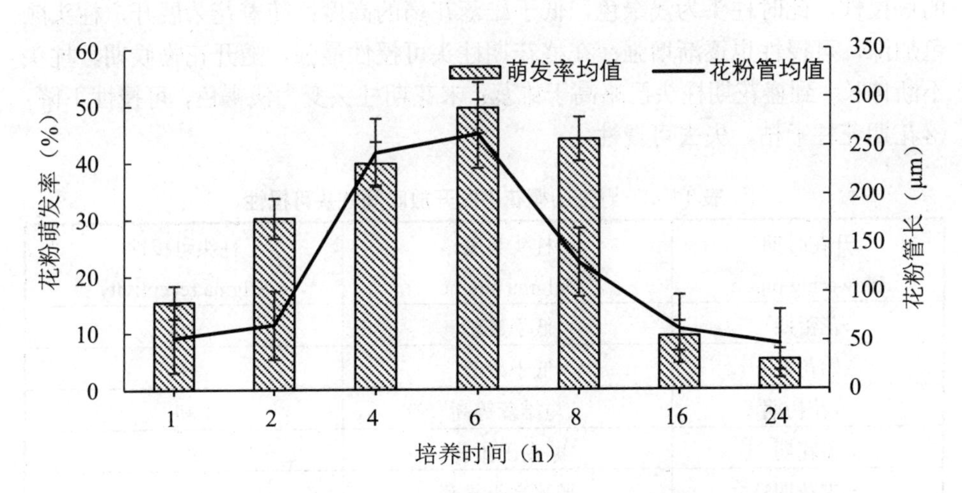

图 11-2　不同培养时间对山樱花花粉萌发率和花粉管长度的影响

花药开裂不同时间花粉活力的变化趋势如图 11-3 所示，花粉活力随花药开裂时间总体呈现先上升后下降的变化趋势。花药始开裂散粉时，萌发率较低，仅 4.7%，散粉 3 h 达到最大萌发率 53.2%，散粉 6 h 后花粉活力开始下降，到 12 h 已低至 7.2%。

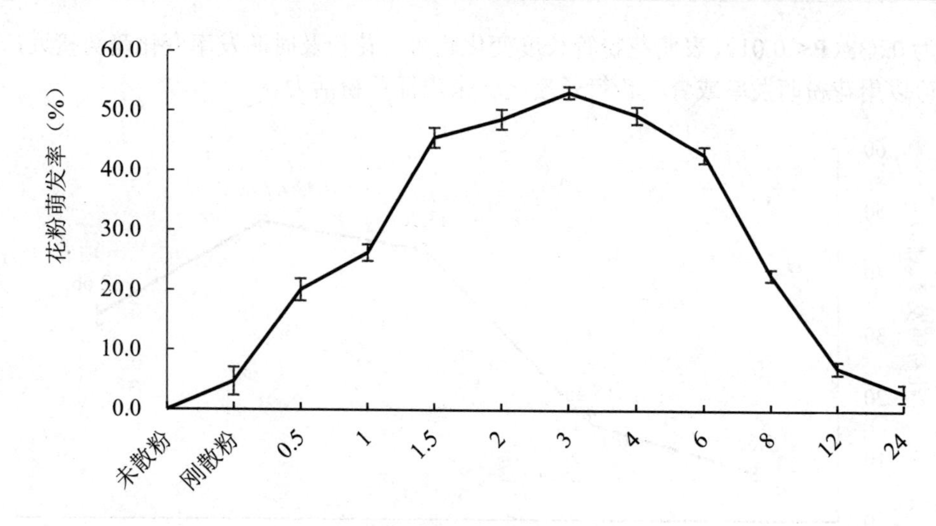

图 11-3　花药开裂不同时间对山樱花花粉萌发率的影响

柱头可授性的研究结果如表 11-3 所示，在花蕾期，已有部分柱头具有一定的可授性，此时柱头为浅绿色，低于雄蕊花药的高度；随着花朵展开，柱头颜色加深，可授性也逐渐增强；在盛花期柱头可授性最强，随开花物候期，柱头不断伸长，到盛花期柱头已略高于雄蕊；末花期柱头变为浅褐色，可授性下降；落花期花柱干枯，失去可授性。

表 11-3　野生山樱花不同开放时间柱头可授性

开花时期 Flowering phase	柱头高度 Stigma height	柱头可授性 Stigma receptivity
花蕾期	低于雄蕊	−/+
始花期	低于雄蕊	+
盛花初期	与雄蕊等高	++
盛花期	略高于雄蕊	+++
末花期	显著高于雄蕊	+
落花期	显著高于雄蕊	−

11.3　花粉胚珠比与杂交指数

野生山樱花单花花粉数和胚珠数比值（P/O 值）为 27284±4587，参照 Crude 标准，判断其繁育系统类型属于专性异交。

野生山樱花杂交指数各项目及观测值、分值如表 11-4 所示。根据各项结果计算得出杂交指数（OCI）＝4，判断繁育系统类型为兼性异交，即以异交为主，部分自交亲和，需要传粉者。

表 11-4　野生山樱花杂交指数观察结果

观察项目 Observation project	观测值 observations	结果 The results
花冠直径	1.42～1.92 cm	3
花药散粉与柱头可授性的时间间隔	雌雄同熟	0
花药与柱头的空间距离	空间分离	1
杂交指数	4	
繁育系统类型	异交为主，部分亲和自交	需要传粉者

11.4　人工授粉实验

不同去雄、套袋与人工授粉组合方式的座果率如表 11-5 所示。由表可知，野生山樱花在自然状态下结实率较低。去雄不套袋的座果率（16%）明显高于套袋不去雄（4%），说明自然条件下主要发生异花授粉，自花授粉成功率极低；套袋去雄无人工授粉处理组未座果，表明野生山樱花不存在孤雌生殖现象；套袋去雄并进行人工授粉的实验结果表明，异株异花授粉座果率 32%，高于同株异花授粉（24%）和人工自花授粉（8%），表明野生山樱花繁育系统类型为兼性异交，即以异交为主，部分自交亲和并需要传粉者。此结果与杂交指数判断结果完全一致。

表 11-5　野生山樱花人工授粉试验结果

处理方式 Treatment group	结实率 Seed setting rate（%）
对照组，不做处理	20
不套袋，去雄	16
套袋，不去雄	4
套袋，去雄，不做人工授粉	0
套袋，去雄，人工自花授粉	8
套袋，去雄，人工同株异花授粉	24
套袋，去雄，人工异株异花授粉	32

【讨论】

野生山樱花花部结构与开花动态

植物的开花物候有集中开花模式与持续开花模式两个极端（Okullo，2004；Augspurger，1983）。集中开花的物种在几天或者一星期内大量开花，持续开花的物种个体开花时间较长，较近时间内新开花个体数较少。本章研究结果表明，八仙山自然保护区野生山樱花开花模式属于集中大量开花，从而吸引较多访花者，增加授粉成功率。有相关研究表明，花冠较小的植物在开花过程中，花的数量与繁殖成功率之间呈现很强的正相关（Andersson et al.，1993）。野生山樱花花期从 4 月初一直到 4 月末，持续约 30 d，单株花期 11～14 d，单花花期 3～4 d，且不同山樱花单株之间无明显的物候期差异，这与陈雅静（2019）研究的福建山樱花物候特征有明显的差异。福建山樱花开花模式属于持续开花，在一定程度上延长了访花昆虫对于福建山樱花的探访时间，进而增加了授粉成功的可能性。始花期为 1 月初到 2 月中下旬，花期持续到 2 月至 3 月中下旬，并且始花期、盛花期、末花期出现的始末时间差异都比较大，但各单株花期持续时间差异不大。福建山樱花与八仙山自然保护区分布的野生山樱花种群存在开花物候期的差异主要在于始花期的开始时间，福建山樱花的始花期前后间隔较长，而八仙山山樱花的始花期则相对集中，而单花开放时间同一地域的个花之间基本一致。始花期主要是由于温度的影响，在福建地区，冬季无严寒，1 月份的气温已经可以达到八仙山地区 4 月的气温水平，为其在 1 月份就进入始花期提供了温度条件的保证。而且，福建地区在整个 1 月甚至 2 月初的气温都相对恒定，为较长的始花期间隔提供了保证；八仙山地区在 4 月中下旬即将向夏季过度，气温将会有明显的提升，故其始花期持续时间较短。相关研究也证实了温度是影响开花尤其是始花期的主要因子。王琳（2017）发现芳香植物的始花期与温度关系最为密切，降水量和日照时间对始花期的影响不太大。花部形态及雌雄蕊动态变化研究结果表明，野生山樱花花冠直径不大，雄蕊与柱头的距离也相对较近，且在开花的始花期直到盛花期之前，柱头具有可授性，加之雄蕊的花药高于柱头，为自花传粉受精提供了一定的可能性。

野生山樱花花粉活力与柱头可授性

有活力的花粉粒从花药中释放，并落在具有可授性的柱头上，是植物正常完成受精过程的保证，可授性的柱头往往可以分泌黏液，吸附花粉粒并促进花粉管的萌生（张永胜，2019）。柱头可授性的强弱变化是影响受精结实成功率的重要因素，受单花期长短，柱头分泌物、开花时间等因素影响。吕亚（2019）、阮丽丽（2017）对野生山樱花花粉活力测定结果表明，活力峰值出现在开花后 3 h，高达 73.67%，且 12 h 内均能保持较高的活性，但其寿命仅为 1 d，24 h 后花粉活力即仅剩余 7%，第二天已基本失去活力。野生山樱花柱头在花朵未完全开放时即部分具有可授性，随开花过程可授性增强，盛花期达到最强。结合单花的花粉活力与柱头可授性变化趋势来分析，由于开花后 3 h，花粉活力最强时，同一朵花的柱头可授性还没有达到最强，而当柱头可授性达到最强的时候，花粉的活力已经明显下降，所以其自花传粉受精的成功率较低。因此，选择盛花期的柱头，并收集开花后 3 h 放出的花粉进行人工授粉，可以在一定程度上提高授粉成功率。此外，还可以通过花粉贮藏的方式保护花粉的活力，用于人工传粉。相关研究表明，保存花药的效果比单纯保存花粉具有更好的耐贮存性，且花粉的保存与贮藏温度密切相关，随温度降低，花粉呼吸强度和酶活下降，有利于花粉的保存（张琦，2018）。对甜樱桃栽培品种花粉贮藏温度条件的研究结果表明，−20℃下保存 730 d 后，花粉萌发率仍分别为 21.54%和 33.50%（Sulusoglu，2014）。

野生山樱花繁育系统类型

繁育系统是植物生殖生物学的重点研究内容，核心是交配系统，常通过杂交指数和花粉-胚珠比（P/O）两个指标来判断植物的繁育类型。当结果不一致时，往往再去比较不同人工授粉方式的座果率进行补充判断。通过杂交指数判断繁育类型的依据是，总分值越高，异交亲和性越强，总分值越低，繁育类型越倾向于闭花受精，自花传粉。杂交指数分值的指标包括花冠直径，花药成熟与柱头可授性时间间隔，花药与柱头的空间距离，显然，这些数值越大，自花授粉亲和的可能性越低。花粉-胚珠比（P/O）是判断范繁育类型的另一参考标准，此比值与异交程度呈正相关（Michalski，2009），并受到传粉类型的影响，风媒传粉植物这一正相关极为显著，而虫媒传粉植物的正相关并不显著。本研究通过花粉-胚珠比（P/O）判断山樱花繁育系统类型为专性异交，通过杂交指数判断繁育系统类型为兼性异交，即以异交为主，部分自交亲和，需要传粉者。又通过比较套袋、去雄后不同人工授粉处理方式的座果率，判定野生山樱花繁育系统类型为兼性异交，与杂交指数法判定结果一致。试验结果表明，通过山樱花 P/O 值得出的繁育类型结论不够准确，可能是因为 P/O 值只考虑了花粉与胚珠数量的比值，并没有考虑可育花粉的比例，造成 P/O 比值偏高，从而使判定的异交水平过高。杂交指数基于开花时的花部形态进行判定，结果比 P/O 更为准确，同时结合不同人工授粉的座果率进行分析，可使结论更加准确（张大勇，2001）。

【结论】

野生山樱花为两性完全花，种群花期为 4 月上旬至 4 月末，持续 30 d 左右，单株花期 11～14 d，单朵花开放时间 3～4 d。开花时雄蕊先于雌蕊露出，随花的开放雌蕊由低于雄蕊过渡到高于雄蕊。开花 2～3 h 后花药完全打开开始散粉，2 d 后花粉完全散出，花粉活力在散粉后 3 h 达到最强，并在 6 h 后显著下降。同一朵花柱头可授性与花粉活力有一定的重合期，由此判断自交可亲和。由花粉/胚珠比为 47284±4587，判断其繁育系统类型属于专性异交；套袋、去雄，无人工传粉处理无结实现象表明山樱花不存在无融合生殖。套袋、去雄并进行不同人工授粉处理的结果表明，人工异花授粉解结实率明显高于人工自花授粉以及自然状态下结实率，结合杂交指数 OCI＝4，证明了其繁育系统类型为兼性异交，即异交为主，部分自交亲和，需要传粉者。研究结论可为北方地区野生山樱花种质资源的保护及引种栽培、人工杂交授粉提供可靠的理论依据。

第 12 章 山樱花大小孢子发生和雌雄配子体发育

不同种被子植物的大小孢子发生和雌雄配子体发育过程大体上相似，同时也各自保留一些该种植物独有的发育特征。Zhang 等（2012）对我国特有植物 *Sinofranchetia*（串果藤）的雌雄性细胞发育过程进行研究，结果表明串果藤雄花中的小孢子的胞质同时分裂，成熟的花粉粒为二核或者三核。徐涛（2011）对山茶科植物厚皮香的雄蕊和胚胎发育情况进行研究，结果显示厚皮香雄蕊发育具有山茶科植物的共有特征，如花药有 4 个药室，绒毡层出现腺质化，胞质同时分裂等特征，同时还发现厚皮香中同时出现进化程度比较原始的成熟的 3-细胞花粉粒和进化程度比较高的双子叶型花药壁，认为这种现象证明厚皮香属植物在长期进化演变的过程中，形成了进化不同步的现象。许小连对槭属濒危植物羊角槭的雌雄性细胞发育过程进行了详细的观察，结果表明，羊角槭花粉母细胞分裂过程中胼胝质壁提早解体，雄配子发育过程中单核小孢子相互粘连，细胞分裂不均匀，花粉粒干瘪等发育异常现象，导致花粉质量大幅度下降（许小连，2012）。

Xiao（2006）观察木兰科植物落叶木莲的雌配子体形成过程，发现落叶木莲的胚珠为具有双珠被厚珠心的由单个孢原细胞发育而成的倒生胚珠，当落叶木莲的果实成熟时，内层珠被石化成坚硬的种壳，外珠被发生肉质化。Leszczuk 等（2018）对草莓的孢子发生过程进行了详细的研究，发现草莓的胚囊是由多个孢原细胞分化而来，但是这些孢原细胞不能同时进行减数分裂过程，所以分裂较早的孢原细胞发育成胚囊，分裂较晚的孢原细胞在四分体时期，细胞中出现大量液泡，最后逐渐解离不能继续发育。郭起荣（2014）研究禾本科植物毛竹大孢子发生与雌配子体发育规律，结果表明毛竹的胚囊多数可以正常地完成发育过程，毛竹的胚囊是由单个孢原细胞发育而来，大孢子在四分体时期的排列方式为横向线性排列。陈丽园（2016）研究濒危植物红花玉兰的大小孢子发生和雌雄配子体发育过程，发现红花玉兰雌雄性细胞分裂过程中没有异常发育的现象，发育过程与其他木兰科植物基本相同。

【研究方法】

试验地概况与实验材料同第11章。

石蜡切片的制作

（1）石蜡切片材料的固定

采集的由芽鳞片包裹的花芽，将去除外部鳞片的花芽用FAA固定液固定；对未开放或已开放的花蕾，将花瓣和萼片去除，保留雄蕊、雌蕊子房等生殖器官用FAA固定液固定；未成熟的果实直接固定。

（2）石蜡切片制片具体过程

采集的试验材料用FAA固定24 h以上后，取出材料依次放入50%和70%乙醇浸泡3 h，将材料放置在爱氏苏木精稀释染液中整染3 d。整染后取出材料用蒸馏水漂洗至不再出现蓝紫色后进行脱水，依次用30%、50%、70%、85%、95%以及100%乙醇分别浸泡3 h进行脱水，其中100%乙醇浸泡两次。脱水后的材料仍然放置于100%乙醇中，用1/5二甲苯（吸出瓶内1/5试剂，再加入1/5二甲苯）、2/5二甲苯、3/5二甲苯、4/5二甲苯和纯二甲苯（2次）依次浸泡3 h，对材料进行透明处理。在装有透明好的材料的二甲苯溶液中加入碎蜡（36 ℃培养箱中），注意少量多次并放置过夜。

第二天取出用二甲苯和石蜡充分浸泡的材料依次用50%石蜡（40～42℃恒温箱）和70%石蜡（48～50℃恒温箱）浸泡1 h，纯石蜡（58℃恒温箱，3次）浸泡30 min。将经过纯石蜡浸泡的材料进行包埋，并在蜡块凝固后将其修整成为适宜大小的正方体并用 LEICA RM2265 切片机进行切片，切片厚度设定为8～10 μm。切片完成后取完整清晰的蜡带用粘片剂粘在载玻片上，放置展片台上展开后于36℃烘箱中烘干。烘干完成后用纯二甲苯和1/2二甲苯浸泡，然后将100%、95%、85%、70%、50%、30%乙醇依次滴在载玻片上停留5 s，用番红固绿染色并用树胶封片。

（3）显微镜观察

在Leica-DM4000显微镜下观察目的细胞并拍照。

12.1　小孢子发生及雄配子体发育

12.1.1　小孢子发生

山樱花花芽分化结束以后，花芽内细胞持续分裂，并分化出各个花器官。雄蕊原基进行伸长生长，同时顶部膨大形成花药和花丝，花药表皮下分化出体积较大的孢原细胞，孢原细胞经过平周分裂产生两类细胞，一类为外侧的初生周缘细胞，最终分裂形成花药壁，另一类则为初生造孢细胞。随着发育的进行，初生造孢细胞通过不断的有丝分裂形成圆形、细胞核明显的次生造孢细胞（图 12-1-1），次生造孢细胞继续分裂发育形成圆形的小孢子母细胞。观察石蜡切片发现，小孢子母细胞形状饱满，细胞中可见明显细胞核且具有浓密的细胞质（图 12-1-2）。

花芽内形成小孢子母细胞后进入休眠期，这一时期观察不到明显的变化。直到次年 3 月，休眠期结束，花芽开始萌动。小孢子母细胞经过两次减数分裂产生四面体型四分体（图 12-1-3，图 12-1-4）。在这一过程中，小孢子母细胞一直包裹在浓厚的胼胝质中。减数第一次分裂中，小孢子母细胞经过减数分裂前期、中期、后期和末期，分裂成二分体。此时没有产生新的细胞壁，胞质不分离，细胞中有两个细胞核。完成减数第一次分裂后，二分体经历短暂的分裂间隔后进入减数第二次分裂。二分体在减数第二次分裂前期中，染色体由起初的散乱地分布在细胞中，而后开始聚集并且螺旋化，核仁核膜消失，细胞中出现纺锤丝。此时细胞分裂进入减数第二次分裂中期，赤道板上排列着着丝点（图 12-1-5，图 12-1-6）。在纺锤丝的牵引下，染色体开始自中期的赤道面向两极移动，细胞分裂进入减数第二次分裂后期（图 12-1-6）。最后，核膜核仁重现，染色体到达两极，此时为减数第二次分裂末期（图 12-1-7）。最终，减数分裂结束，将一个小孢子母细胞分裂成为含有相同遗传物质的 4 个由胼胝质壁包裹在一起的细胞，即四分体。山樱花小孢子四分体为四面体型（图 12-1-4）。通过观察切片上可以发现，山樱花同一药室中的小孢子母细胞减数分裂基本同步。但同一花药的不同药室不同步，可以相差大约 2～3 个分裂时期（图 12-1-8）。

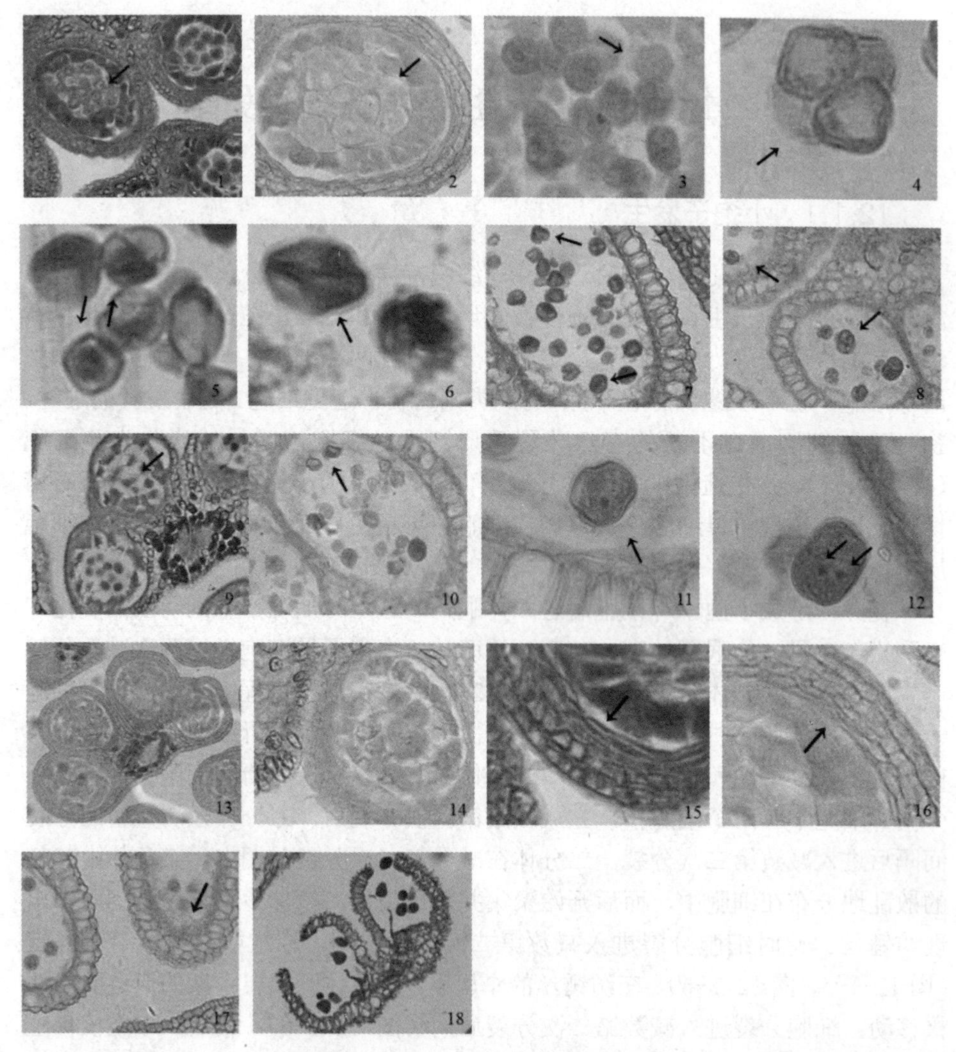

1. 次生造孢细胞；2. 小孢子母细胞；3. 四分体；4. 四面体型四分体；5、6、7. 小孢子母细胞减数分裂过程；8. 不同药室内小孢子处于不同发育时期；9. 小孢子液泡化；10. 细胞膜皱缩的小孢子；11. 单核小孢子；12. 小孢子细胞核分裂成营养细胞核和生殖细胞核；13. 有四个药室的成熟花药；14. 初生圆形花药；15. 有5层细胞的花药壁；16. 花药壁表皮细胞伸长；17. 残留的药室内壁和表皮细胞残留物；18. 只剩下纤维层的细胞壁开裂释放出成熟花粉粒

图 12-1　野生山樱花小孢子发生、雄配子体发育和花药壁发育

12.1.2　雄配子体发育

小孢子母细胞经过减数分裂形成四分体，包裹在胼胝质中，部分小孢子出

现液泡化（图 12-1-9）。减数分裂完成后，胼胝质壁消失，释放出小孢子，观察发现刚从胼胝质中释放出来的小孢子细胞壁出现褶皱（图 12-1-10）。从胼胝质中释放出来的小孢子经过发育形成浓厚的细胞质，细胞核位于细胞中央，体积较大，十分明显（图 12-1-11），为单核小孢子。在接下来的发育过程中，单核小孢子体积逐渐增大使细胞壁变为平整状态，形状接近球形，细胞内出现液泡，随着液泡体积的增加，逐渐推动细胞核向靠近细胞壁的方向移动，能观察到明显的细胞核。单细胞核靠边的小孢子开始进行有丝分裂，经过有丝分裂前期、中期、后期和末期，分裂形成两个不均等的细胞核（图 12-1-12），贴近细胞壁的细胞核发育成生殖细胞，体积较小，另一个发育成为营养细胞，体积远大于生殖细胞。随后生殖细胞的液泡开始缩小，并进行有丝分裂产生两个精细胞。

12.2　花药壁的发育

野生山樱花为两性花，成熟花药为蝶形，有四个花粉囊（图 12-1-13）。起初，花药的横切面为近圆形，细胞排列紧密（图 12-1-14）。花药四角的细胞首先开始进行快速分化形成孢原细胞，在表皮细胞内侧将花药分割成四部分，孢原细胞继续分化产生两类细胞，内层的初生造孢细胞分裂产生次生造孢细胞，外侧的初生周缘细胞进行平周分裂和垂周分裂，与最外层的表皮细胞一起形成花药壁的四部分，由内向外分别为绒毡层、中层（2 层），药室内壁（纤维层）和表皮共 5 层细胞（图 12-1-15）。

在花粉粒发育成熟的过程中，花药壁的四种组成细胞也会随之产生相应的变化。在孢原细胞分化出小孢子母细胞的过程中，花药壁分化出了绒毡层、中层，药室内壁和表皮四种细胞。此时四种细胞基本呈现长方形，排列整齐紧密，胞质透明，在药室最外层的表皮细胞相较于其他三种细胞体积较大，呈长方形或接近正方形，细胞紧密排列；紧贴着表皮细胞内侧排列的药室内壁细胞性状偏向正方形或椭圆形，内含液泡；药室内壁内层为中层，花药壁中形成的中层细胞有两层，细胞形状为扁长形，细胞结构不明显；最内层为绒毡层细胞，形状为细长形。随着小孢子母细胞减数分裂产生小孢子，进而形成成熟的花粉粒，表皮细胞开始发生液泡化，发生横向伸长，形状由长方形变为扁长形（图 12-1-16），并随着花粉发育成熟而逐渐分解。药室内壁开始出现纤维性增厚，最终转化成为纤维层，中层细胞也随着小孢子的发育逐渐变为扁长型，体积收缩，最终解离消失。当小孢子母细胞分化成小孢子后，绒毡层细胞开始分解，为花粉发育成熟提供营养物质。小孢子发育成成熟的花粉粒时，中层和绒毡层分解消失，只剩下纤维状增厚的药室内壁和分解过后的表皮细胞残留（图 12-1-17）。最后花药室开裂，释放出成熟的花粉粒（图 12-1-18）。

12.3　大孢子发生及雌配子体发育

12.3.1　大孢子发生

野生山樱花的雌蕊原基分化完成后，雌蕊原基继续进行细胞分裂，逐渐分化出柱头，花柱和底部膨大的子房结构，雌蕊原基底部表皮下的细胞分化成胚珠原基。随着胚珠原基的分化发育，原基顶端分化出一个体积明显大于其他细胞，细胞核明显的孢原细胞。孢原细胞分裂发育成形状饱满体积较大的初生周缘细胞和初生造孢细胞。初生造孢细胞进一步分裂发育形成大孢子母细胞（图 12-2-1），周缘细胞经过发育形成珠心原基，进而经过平周分裂和垂周分裂形成几层珠心细胞包裹着大孢子母细胞。同时随着孢原细胞的发育，珠心基部的细胞分裂形成指状突起，随着大孢子母细胞的发育逐渐向顶端生长扩展，最后发育成为珠被（图 12-2-2）。

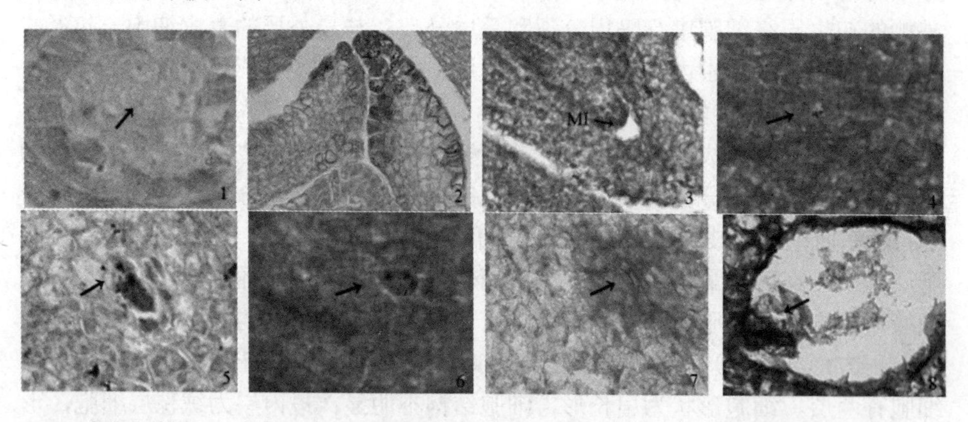

1. 大孢子母细胞；2. 珠被细胞；3. 倒生胚珠（珠孔）；4. 功能大孢子；5. 二核胚囊；6. 四核胚囊；7. 八核胚囊；8. 卵器细胞

图 12-2　野生山樱花大孢子发生和雌配子体发育

大孢子母细胞开始进行第一次胞质分裂产生二分体，形成二分体后直接开始第二次分裂，形成四分体，此时发育较慢的内珠被逐渐被外珠被包围，仅在顶端形成一个小孔，即珠孔。同时由于胚珠基部的不均衡生长，在大孢子母细胞形成时，胚珠变成倒生胚珠（图 12-2-3）。随着四分体的发育，有三个大孢子逐渐退化消失，只有一个大孢子能够继续发育成功能大孢子（图 12-2-4）。

12.3.2 雌配子体的发育

功能大孢子继续进行发育，细胞中出现液泡，细胞核明显处于细胞中央，此时功能大孢子发育成单核胚囊。随后单核胚囊中细胞质变浓，液泡体积逐渐增加，并占据细胞的大部分体积，胚囊中的细胞核进行减数分裂，产生两个细胞核（图 12-2-5）。这两个细胞核各自向胚囊两端的珠孔端和合点端移动，液泡处于胚囊中央。之后移动到胚囊两端的细胞核继续分裂，进而发育成四核胚囊（图 12-2-6）。四核胚囊进行第三次减数分裂产生 8 个细胞核，最终形成八核胚囊（图 12-2-7）。此时 8 个细胞核，4 个位于珠孔端，另外 4 个位于合点端，在这个过程中胞质不分裂。在单核胚囊分裂成八核胚囊的过程中，胚囊细胞显著伸长，胚囊中 8 个细胞核继续进行分化。珠孔端、合点端两个方向各自有 1 个细胞核向胚囊中央发生移动并最终发育为互相靠近的两个极核。在随后的发育过程中，近珠孔端的其他三个核分化成为卵器（图 12-2-8），一个分化成卵细胞，另两个分化成助细胞。近合点端的另外三个核则发育成反足细胞。此时，单核胚囊就发育成 7 细胞 8 细胞核的成熟胚囊。由此可知，野生山樱花胚囊的发育类型为蓼型。

12.4 野生山樱花雌雄蕊发育过程的对应关系

野生山樱花在生长发育进程中，其外部状态改变主要体现在花芽膨胀变大、芽鳞片展开露出绿色、花冠显露、花朵盛开等，总共经历 35 d 左右。如表 12-1，对比其雌雄蕊发育过程，发现雄蕊发育较早，而雌蕊发育相对迟缓。当雄蕊花粉发育为三核花粉时，雌蕊仍处于胚囊时期。

表 12-1 雌雄蕊发育过程中的对应关系

花芽或花蕾形态特征 Morphological features of bloom bud or flower	雄蕊发育过程 Developmental stage of stamen	雌蕊发育过程 Developmental stage of pistil
花芽开始膨大，大小约为 2.59～3.94 mm	小孢子母细胞	珠心原基突起
花芽继续膨大至 3.94～6.32 mm 左右，芽鳞片张开，微微显现绿色	小孢子母细胞减数分裂	内外珠被开始生长
花序从鳞片中露出，顶端微微显现白色或淡粉色的花蕾顶端	四分体时期	大孢子母细胞形成
花蕾从花苞中露出	单核小孢子中央期	减数分裂
大部分花苞可见白色或淡粉色花瓣	单核小孢子靠边期	大孢子形成
少部分花朵开放	成熟花粉粒	二核或四核胚囊
进入大蕾期，部分花开放		八核胚囊
进入盛花期，大部分花开放		成熟胚囊

12.5 双胚珠现象

野生山樱花的子房为单心皮，观察切片发现部分切片中，子房内出现两个胚珠，具有珠心珠被等结构（图 12-3-1）。胚囊发育初期（图 12-3-2），部分切片中两个胚珠发育程度一致，且都能够正常发育（图 12-3-1）；还有一部分切片中两个胚珠发育情况不同，一个能够正常发育，另一个出现畸形的现象（图 12-3-3）。但是在单核胚囊减数分裂形成八核胚囊的过程中，发现其中一个胚珠能够正常发育，另一个胚珠开始逐渐萎缩，并逐渐停止发育（图 12-3-4）。正常发育的胚囊能够接受受精，形成合子并继续正常发育，另一个异常发育的胚珠不能受精，并逐渐退化（图 12-3-5）。此外，大孢子发育的石蜡切片中出现两个胚珠均不能正常发育（图 12-3-6）。成熟的山樱花种子中只有一个种子，切片中没有发现胚珠发育后期两个胚珠同时正常发育，且没有发现有两个胚珠共同发育成果实的现象。

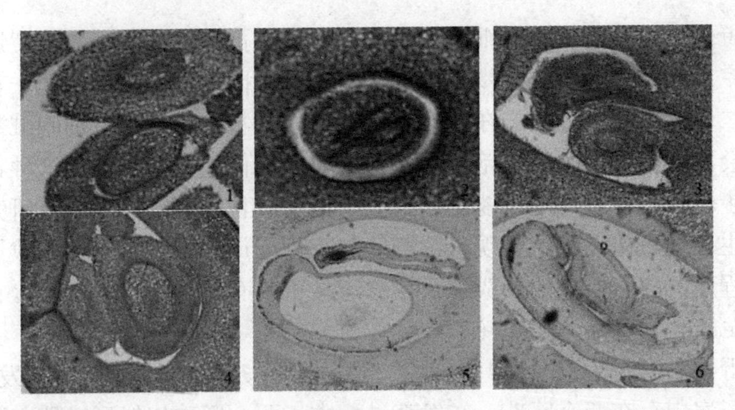

1. 具有正常结构的两个胚珠；2. 双胚珠发育初期；3. 一个胚珠正常发育，另一个胚珠发育畸形；4. 两个胚珠发育阶段不同，其中一个停止发育；5. 受精作用后，不能受精的胚珠逐渐退化消失；6. 两个胚珠均不能正常发育

图 12-3 野生山樱花双胚珠

【讨论】

小孢子体发生及雄配子体发育

植物花粉的发育从小孢子母细胞减数分裂开始，到花药开裂释放出成熟花粉结束，在这一过程中出现任何异常现象都有可能导致最终产生的花粉不育（González-Melendi et al.，2008）。观察石蜡切片发现，野生山樱花小孢子发育过程中出现了细胞质膜皱缩、小孢子畸形的异常现象，小孢子刚刚完成减数分裂产生四分体时形状饱满，然而经过一段时间后，开始出现细胞皱缩空瘪。在被子植物中，出现这种现象的原因可能是由于外界环境变化或自身遗传机制作用导致的，主要表现为绒毡层结构和功能异常，不能正常提供营养物质，小孢子发生过程异常和减数分裂结束后花粉发育不正常等方面（胡适宜，2005）。李志军（2016）观察软枣猕猴桃小孢子发育过程，发现软枣猕猴桃的小孢子也出现了这种细胞质凝集导致的小孢子空瘪现象，Coimbra（2004）等认为这可能是由于细胞的程序性死亡导致的。袁娟（2017）研究大花紫薇生殖生物学特性时，发现大花紫薇有极少数小孢子出现皱缩现象，但整个发育过程中小孢子正常发育，并且没有对之后的花粉形成产生影响。这可能是大花紫薇自身的遗传机制造成的。谭金桂（2009）观察焕镛木小孢子发育过程，也发现小孢子皱缩现象，同时随着细胞液泡化，这种现象会逐渐消失。在本研究中，并没有发现这种现象会对山樱花小孢子的后续发育造成不良影响，推测这种现象可能有利于接下来的有丝分裂。

对野生山樱花小孢子母细胞观察发现，在小孢子母细胞减数分裂过程中，同一药室内减数分裂基本同步，但同一花药的不同药室不同步，同一花药中可以既有二分体也有四分体。在自然界中有很多植物在小孢子母细胞减数分裂过程中都会出现此类现象。石艳兰（2019）研究二倍体芒时发现了这种花粉粒发育不同步现象，并认为这可能是导致其小孢子败育的关键原因。有研究认为，在植物生长过程中发生这种现象，可能与小孢子母细胞胞间连丝的数量，绒毡层发育程度、胼胝质壁的形成以及自身遗传机制有关（张雪，2014）。

大孢子体发育及双胚珠现象

在野生山樱花大孢子发育过程中，通过石蜡切片可以观察到，在发育初期，有部分子房中存在两个胚珠，在发育过程中，两个胚珠均能形成珠心和珠被，到发育后期时，其中一个胚珠开始退化败育并逐渐解体，最终只能收获一个种子。这可能由于子房中两个胚珠竞争营养成分或授粉时未能接受到足够的花粉（杨玲玲，2015），同时也可能与其本身的遗传因素有关。在蔷薇科植物月季中也出现了双胚珠现象，孙宪芝（2014）认为月季原本可能具有多个胚珠，但这些胚珠在自然进化的过程中逐渐退化，演变成现在的 1 个子房中含有单个胚珠，而个别子房有两个胚珠同时分化可能是一种“返祖”现象。

【结论】

花芽内形成雌蕊原基后继续分化产生胚珠原基和小孢子母细胞后，植株进入休眠期，次年 3 月初，植株解除休眠，小孢子母细胞减数分裂产生四分体，正四面体的四分体继续有丝分裂最终形成花粉。山樱花花药为蝶形，有 4 个药室，花药壁有 4 层，由内而外分别是绒毡层、中层、药室内壁和表皮。在花粉发育过程中，绒毡层为小孢子发育提供营养物质，随着发育的进行逐渐分解。花粉发育成熟时，绒毡层和中层消失，药室内壁发生纤维性增厚。

野生山樱花大孢子发生过程中，孢原细胞分裂产生造孢细胞，造孢细胞进一步分裂形成大孢子母细胞。大孢子母细胞减数分裂成线性排列的四分体，形成 4 个大孢子，最后只有 1 个功能大孢子最终发育成胚囊。部分山樱花子房中形成双胚珠，其中一个可以发育成胚囊成熟，另一个退化消失。山樱花雄蕊发育早于雌蕊。

第 13 章　野生山樱花的受精和胚胎发育

双受精作用是被子植物特有的受精方式，仅残留着纤维层的花药壁打开释放出发育完全的成熟花粉粒，在经过传粉者的传递后落在同花或异花的柱头上，随后具有一定萌发活力的花粉粒产生花粉管并通过花柱延伸进入子房中。不同种植物的珠心组织薄厚不同，所以花粉管进入子房中的胚囊的方式也有所不同，有些植物的珠心组织比较薄，花粉管可以直接进入，还有一些植物的珠心组织很厚，花粉管需要穿过这些厚实珠心组织细胞才能进入胚囊（胡适宜，2005）。张大爱（2015）对不同花柱长度的甜荞花进行授粉，并观察花粉管的生长情况，结果表明长花柱×短花柱花授粉后 0.5 h 时，花粉管已经发生明显的伸长。

花粉管通过不断地伸长插入到胚囊中，并成功将精细胞传递到胚囊中，植株开始进行双受精过程。进入胚囊的精细胞各自和卵细胞以及极核进行融合形成合子和初生胚乳核然后逐渐发育成胚。大多数不同种被子植物都会进行相似的双受精过程，也有一些植物在这一过程中会出现不同的现象。史春艳研究花生的双受精过程，发现花生的受精过程中有一颗精子单独进入胚囊，和多颗精子同时进入胚囊的现象，花生的合子形成后经历 19 h 左右的休眠期才继续分裂（史春艳，2014）。在植物授粉受精的过程中，会经历花粉与柱头互相识别和雌雄性细胞互相识别，任何一部分不能正常识别都会影响受精的成功。

【研究方法】

同第 12 章。

13.1　双受精作用

进入花期，野生山樱花雌雄配子体发育成熟，花药开裂释放出成熟花粉粒，通过昆虫传粉，风力传粉或人工传粉等方式，使花粉粒落在柱头上，并在柱头上迅速萌发形成花粉管，花粉沿着珠孔进入子房中的胚囊内释放精细胞，发生受精。在山樱花受精过程中，一个精细胞与卵细胞融合，精细胞的核仁与卵细胞的核仁结合形成具有一个核仁的正常受精的合子，另一个精细胞与极核融合产生初生胚乳细胞，并最终发育成胚乳，即为双受精作用。

13.2 胚和胚乳的发育

13.2.1 胚的发育

野生山樱花的卵细胞与精子结合形成合子（图 13-1-1），开始胚胎发育。完成受精形成的合子经过一个短暂休眠时期后开始继续发育，细胞质变浓，液泡体积增大，随后开始进行第一次横向分裂，产生两个细胞，形成 2-细胞原胚（图 13-1-2）。合子分裂成的两个细胞一个是靠近合点端的顶细胞，细胞体积小胞质浓厚营养物质丰富，另一个为靠近珠孔端的基细胞，体积大于顶细胞，细胞中含有较大的液泡。而后 2-细胞原胚继续分裂发育，顶细胞纵向分裂一次，而基细胞横向分裂一次，形成 4-细胞原胚。基细胞和顶细胞继续向横向和纵向进行细胞分裂，4-细胞原胚发育成多细胞胚（图 13-1-3）。顶细胞分裂发育成胚体，而基细胞分裂发育成胚柄，胚柄细胞分裂速度低于胚体细胞的分裂速度。多细胞胚继续分裂，体积逐渐增大发育成球形胚（图 13-1-4）。此时胚柄开始进行快速分裂，球形胚上部两侧的细胞开始分化形成了子叶原基，子叶原基继续进行细胞分裂，使球形胚上部两侧细胞开始进行较快的伸长生长（图 13-1-5），而后逐渐发育成心形胚，此时胚柄的细胞分裂到达高峰期。心形胚下部产生突起，进而伸长生长成子叶，胚芽原基出现在两片子叶之间，最终分裂发育成幼胚，同时胚柄逐渐消失（图 13-1-6）。

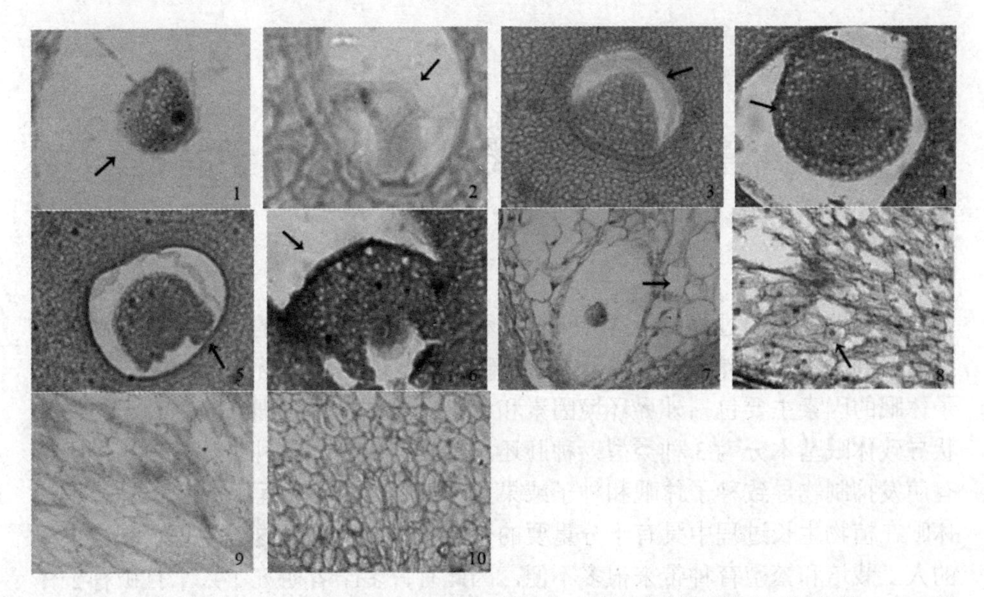

1. 休眠期的合子；2. 2-细胞原胚；3. 多细胞胚；4.球形胚；5. 球形胚上部两侧子叶原基分裂；6. 鱼雷型胚；7. 合子休眠时期的胚乳；8. 游离胚乳核；9. 胚乳膜；10. 胚乳细胞

图 13-1　野生山樱花胚和胚乳发育

13.2.2　胚乳的发育

山樱花初生胚乳细胞在合子休眠时已经开始进行分裂发育，胚乳细胞分裂呈游离状态，在合子分裂形成 2-细胞原胚时，胚囊中出现不含胞质和细胞壁的游离细胞核（图 13-1-7）。随着 2-细胞胚分裂发育变成多细胞胚，胚乳细胞也进行了大量的细胞分裂，在胚囊中可以发现更多的游离细胞核（图 13-1-8）。在合子发育成心形胚时，游离细胞核与周围的原生质连在一起形成胚乳膜（图 13-1-9），逐渐细胞化发育形成完整的胚乳细胞（图 13-1-10）。在成熟的野生山樱花种子中，可以观察到完整丰富的胚乳。

【结论】

成熟山樱花花为两性花，雌蕊和雄蕊发育完成后，释放成熟花粉完成授粉。即 2 个精细胞分别和卵细胞及极核进行融合，形成的合子进行分裂，经过 2-细胞胚、多细胞胚和球形胚等阶段，最终形成成熟的幼胚，胚乳细胞随着合子的发育由游离的细胞核状态逐渐发育成具有完整细胞结构的胚乳细胞。

第 14 章　野生山樱花种子生物学特性

在自然进化的过程中，落叶果树的种子形成一种休眠的特性，以抵御其成熟后遇到的不良外界条件，种子需要打破休眠才能萌发（杨磊，2008）。影响种子休眠的因素主要包括外界环境因素和种子自身结构两方面，其中种子结构性状导致休眠基本分为 3 种类型：种胚还没有发育成熟导致种子休眠，种子中含有萌发抑制物导致种子休眠和种子或果皮结构导致休眠（程鹏，2013）。种子的休眠在植物生长过程中具有十分重要的生物学意义，但是这一生理过程给果树的人工栽培和繁殖育种带来很多不便，因此有许多学者研究了人工打破种子休眠的机理和方法，层积处理和内源激素处理是目前为止最为常见的打破种子休眠的方法（郭丽萍，2016）。王志梅（2014）研究不同处理方法对欧李种子萌发的影响，结果表明，去掉种壳能提高种子的发芽率，在一定程度上增加 GA_3 浓度可以促进欧李种子的萌发。柯碧英（2020）研究珍稀植物顶果木的种子发芽过程，发现砂磨、热水浸泡、浓 H_2SO_4 处理和 GA_3 处理可以降低种子的硬实率，并提高种子萌发率。

【研究方法】

种子表型特征观察

采集成熟山樱花果实洗去果肉后阴干，观察山樱花带壳种子的颜色形状和表面特征，选择 50 粒饱满的山樱花带壳种子，测定长度、直径并计算长宽比。

种子百粒重和吸水特性研究

选择 100 粒饱满的带壳种子称重，重复 3 次，得出山樱花种子百粒重。将称重过的种子放入培养皿，加入没过种子的足量蒸馏水。放置在室温下，每隔 3 h 取出种子，吸净表面水分后称重，夜晚称量时间延长至 8～10 h，直至相邻两次称重结果不变，结束称量，试验重复 3 次。

种子吸水率（%）=[（吸胀后重量-浸泡前重量）/ 浸泡前重量]×100%

种胚完好率和发芽率测定

将去除果肉的种子的外壳敲碎，取出内部的种胚，记录完好种胚数。选择完好的种胚分别用 100 mg/L，500 mg/L，1000 mg/L，1500 mg/L 的赤霉素（GA_3）溶液浸泡 24 h 并设置蒸馏水为对照，每组 50 粒，重复 3 次。将浸泡结束的种子放入培养皿中，用经 K_2MnO_4 消毒的湿沙覆盖种子进行发芽试验（室温），每天观察并记录种子发芽情况。

14.1　种子表面特征

观察发现，野生山樱花种子外面有坚硬的内表皮，形状接近扁球形，顶端较尖，表面有不规则的棱，颜色为棕色或浅棕色。经测量，野生山樱花种子平均长度为 5.84 mm，平均宽度为 3.67 mm，长宽比为 1.59。

14.2　种子百粒重和吸水性研究

经测量，野生山樱花带壳种子百粒重为 114.57 g。由图 14-1 可知，野生山樱花种子在试验的 0～12 h 内吸水率迅速增加，其中 0～3 h 增加最快，在 3 h 时吸水率为 11.95%。试验进行 12 h 后吸水率增加速度逐渐减慢，24～48 h 内，种子吸水率从 25.12%增加至 30.46%，之后则不继续增加。

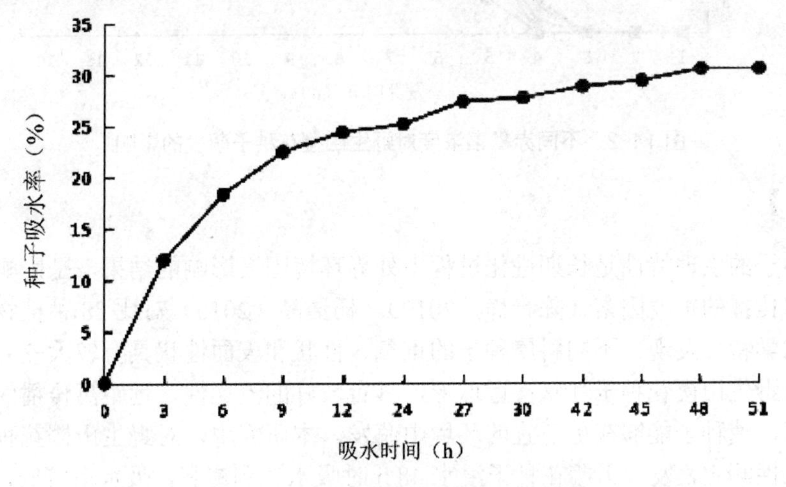

图 14-1　野生山樱花种子吸水性测定

14.3 种胚完好率和发芽率测定

经试验测定，野生山樱花种胚完好率为93.27%。由图14-2可知，不同浓度的赤霉素浸泡处理对野生山樱花种子发芽率的影响存在差异，蒸馏水浸泡的种子发芽率平均为30.67%，发芽率较低；4个浓度处理中，500 mg/L赤霉素处理下种子发芽率最高，为54%，当赤霉素浓度继续增加，种子发芽率有所减少。由此可知，适当增加赤霉素浓度能够提高种子发芽率，当赤霉素浓度超出种子发芽的最适浓度后，这种促进作用就会减弱。

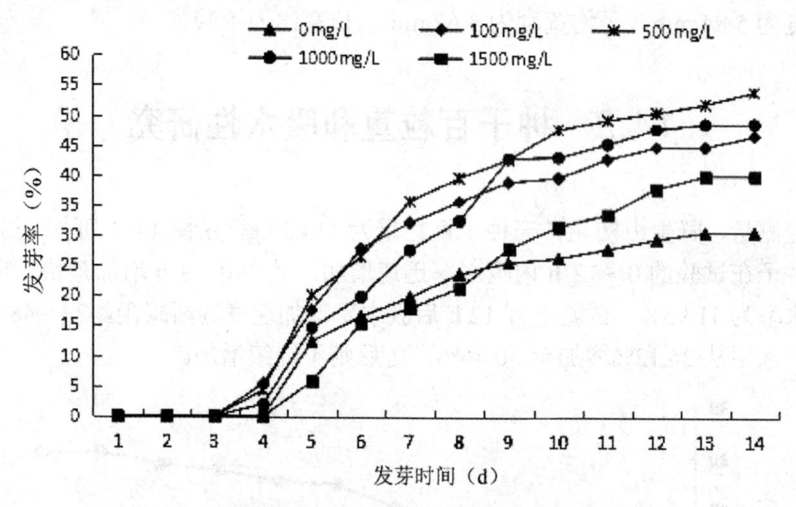

图14-2 不同赤霉素浓度对野生山樱花种子萌发的影响

【讨论】

种子的生理特性是长期进化过程中外界环境因素影响的结果，是影响种子萌发和传播的重要因素（陈雅静，2019）。杨洁晶（2015）对比28种植物种子的形态学特性发现，不同科属种子的重量、性状和表面性状具有较大差异。观察发现野生山樱花种子性状接近球形，具有较好的流动性，远距离传播的可能性更高，使种子能够在更适宜的环境中萌发。本研究中，对野生山樱花种子进行吸水性测定，发现山樱花种子浸水48 h时吸水达到饱和，吸水率较低，表明野生山樱花种子种壳坚硬透水性较差，阻碍种子吸水，在一定程度上会影响种子的萌发。种子解除休眠的过程受到种子中萌发抑制物和萌发促进物共同作用的影响，有研究发现经过赤霉素（GA_3）浸泡 24 h 的山樱花种子不需要经过低温层积，可以直接萌发（赵晓光，2005）。试验采用不同浓度赤霉素浸泡处理去壳野生山樱花种子，发现适宜浓度的赤霉素能够促进野生山樱花种子的萌发，当赤霉素浓度超过 500 mg/L 时，对种子萌发的促进作用就会减弱。已有许多研究表明，适宜浓度赤霉素溶液浸泡能够解除种子休眠促进萌发，如添加浓度为 200 mg/L 赤霉素能够有效提高野生山杏种子的萌发率（刘贵鹏，2018），这与本研究结果一致。

【结论】

野生山樱花果实为核果，种子外部有坚硬的内表皮，形状接近扁球形，顶端较尖，表面有不规则的棱，颜色为棕色或浅棕色。野生山樱花带壳种子平均长度为 5.84 mm，平均宽度为 3.67 mm，长宽比为 1.59，种子百粒重为 114,57 g。野生山樱花种子吸水性较差，种胚完好率较高为 93.27%。不同浓度的赤霉素的浸泡处理对野生山樱花种子发芽率的影响存在差异，适当增加赤霉素浓度能够提高种子发芽率，当赤霉素浓度超出种子发芽的最适浓度后，这种促进作用就会减弱。

参考文献

[1] Ackerly D. Conservatism and diversification of plant functional traits: evolutionary rates versus phylogenetic signal[J]. Proceedings of the National Academy of Sciences, 2009, 106: 19699-19706.

[2] Aiello Lammens ME, Boria RA, Radosavljevic A, et al. Sp Thin: an R package for spatial thinning of species occurrence records for use in ecological niche models[J]. Ecography, 2015, 38(5): 541-545.

[3] Aiming A K, McCarthy B C. Competition, size and age affect tree growth response to fuel reduction treatments in mixed-oak forests of Ohio[J]. Forest Ecology and Management, 2013, 307(307): 74-83.

[4] Anderson RP, Lew D, Peterson AT. Evaluating predictive models of species' distributions: criteria for selecting optimal models[J]. Ecological Modelling, 2003, 162(3): 211-232.

[5] Andersson S, Widén B. Pollinator-Mediated selection on floral traits in a synthetic population of senecio integrifolius (Asteraceae)[J]. Oikos, 1993, 66(1): 72-79.

[6] Angulo O, López-Marcos J C. Numerical integration of fully nonlinear size-structured population models[J]. Applied Numerical Mathematics, 2004, 50(3): 291-327

[7] Arieira J, Penha J, Cunha C N D, Couto, E. G. Ontogenetic shifts in habitat-association of tree species in a neotropical wetland[J]. Plant and Soil, 2016, 404 (1): 1-18.

[8] Augspurger C K. Phenology, Flowering Synchrony, and Fruit Set of Six Neotropical Shrubs[J]. Biotropica, 1983, 15(4): 257-267.

[9] Augustin L, Barbante C, Barnes P R F, et al. Eight glacial cycles from an Antarctic ice core[J]. Nature, 2004, 429(6992): 623-628.

[10] Austin MP. Searching for a model for use in vegetation analysis[J]. Vegetatio,

1980, 42(1): 11-21.

[11] Baker SG, Pinsky PF. A proposed design and analysis for comparing digital and analog mammography: special receiver operating characteristic methods for cancer screening[J]. Journal of the American statistical Association, 2001, 96 (454): 421-428.

[12] Barford C C, Wofsy S C, Goulden M L, et al. Factors Controlling Long- and Short-Term Sequestration of Atmospheric CO_2 in a Mid-latitude Forest[J]. Science, 2001, 294(5547): 1688-1691.

[13] Barry RG, Blanken PD. Microclimate and local climate[M]. Cambridge: Cambridge University Press, 2016.

[14] Batalha MA, Pipenbaher N, Bakan B, et al. Assessing community assembly along a successional gradient in the North Adriatic Karst with functional and phylogenetic distances[J]. Oecologia, 2015, 178(4): 1205-1214.

[15] Bazzaz F A. Habitat selection in plants[J]. The American Naturalist, 1991, 137: 116-130.

[16] Beer C, Reichstein M, Tomelleri E, et al. Terrestrial gross carbon dioxide uptake: global distribution and covariation with climate[J]. Science, 2010, 329(5993): 834-838.

[17] Begon M, Harper J L, Townsend C R. Ecology: individuals, populations and communities[M]. Sinauer Associates, 1996.

[18] Bell G. Neutral macroecology[J]. Science, 2001, 293(5539): 2413-2418.

[19] Beltz H. Chip budding of ornamental shrubs[J]. Deutsche-Baumschule, 1989, 41(9): 457-459.

[20] Bennie J, Hill MO, Baxter R, et al. Influence of slope and aspect on long-term vegetation change in British chalk grasslands[J]. Journal of Ecology, 2006, 94(2): 355-368.

[21] Blanchet F, Tikhonov G, Norberg A. HMSC: hierarchical modelling of species community[J]. R package version, 2018, 2-20.

[22] Blomberg SP, Garland JT, Ives AR. Testing for phylogenetic signal in comparative data: behavioral traits are more labile[J]. Evolution, 2003, 57(4): 717-745.

[23] Blomberg SP, Garland JT. Tempo and mode in evolution: phylogenetic inertia, adaptation and comparative methods[J]. Journal of Evolutionary Biology,

2002, 15(6): 899-910.

[24] Bolmgren, Kjell. The Use of Synchronization Measures in Studies of Plant Reproductive Phenology[J]. Oikos, 1998, 82(2): 411.

[25] Bolstad PV, Swift L, Collins F, et al. Measured and predicted air temperatures at basin to regional scales in the southern Appalachian mountains[J]. Agricultural and Forest Meteorology, 1998, 91(3-4): 161-176.

[26] Bordelon M A, Mc Allister D C,Holloway R.Sustainable forestry: Oregon style[J]. Journal of Forestry, 2000, 98(1): 26-34.

[27] Box GE. Robustness in the strategy of scientific model building. In Robustness in statistics[M]. Amsterdam: Elsevier, 1979, 201-236.

[28] Boyd K, Santos CV, Davis J, Page CD. Unachievable Region in Precision-Recall Space and Its Effect on Empirical Evaluation[J]. Proc Int Conf Mach Learn. 2012, 349.

[29] Bremer B, Bremer K, Chase M W F M F, et al. An update of the Angiosperm Phylogeny Group classification for the orders and families of flowering plants: APG III[J]. Botanical Journal of the Linnean Society, 2003, 141 (4): 399-436.

[30] Brunbjerg A K, Cavender-Bares J, Eiserhardt W L, et al. Editor's choice: Multi-scale phylogenetic structure in coastal dune plant communities across the globe[J]. Journal of Plant Ecology, 2014, 7 (2): 101-114.

[31] Burnett BN, Meyer GA, McFadden LD. Aspect-related microclimatic influences on slope forms and processes, northeastern Arizona[J]. Journal of Geophysical Research: Earth Surface, 2008, 113(F3).

[32] Byun K,Park H,Lee S. Effect of position of explants on rooting rate and root development of Prunus serrulata.Research Report of the Forest Genetics Research Institute, 1995,31: 106-111.

[33] Cadotte MW. Dispersal and species diversity: a meta-analysis[J]. The American Naturalist, 2006, 167(6): 913-924.

[34] Cao M K, Woodward F L. Dynamic responses of terrestrial ecosystem carbon cycling to global climate change[J]. Nature, 1998, 393: 249-252.

[35] Catford JA, Smith AL, Wragg PD, et al. Traits linked with species invasiveness and community invasibility vary with time, stage and indicator of invasion in a long-term grassland experiment[J]. Ecology Letters, 2019, 22(4): 593-604.

[36] Cavender-Bares J, Ackerly D D, Baum D A, Bazzaz, F. A. Phylogenetic

overdispersion in Floridian oak communities[J]. The American Naturalist, 2004, 163(6): 823-843.

[37] Cavender-Bares J, Kozak K H, Fine P V A, Kembel, S. W. The merging of community ecology and phylogenetic biology[J]. Ecology Letters, 2009, 12(7): 693-715.

[38] Cavender-Bares J, Pahlich A. Molecular, morphological, and ecological niche differentiation of sympatric sister oak species, Quercus virginiana and Q. geminata (Fagaceae)[J]. American Journal of Botany, 2009, 96(9): 1690-1702.

[39] Chave J. Neutral theory and community ecology[J]. Ecology Letters, 2004, 7(3): 241-253.

[40] Chisăliţă I, Solomonesc A, MOATĂR MIHAELA ŞC. Topographic and microclimatic issues in Moldova Nouă Local Sylvic Department[J]. Journal of Horticulture, Forestry and Biotechnology, 2010, 14(2): 90-96.

[41] Christian O. Marks, Helene C. Muller-Landau, and David Tilman. Tree diversity in relation to maximum tree height: evidence for the harshness hypothesis of species diversity gradients. Ecology Letters, 2017, 20(3): 398–399.

[42] Chung Y, Rabe-Hesketh S, Dorie V, et al. A nondegenerate penalized likelihood estimator for variance parameters in multilevel models[J]. Psychometrika, 2013, 78(4): 685-709.

[43] Clark JS, Nemergut D, Seyednasrollah B, et al. Generalized joint attribute modeling for biodiversity analysis: Medi-zero, multivariate, multifarious data[J]. Ecological Monographs, 2017, 87(1): 34-56.

[44] Cobos ME, Peterson AT, Barve N, et al. kuenm: an R package for detailed development of ecological niche models using Maxent[J]. Peerj, 2019, 7: e6281.

[45] Coimbra S,Torrão L,Abreu I.Programmed cell death induces male sterility in Actinidia deliciosa female flowers[J].Plant physiology and biochemistry, 2004, 42(6): 537-541.

[46] Collins M, Knutti R, Arblaster J, et al. Long-term climate change: projections, commitments and irreversibility. In Climate Change The Physical Science Basis: Contribution of Working Group I to the Fifth Assessment Report of the Intergovernmental Panel on Climate Change[M]. Cambridge: Cambridge University Press, 2013, 1029-1136.

[47] Cong M Y, Shi H P, Zhang X K, et al. Analyses on community structure and

species diversity of typical forest in Baxianshan National Natural Reserve[J]. Acta Scientiarum Naturalium University Nankaiensis, 2013 (04): 44-52.

[48] Costa FR, Magnusson WE, Luizao RC. Mesoscale distribution patterns of Amazonian understorey herbs in relation to topography, soil and watersheds[J]. Journal of Ecology, 2005, 93(5): 863-878.

[49] Cruden R. Pollen-Ovule Ratios: A Conservative Indicator of Breeding Systems in Flowering Plant[J]. Evolution, 1977, 31(1): 32.

[50] Dafni A. Pollination Ecology: A Practical Approach[M]. New York:Oxford University Press,1992.

[51] De'Ath G. Multivariate Regression Trees: a new technique for modeling species-environment relationships[J]. Ecology, 2001, 83 (4): 1105-1117.

[52] Deborah C. Evolution of plant breeding systems[J]. Current biology, 2006, 16(17): 726-735.

[53] Detwiler R P, Hall C A S. Tropical forests and the global carbon cycle[J]. Science, 1988, 239(4835): 42-47.

[54] Diamond J. Assembly of species communities. In Ecology and evolution of communities[M]. Cambridge: Harvard University Press, 1975, 342–444.

[55] Díaz S, Kattge J, Cornelissen JH, et al. The global spectrum of plant form and function[J]. Nature, 2016, 529 (7585): 167-171.

[56] Dixon R K, Solomon A M, Brown S, et al. Carbon pools and flux of global forest ecosystems[J]. Science, 1994, 263: 185-190.

[57] Dulamsuren C, Hauck M. Spatial and seasonal variation of climate on steppe slopes of the northern Mongolian mountain taiga[J]. Grassland science, 2008, 54(4): 217-230.

[58] Elith J, Kearney M, Phillips S. The art of modelling range-shifting species[J]. Methods in Ecology and Evolution, 2010, 1(4): 330-342.

[59] Elith J, Leathwick JR. Species distribution models: ecological explanation and prediction across space and time[J]. Annual review of ecology, evolution, and systematics, 2009, 40: 677-697.

[60] Elith J, Phillips SJ, Hastie T, et al. A statistical explanation of MaxEnt for ecologists[J]. Diversity and Distributions, 2011, 17(1): 43-57.

[61] Etheridge D M, Steele L P, Francey R J, et al. Atmospheric methane between 1000 A D and present: Evidence of anthropogenic emissions and climatic

variability[J]. Journal of Geophysical Research, 1998, 103(D13): 15979.

[62] Fan S, Gloor M, Mahlman J, et al. A large terrestrial carbon sink in North America implied by atmospheric and oceanic carbon dioxide data and models[J]. Science, 1998, 282: 442-446.

[63] Feeley K J, Davies S J, NoorM N S, et al. Do currentstem size distributions predict future population changes? An empirical test of intraspecific patterns in tropical trees at two spatial scales[J]. Journal of Tropical Ecology, 2007, 23: 191-198.

[64] Fine P V, Miller Z J, Mesones I, et al. The growth-defense trade-off and habitat specialization by plants in Amazonian forests[J]. Ecology, 2006, 87(7): 150-162.

[65] Franklin J F, Pelt R V. Spatial aspects of structural complexity in old-growth forests[J]. Journal of forestry, 2004, 102: 22-28.

[66] Franklin J F, Spies T A, Robert V P, Carey A B, Thornburgh D A, David D R B, Lindenmayer B, Harmon M E, Keeton W S, Shaw D C, Bible K, Chen J. Disturbances and structural development of natural forest ecosystems with silvicultural implications, using Douglas-fir forests as an example[J]. Forest Ecology and Management, 2002, 155: 399-423.

[67] Freilich M A, Connolly S R. Phylogenetic community structure when competition and environmental filtering determine abundances[J]. Global Ecology & Biogeography, 2015, 24 (12): 1390-1400.

[68] Galal T M. Size structure and dynamics of some woody perennials along elevation gradient in Wadi Gimal, Red Sea coast of Egypt[J]. Flora—Morphology, Distribution, Functional Ecology of Plants, 2011, 206 (7): 638-645.

[69] Gapare W J, Ivković M, Liepe K J, et al. Drivers of genotype by environment interaction in radiata pine as indicated by multivariate regression trees[J]. Forest Ecology & Management, 2015, 353 (1): 21-29.

[70] Gastauer M, Meira-Neto J A. Interactions, Environmental Sorting and Chance: Phylostructure of a Tropical Forest Assembly[J]. Folia Geobotanica, 2014, 49 (3): 443-459.

[71] Gastauer M, Saporetti-Junior AW, Valladares F, et al. Phylogenetic community structure reveals differences in plant community assembly of an oligotrophic

white-sand ecosystem from the Brazilian Atlantic Forest[J]. Acta Botanica Brasílica, 2017, 31(4): 531-538.

[72] Geiger R, Aron RH, Todhunter P. The climate near the ground[M]. Washington: Rowman & Littlefield, 2009.

[73] Geiger R, Aron RH, Todhunter P. The influence of topography on the microclimate. In The Climate Near the Ground[M]. Heidelberg: Springer, 1995.

[74] Gibas P, Gueta T, Barve V, et al. bdDwC: Darwin Core (DwC) Field Name Standardizer in R[EB/OL]. (2020). https://github.com/bd-R/bdDwC.

[75] Gillespie, R. Community assembly through adaptive radiation in Hawaiian spiders[J]. Science, 2004, 303: 356–359.

[76] Gilliam F S. The ecological significance of the herbaceous layer in temperate forest ecosystems[J]. Bioscience 2007, 57(10): 845-858.

[77] Goddert V O, Anne C LsHdge B. Individual-tree radial growth in a subtropical broad-leaved forest: The role of local neighbourhood competitioru[J]. Forest Ecology and Management, 2011, 26, 499-507.

[78] Golding N, Nunn MA, Purse BV. Identifying biotic interactions which drive the spatial distribution of a mosquito community[J]. Parasites & vectors, 2015, 8 (1): 1-10.

[79] González-Melendi P, Uyttewaal M, Morcillo C, et al. A light and electron microscopy analysis of the events leading to male sterility in Ogu-INRA CMS of rapeseed (Brassica napus)[J]. Journal of Experimental Botany, 2008, 59(4): 827-838.

[80] Gotelli NJ. Null model analysis of species cooccurrence patterns[J]. Ecology, 2000, 81(9): 2606-2621.

[81] Grau J, Grosse I, Keilwagen J. PRROC: computing and visualizing precision-recall and receiver operating characteristic curves in R[J]. Bioinformatics, 2015, 31(15): 2595-2597.

[82] Gueta T, Barve V, Nagarajah T, et al. bdverse: An Infrastructural Toolkit for Biodiversity Data Quality in R[EB/OL]. (2020). https://github.com/bd-R/bdverse.

[83] Hais M, Chytrý M, Horsák M. Exposure-related forest-steppe: A diverse landscape type determined by topography and climate[J]. Journal of Arid Environments, 2016, 135: 75-84.

[84] Hallett LM, Standish RJ, Hobbs RJ. Seed mass and summer drought survival in a Mediterranean-climate ecosystem[J]. Plant Ecology, 2011, 212(9): 1479- 1489.

[85] Heidelberger P, Welch PD. Simulation run length control in the presence of an initial transient[J]. Operations Research, 1983, 31(6): 1109-1144.

[86] Heidelberger P, Welch, PD. A spectral method for confidence interval generation and run length control in simulations[J]. Communications of the ACM, 1981, 24(4): 233-245.

[87] Hendrickson L, Ball M, Wood J, et al. Low temperature effects on photosynthesis and growth of grapevine[J]. Plant, cell & environment, 2004, 27 (7): 795-809.

[88] Henle K, Lindenmayer DB, Margules CR, Saunders DA, Wissel C, Species survival in fragmented landscapes: where are we now?[J]. Biodiversity Conservation, 2004, 13: 1-8.

[89] Heywood V. Plant taxonomy[M]. Edward Arnold, 1976.

[90] Hill MO. TWINSPAN—A FORTRAN program for arranging multivariate data in an ordered two-way table by classification of the individuals and attributes[D]. New York: Cornell University, 1979.

[91] HilleRisLambers J, Adler PB, Harpole W, et al. Rethinking community assembly through the lens of coexistence theory[J]. Annual review of ecology, evolution, and systematics, 2012, 43: 227-248.

[92] Hoch G, Körner C. Global patterns of mobile carbon stores in trees at the high-elevation tree line[J]. Global Ecology and Biogeography, 2012, 21(8): 861-871.

[93] Hoch G, Popp M, Körner C. Altitudinal increase of mobile carbon pools in Pinus cembra suggests sink limitation of growth at the Swiss treeline[J]. Oikos, 2002, 98(3): 361-374.

[94] Holden ZA, Jolly WM. Modeling topographic influences on fuel moisture and fire danger in complex terrain to improve wildland fire management decision support[J]. Forest Ecology and Management, 2011, 262(12): 2133-2141.

[95] Hou JH, Mi XC, Liu CR, et al. Spatial patterns and associations in a Quercus-Betula forest in northern China. Journal of Vegetation Science, 2004, 15: 407-414.

[96] Houghton R A. Land-use change and the carbon cycle. Global Change Biology,

1995, 1(4): 275-287.

[97] Hubbell SP. The unified neutral theory of biodiversity and biogeography (MPB-32) [M]. Princeton: Princeton University Press, 2001.

[98] Hui FK. boral-Bayesian ordination and regression analysis of multivariate abundance data in R[J]. Methods in Ecology and Evolution, 2016, 7(6): 744-750.

[99] Huston M, DeAngelis D, Post W. New computer models unify ecological theory: computer simulations show that many ecological patterns can be explained by interactions among individual organisms[J]. BioScience, 1988, 38(10): 682-691.

[100] IPCC, Climate Change 2001: The Scientific Basis, C.U[M]. Press, Editor Cambridge, 2001.

[101] IPCC. Land use, land-use change, and forestry-A special report of the IPCC[M]. New York: Cambriage University press, 2000.

[102] Ives AR, Midford PE, Garland JT. Within-species variation and measurement error in phylogenetic comparative methods[J]. Systematic Biology, 2007, 56(2): 252-270.

[103] Jamil T, Ozinga WA, Kleyer M, et al. Selecting traits that explain species-environment relationships: a generalized linear mixed model approach[J]. Journal of Vegetation Science, 2013, 24(6): 988-1000.

[104] Janssens I A, Freibauer A, Ciais P, et al. Europe's Terrestrial Biosphere Absorbs 7 to 12% of European Anthropogenic CO_2 Emissions[J]. Science, 2003, 300 (5625): 1538-1542.

[105] Johnsion E A, M iyanishi K, Kleb H. The hazards of interpretation of static age structures as shown by stand reconstructions in a Pinus contort-Picea engelmannii forest[J]. Journal of Ecology 1994, 82: 923-931.

[106] Jonathan D T, Shai M, Barraclough T G, et al. Species co-existence and character divergence across carnivores[J]. Ecology Letters, 2007, 10 (2): 146-152.

[107] Kattge J, Bönisch G, Díaz S, et al. TRY plant trait database-enhanced coverage and open access[J]. Global Change Biology, 2020, 26(1): 119-188.

[108] Kearney MR, Isaac AP, Porter WP. microclim: Global estimates of hourly microclimate based on long-term monthly climate averages[J]. Scientific data,

2014, 1(1): 1-9.

[109] Kearney MR, Porter WP. NicheMapR-an R package for biophysical modelling: the microclimate model[J]. Ecography, 2017, 40(5): 664-674.

[110] Keilwagen J, Grosse I, Grau J. Area under precision-recall curves for weighted and unweighted data[J]. Plos One, 2014, 9(3): e92209.

[111] Kelly AE, Goulden ML. Rapid shifts in plant distribution with recent climate change[J]. Proceedings of the National Academy of Sciences, 2008, 105(33): 11823-11826.

[112] Kembel SW, Cowan PD, Helmus MR, et al. Picante: R tools for integrating phylogenies and ecology[J]. Bioinformatics, 2010, 26(11): 1463-1464.

[113] Keppel G, Buckley YM, Possingham HP. Drivers of lowland rain forest community assembly, species diversity and forest structure on islands in the tropical South Pacific[J]. Journal of Ecology, 2010, 98(1): 87-95.

[114] Kidson R, Westoby M. Seed mass and seedling dimensions in relation to seedling establishment[J]. Oecologia, 2000, 125(1): 11-17.

[115] Kint V, Meirvenne M V, Nachtergale L, Geuden G, Lust N. Spatial methods for quantifying forest stand structure development: A comparison between nearest-neighbor indices and variogram analysis[J]. Forest Science, 2003,49: 36-49.

[116] Körner C, Asshoff R, Bignucolo O, et al. Carbon flux and growth in mature deciduous forest trees exposed to elevated CO_2[J]. Science, 2005, 309: 1360-1362.

[117] Körner C, Hoch G. A test of treeline theory on a montane permafrost island[J]. Arctic, Antarctic, and Alpine Research, 2006, 38(1): 113-119.

[118] Körner C. A re-assessment of high elevation treeline positions and their explanation[J]. Oecologia, 1998, 115(4): 445-459.

[119] Körner C. Slow in, rapid out--carbon flux studies and Kyoto targets[J]. Science, 2003, 300(5623): 1242-1243.

[120] Kraan C, Thrush SF, Dormann CF. Co-occurrence patterns and the large-scale spatial structure of benthic communities in seagrass meadows and bare sand[J]. Bmc Ecology, 2020, 20(1): 1-8.

[121] Kraft N J, Cornwell WK, Webb CO, et al. Trait evolution, community assembly, and the phylogenetic structure of ecological communities[J]. The American

Naturalist, 2007, 170: 271-283.
[122] Kraft NJ, Ackerly DD. Functional trait and phylogenetic tests of community assembly across spatial scales in an Amazonian forest[J]. Ecological Monographs, 2010, 80(3): 401-422.
[123] Kraft NJ, Cornwell WK, Webb CO, et al. Trait evolution, community assembly, and the phylogenetic structure of ecological communities[J]. The American Naturalist, 2007, 170(2): 271-283.
[124] Krause S, van Bodegom, PM, Cornwell WK, et al. Weak phylogenetic signal in physiological traits of methane-oxidizing bacteria[J]. Journal of Evolutionary Biology, 2014, 27(6): 1240-1247.
[125] Kress W J, Bermingham E. Plant DNA barcodes and a community phylogeny of a tropical forest dynamics plot in Panama[J]. Proceedings of the National Academy of Sciences, 2009, 106 (44): 18621-18626.
[126] Kumar L, Skidmore AK, Knowles E. Modelling topographic variation in solar radiation in a GIS environment[J]. International Journal of Geographical Information Science, 1997, 11(5): 475-497.
[127] Kuuluvainen T. Natural variability of forests as a reference for restoring and managing biological diversity in boreal Fennoscandia[J]. Silva Fennica, 2002, 36: 97-125.
[128] Lavorel S, Garnier E. Predicting changes in community composition and ecosystem functioning from plant traits: revisiting the Holy Grail[J]. Functional Ecology, 2002, 16(5): 545-556.
[129] Leibold MA, McPeek MA. Coexistence of the niche and neutral perspectives in community ecology[J]. Ecology, 2006, 87(6): 1399-1410.
[130] Leishman MR, Wright IJ, Moles AT, et al. The evolutionary ecology of seed size[J]. Seeds: the ecology of regeneration in plant communities, 2000, 2: 31-57.
[131] Leszczuk A, Domaciuk M, Szczuka E. Unique features of the female gametophyte development of strawberry, Fragaria×ananassa, Duch[J]. Scientia Horticulturae, 2018, 234: 201-209.
[132] Li W, Zhang G F. Population structure and spatial pattern of the endemic and endangered subtropical tree Parrotia subaequalis (Hamamelidaceae)[J]. Flora—Morphology, Distribution, Functional Ecology of Plants, 2015, 212:

10-18.

[133] Ligges U, Mächler M. Scatterplot3d-an r package for visualizing multivariate data[J]. Journal of Statistical Software, 2003, 8(11), 1-20.

[134] Lindenmayer D B, Franklin J F, Fischer J. General management principles and a checklist of strategies to guide forest biodiversity conservation[J]. Biological Conservation, 2006, 131(3): 433-445.

[135] Liu J, Yunhong T, Slik JF. Topography related habitat associations of tree species traits, composition and diversity in a Chinese tropical forest[J]. Forest Ecology and Management, 2014, 330: 75-81.

[136] Liu X H, ZHU X X, et al. Phylogenetic clustering and over dispersion for alpine plants along elevational gradient in the Hengduan Mountains Region, southwest China[J]. Journal of Systematics and Evolution, 2014, 52 (3): 280-288.

[137] Lloret F, Casanovas C, Penuelas J. Seedling survival of Mediterranean shrubland species in relation to root: shoot ratio, seed size and water and nitrogen use[J]. Functional Ecology, 1999, 13(2): 210-216.

[138] Loarie SR, Duffy PB, Hamilton H, et al. The velocity of climate change[J]. Nature, 2009, 462(7276): 1052-1055.

[139] Ma HY, Xue J, Pan XJ, Zhang W, et al. Soil Chemical and Biological Property Associated with Walnut (Juglans sigillata Dode) Leaf Decomposition[J]. Journal of Northeast Agricultural University (English Edition), 2016, 23(4): 26-39.

[140] MacArthur R, Levins R. The limiting similarity, convergence, and divergence of coexisting species[J]. The American Naturalist, 1967, 101(921): 377-385.

[141] Macek M, Kopecký M, Wild J. Maximum air temperature controlled by landscape topography affects plant species composition in temperate forests[J]. Landscape Ecology, 2019, 34(11): 2541-2556.

[142] Mack R N, Harper J L. Interference in dune annuals: spatial pattern and neighbourhood effects[J]. The Journal of Ecology, 1977, 65(2): 345-363.

[143] Magurran, A E. 1988. Ecological Diversity and Its Measurement. Princeton: Princeton University Press

[144] Malhi Y, Baldocchi D D, Jarvis P G. The carbon balance of tropical, temperate and boreal forests[J]. Plant, Cell and Environment, 1999, 22(6): 715-740

[145] Manabe T, Nishimura N, Miura M, et al. Population structure and spatial patterns for trees in a temperate old-growth evergreen broad-leaved forest in Japan[J]. Plant Ecology, 2000, 151: 181-197.

[146] Marks, C.O., Muller-Landau, H.C. & Tilman, D. Tree diversity, tree height and environmental harshness in eastern and western North America[J]. Ecol. Lett., 2016, 19(7): 743-751.

[147] Martin, Koci, Chytry, Milian, Tichy & Lubomir. Formalized reproduction of an expert-based phytosociological classification: A case study od subalpine tall-forb vegetation[J]. Journal of Vegetation Science, 2010, 14(4): 601-610,

[148] Martins C A, Roque F O, Santos B A, et al. Correction: What Shapes the Phylogenetic Structure of Anuran Communities in a Seasonal Environment? The Influence of Determinism at Regional Scale to Stochasticity or Antagonistic Forces at Local Scale[J]. Plos One, 2015, 10 (3): 1-14.

[149] McFadden IR, Bartlett MK, Wiegand T, et al. Disentangling the functional trait correlates of spatial aggregation in tropical forest trees[J]. Ecology, 2019, 100(3): e02591.

[150] Mcpeek M A. The macroevolutionary consequences of ecological differences among species[J]. Palaeontology, 2007, 50 (1): 111-129.

[151] Merow C, Smith MJ, Silander Jr JA. A practical guide to MaxEnt for modeling species' distributions: what it does, and why inputs and settings matter[J]. Ecography, 2013, 36(10): 1058-1069.

[152] Michalski S, Durka W. Pollination mode and life form strongly affect the relation between mating system and pollen to ovule ratios[J]. New Phytologist, 2009, 183(2):470-479.

[153] Miller JE, Damschen E I, Ives AR. Functional traits and community composition: A comparison among community-weighted means, weighted correlations, and multilevel models[J]. Methods in Ecology and Evolution, 2019, 10(3): 415-425.

[154] Moeslund JE, Arge L, Bøcher PK, et al. Topography as a driver of local terrestrial vascular plant diversity patterns[J]. Nordic Journal of Botany, 2013, 31(2): 129-144.

[155] Moles AT, Westoby M. Seedling survival and seed size: a synthesis of the literature[J]. Journal of Ecology, 2004, 92(3): 372-383.

[156] Molofsky J. The effect of nutrients and spacing on neighbor relations in cadambine Pennsylvania[J]. Oikos, 1999,84(3): 506-514

[157] Muller-Landau HC. The tolerance-fecundity trade-off and the maintenance of diversity in seed size[J]. Proceedings of the National Academy of Sciences, 2010, 107(9): 4242-4247.

[158] Muscarella R, Galante PJ, Soley-Guardia M, et al. ENM eval: An R package for conducting spatially independent evaluations and estimating optimal model complexity for Maxent ecological niche models[J]. Methods in Ecology and Evolution, 2014, 5(11): 1198-1205.

[159] Nagarajah T, Gueta T, Barve V, et al. bdclean: A User-Friendly Biodiversity Data Cleaning App for the Inexperienced R User [EB/OL]. (2020). https://github.com/bd-R/bdclean

[160] Nagelmüller S, Hiltbrunner E, Körner C. Low temperature limits for root growth in alpine species are set by cell differentiation[J]. Aob Plants, 2017, 9(6): 048-054.

[161] Niu H Y, Wang Z F, Liu J Y, et al. New progress in community assembly: community phylogenetic structure combining evolution and ecology[J]. Biodiversity Science, 2011, 19 (3): 275-283.

[162] Norden N, Chazdon RL, Chao A, et al. Resilience of tropical rain forests: tree community reassembly in secondary forests[J]. Ecology Letters, 2009, 12(5): 385-394.

[163] Obolewski K, Gotkiewicz W, Strzelczak A, et al. Influence of anthropogenic transformations of river bed on plant and macrozoobenthos communities[J]. Environmental Monitoring & Assessment, 2011, 173 (1-4): 747-763.

[164] Odum EP, Barrett GW. Fundamentals of Ecology[M]. Philadelphia: Saunders, 1971.

[165] Okullo J B L, Hall J B, Obua J. Leafing, flowering and fruiting of Vitellaria paradoxa, subsp. Nilotica, in savanna parklands in Uganda[J]. Agroforestry Systems, 2004, 60(1): 77-91.

[166] Ovaskainen O, Abrego N, Halme, P, et al. Using latent variable models to identify large networks of species-to-species associations at different spatial scales[J]. Methods in Ecology and Evolution, 2016, 7(5): 549-555.

[167] Ovaskainen O, Tikhonov G, Norberg A, et al. How to make more out of

community data? A conceptual framework and its implementation as models and software[J]. Ecology Letters, 2017, 20(5): 561-576.
[168] Owens HL, Campbell LP, Dornak LL, et al. Constraints on interpretation of ecological niche models by limited environmental ranges on calibration areas[J]. Ecological Modelling, 2013, 263: 10-18.
[169] Pachauri RK, Allen MR, Barros VR, et al. Climate change 2014: synthesis report. Contribution of Working Groups I, II and III to the fifth assessment report of the Intergovernmental Panel on Climate Change[R]. Geneva: World Meteorological Organization, 2014.
[170] Paradis E, Schliep K. ape 5.0: an environment for modern phylogenetics and evolutionary analyses in R[J]. Bioinformatics, 2019, 35(3): 526-528.
[171] Pedersen RO, BollandsSs O M, Gobakken T, et al. Deriving individual tree competition indices from airborne laser scanning[J]. Forest Ecology and Management, 2012,280: 150-165.
[172] Perez-Harguindeguy N, Diaz S, Garnier E, et al. Corrigendum to new handbook for standardised measurement of plant functional traits worldwide[J]. Australian Journal of Botany, 2016, 64(8): 715-716.
[173] Peterson AT, Papeş M, Soberón J. Rethinking receiver operating characteristic analysis applications in ecological niche modeling[J]. Ecological Modelling, 2008, 213(1): 63-72.
[174] Phillips O L, Malhi Y, Higuchi N, et al. Changes in the carbon balance of tropical forests: evidence from long-term plots[J]. Science, 1998, 282(5388): 439-442.
[175] Phillips SJ, Anderson RP, Schapire RE. Maximum entropy modeling of species geographic distributions[J]. Ecological Modelling, 2006, 190 (3-4): 231-259.
[176] Phillips SJ, Dudík M, Schapire RE. A maximum entropy approach to species distribution modeling. In Proc. of the 21st International conference on Machine Learning[C]. Banff: ACM Press, 2004.
[177] Piwczyński M, Puchałka R, Ulrich W. Influence of tree plantations on the phylogenetic structure of understory plant communities[J]. Forest Ecology & Management, 2016, 376: 231-237.
[178] Pollock LJ, Morris WK, Vesk PA. The role of functional traits in species distributions revealed through a hierarchical model[J]. Ecography, 2012, 35(8):

716-725.

[179] Pollock LJ, Tingley R, Morris WK, et al. Understanding cooccurrence by modelling species simultaneously with a Joint Species Distribution Model (JSDM)[J]. Methods in Ecology and Evolution, 2014, 5(5): 397-406.

[180] Pommerening A, Stoyan D. Reconstructing spatial tree point patterns from nearest neighbor summary statistics measured in small subwindows[J]. Canadian Journal of Forest Research, 2008, 38: 1110-1122.

[181] Qiao XJ, Jabot F, Tang ZY, et al. A latitudinal gradient in tree community assembly processes evidenced in Chinese forests[J]. Global Ecology & Biogeography, 2015, 24: 314-323.

[182] Quero JL, Villar R, Marañón T, et al. Seed-mass effects in four Mediterranean Quercus species (Fagaceae) growing in contrasting light environments[J]. American Journal of Botany, 2007, 94(11): 1795-1803.

[183] Rees M, Kelly D, Grubb P J. Quantifying the impact of competition and spatial heterogeneity on the structure and dynamics of a four-species guild of winter annuals[J]. American Naturalist, 1996, 147(1): 1-32.

[184] Reich PB, Wright IJ, Lusk CH. Predicting leaf physiology from simple plant and climate attributes: a global GLOPNET analysis[J]. Ecological Applications, 2007, 17(7): 1982-1988.

[185] Revell LJ, Harmon LJ, Collar DC. Phylogenetic signal, evolutionary process, and rate[J]. Systematic Biology, 2008, 57(4): 591-601.

[186] Ripley BD. Modelling spatial patterns[J]. Journal of the Royal Statistical Society: Series B (Methodological), 1977, 39(2): 172-192.

[187] Roos AMD. 2010. Numerical methods for structured population models: the escalator boxcar train[J]. Numerical Methods for Partial Differential Equations, 4(3): 173-195

[188] Rorison I, Gupta P, Hunt R. Local climate, topography and plant growth in Lathkill Dale NNR. II. Growth and nutrient uptake within a single season[J]. Plant, cell & environment, 1986, 9(1): 57-64.

[189] Rorison I, Sutton F, Hunt R. Local climate, topography and plant growth in Lathkill Dale NNR. I. A twelve-year summary of solar radiation and temperature[J]. Plant, cell & environment, 1986, 9(1): 49-56.

[190] Rümelin W. Numerical treatment of stochastic differential equations[J]. SIAM

Journal on Numerical Analysis,1982, 19(3): 604-613.

[191] Sabatia C O, Burkhart H E. Competition among loblolly pine trees: Does genetic variability of the trees in a stand matter?[J]. Forest Ecology and Management, 2012,263: 122-130.

[192] Schimel D S, House J I, Hibbard K A, et al. Recent patterns and mechanisms of carbon exchange by terrestrial ecosystems[J]. Nature, 2001, 414(6860): 169-172.

[193] Schimel D S. Terrestrial ecosystems and the carbon cycle[J]. Global Change Biology, 1995, 1(1): 77-91.

[194] Schlägel UE, Grimm V, Blaum N, et al. Movement-mediated community assembly and coexistence[J]. Biological Reviews, 2020, 95(4): 1073-1096.

[195] Shannon CE. A mathematical theory of communication[J]. The Bell system technical journal, 1948, 27(3): 379-423.

[196] Shi P, Körner C, Hoch G. A test of the growth-limitation theory for alpine tree line formation in evergreen and deciduous taxa of the eastern Himalayas[J]. Functional Ecology, 2008, 22(2): 213-220.

[197] Shipley B, Belluau M, Kühn I, et al. Predicting habitat affinities of plant species using commonly measured functional traits[J]. Journal of Vegetation Science, 2017, 28(5): 1082-1095.

[198] Soegaard H, Thorgeirsson H. Carbon dioxide exchange at leaf and canopy scale for agricultural crops in the boreal environment[J]. Journal of Hydrology, 1998, 212(1-4): 51-61.

[199] Sofaer HR, Hoeting JA, Jarnevich CS. The area under the precision-recall curve as a performance metric for rare binary events[J]. Methods in Ecology and Evolution, 2019, 10(4): 565-577.

[200] Sommer B, Froend R. Phreatophytic vegetation responses to groundwater depth in a drying Mediterranean-type landscape[J]. Journal of Vegetation Science, 2014, 25 (4): 1045-1055.

[201] Spies T A. Forest Structure: A Key to the Ecosystem. Northwest Science, 1998, 72: 34-36.

[202] Stocker T. Climate change 2013: the physical science basis[M]. Cambridge: Cambridge university press, 2014.

[203] Strauss S Y, Webb C O, Salamin N. Exotic taxa less related to native species

are more invasive[J]. Proceedings of the National Academy of Sciences of the United States of America, 2006, 103 (15): 5841-5845.

[204] Sulsky D. Numerical solution of structured population models. Journal of Mathematical Biology, 1994,32(5): 491-514.

[205] Sulusoglu M. Long term storage of cherry laurel (*Prunus laurocerasus* L.) and sweet cherry (*Prunus avium* L.) pollens[J]. International Journal of Biosciences, 2014, 11(2): 583-586.

[206] Sushil Saha, Govind-Singh, Rajwar and Munesh Kumar. Forest structure, diversity and regeneration potential along altitudinal gradient in Dhanaulti of Garhwal Himalaya[J]. Forest Systems, 2016, 25(2), e058:1-15.

[207] Swenson NG, Enquist BJ. Opposing assembly mechanisms in a Neotropical dry forest: implications for phylogenetic and functional community ecology[J]. Ecology, 2009, 90(8): 2161-2170.

[208] Swenson NG. The assembly of tropical tree communities-the advances and shortcomings of phylogenetic and functional trait analyses[J]. Ecography, 2013, 36(3): 264-276.

[209] ter Braak CJ. New robust weighted averaging and model based methods for assessing trait-environment relationships[J]. Methods in Ecology and Evolution, 2019, 10(11): 1962-1971.

[210] Thompson R, Townsend C. A truce with neutral theory: local deterministic factors, species traits and dispersal limitation together determine patterns of diversity in stream invertebrates[J]. Journal of Animal Ecology, 2006, 75(2): 476-484.

[211] Tilman D, Wedin D, Knops J. Productivity and sustainability influenced by biodiversity in grassland ecosystems[J]. Nature, 1996, 379(6567):718-720.

[212] Tilman D. Niche tradeoffs, neutrality, and community structure: a stochastic theory of resource competition, invasion, and community assembly[J]. Proceedings of the National Academy of Sciences, 2004, 101(30): 10854-10861.

[213] Tilman D. Resource competition and community structure[M]. Princeton: Princeton university press, 1982.

[214] Tsiripidis I, Karagiannakidou V, Alifragis D, et al. Classification and grandient analysis of the beech forest vegetation of the southern Rodopi (northeast

Greece)[J]. Folia Geobotanica, 2007, 42(3): 249-270.

[215] Turner D P, Koerper G J, Harmon M E, et al. A carbon budget for forests of the conterminous United States[J]. Ecological Application, 1995, 5: 421-436.

[216] Valentini R, Matteucci G, Dolman A J, et al. Respiration as themain determinant of carbon balance in European forests[J]. Nature, 2000, 404: 861-865.

[217] Vamosi SM, Heard SB, Vamosi JC, et al. Emerging patterns in the comparative analysis of phylogenetic community structure[J]. Molecular Ecology, 2009, 18(4): 572-592.

[218] Veech JA. The pairwise approach to analysing species cooccurrence[J]. Journal of Biogeography, 2014, 41: 1029-1035.

[219] Vu VQ. ggbiplot: A ggplot2 based biplot[J]. R package, 2011, 342.

[220] Wagner T, Hansen GJ, Schliep EM, et al. Improved understanding and prediction of freshwater fish communities through the use of joint species distribution models[J]. Canadian Journal of Fisheries and Aquatic Sciences, 2020, 77(9): 1540-1551.

[221] Warren DL, Seifert SN. Ecological niche modeling in Maxent: the importance of model complexity and the performance of model selection criteria[J]. Ecological Applications, 2011, 21(2): 335-342.

[222] Warton DI, Blanchet FG, O'Hara RB, et al. So many variables: joint modeling in community ecology[J]. Trends in Ecology & Evolution, 2015, 30(12): 766-779.

[223] Watson R T, Verardo D J. Land-use change and forestry[M]. 2000: Cambridge University Press

[224] WBGU, The accounting of biological sinks and sources under the Kyoto Protocol[M]. Special Report, Bremerhaven, Germany, 1998

[225] Webb C O, Ackerly D D, Mcpeek M A, Donoghue, M. J. Phylogenies and community ecology[J]. Annual Review of Ecology & Systematics, 2002, 8(33): 475-505.

[226] Webb C O, Donoghue M J. Phylomatic: tree assembly for applied phylogenetics[J]. Molecular Ecology Notes, 2005, 5 (1): 181-183.

[227] Webb C, Arboretum A, Ackerly D, et al. Phylocom: software for the analysis of phylogenetic community structure and character evolution[J]. Bioinformatics,

2008, 24 (18): 2098-2100.

[228] Webb CO, Ackerly DD, McPeek MA, et al. Phylogenies and community ecology[J]. Annual Review of Ecology and Systematics, 2002, 33(1): 475-505.

[229] Webb CO, Donoghue MJ. Phylomatic: tree assembly for applied phylogenetics [J]. Molecular Ecology Notes, 2005, 5(1): 181-183.

[230] Weiher E, Keddy P. Ecological assembly rules: perspectives, advances, retreats[M]. Cambridge: Cambridge University Press, 2001

[231] Weiher, E, Keddy, P. Ecological assembly rules: perspectives, advances, retreats[M]. Cambridge: Cambridge University Press, 1999.

[232] Westoby M, Falster DS, Moles AT, et al. Plant ecological strategies: some leading dimensions of variation between species[J]. Annual Review of Ecology and Systematics, 2002, 33(1): 125-159.

[233] Westoby M. A leaf-height-seed (LHS) plant ecology strategy scheme[J]. Plant and Soil, 1998, 199 (2): 213-227.

[234] Wickham H. ggplot2: Elegant Graphics for Data Analysis[J]. Springer-Verlag New York, 2016. https://ggplot2.tidyverse.org

[235] Wiegand T, Moloney AK. Handbook of spatial point-pattern analysis in ecology[M]. Florida: CRC press, 2013.

[236] Wiegand T, Moloney AK. Rings, circles, and null-models for point pattern analysis in ecology[J]. Oikos, 2004, 104(2): 209-229.

[237] Wilkinson DP, Golding N, Guillera-Arroita G, et al. A comparison of joint species distribution models for presence-absence data[J]. Methods in Ecology and Evolution, 2019, 10(2): 198-211.

[238] Williams JW, Jackson ST, Kutzbach JE. Projected distributions of novel and disappearing climates by 2100 AD[J]. Proceedings of the National Academy of Sciences, 2007, 104(14): 5738-5742.

[239] Wilson JB, Gitay H. Limitations to species coexistence: evidence for competition from field observations, using a patch model[J]. Journal of Vegetation Science, 1995, 6(3): 369-376.

[240] Xiao DX. Megasporogenesis and development of female gametophyte in Manglietia decidua (Magnoliaceae)[J]. Annales Botanici Fennici, 2006, 6 (43): 437-444.

[241] Yousefi SA, Behroozifa M, Dehghan M. Numerical solution of the nonlinear age-structured population models by using the operational matrices of Bernstein polynomials[J]. Applied Mathematical Modelling, 2012, 36(3): 945-963

[242] Yu J, Wang C, Wan J, et al. A model-based method to evaluate the ability of nature reserves to protect endangered tree species in the context of climate change[J]. Forest Ecology and Management, 2014, 327: 48-54.

[243] Zanne AE, Tank DC, Cornwell WK, et al. Three keys to the radiation of angiosperms into freezing environments[J]. Nature, 2014, 506(7486): 89-92.

[244] Zeileis A, Grothendieck G. zoo: S3 infrastructure for regular and irregular time series[J]. Journal of Statistical Software, 2005, 14(6): 1-27.

[245] Zhang R, Liu T, Zhang J L, Sun, Q. M. Spatial and environmental determinants of plant species diversity in a temperate desert[J]. Journal of Plant Ecology, 2015, 127 (1): 124-131.

[246] Zhang XH, et al. Microsporogenesis and megasporogenesis in *Sinofranchetia* (Lardizabalaceae)[J]. Flora,2012, 207(3): 190-202.

[247] Zirbel CR, Brudvig LA. Trait-environment interactions affect plant establishment success during restoration[J]. Ecology, 2020, 101(3): e02971.

[248] Zurell D, Pollock LJ, Thuiller W. Do joint species distribution models reliably detect interspecific interactions from cooccurrence data in homogenous environments?[J]. Ecography, 2018, 41(11): 1812-1819.

[249] 白晓航，张金屯，曹科，王云泉，Sadia S，曹格. 河北小五台山国家级自然保护区森林群落与环境的关系[J]. 生态学报，2017，37(11): 3683-3696.

[250] 曹科，饶米德，余建中，等. 古田山木本植物功能性状的系统发育信号及其对群落结构的影响[J]. 生物多样性，2013，21（5）：564-571.

[251] 曾文豪，石慰，唐一思，等. 广西地区喀斯特与非喀斯特山地森林树木物种多样性及系统发育结构比较[J]. 生态学报，2018，38（24）：8708-8716.

[252] 柴永福，许金石，刘鸿雁，等. 华北地区主要灌丛群落物种组成及系统发育结构特征[J]. 植物生态学报，2019，43（09）：793-805.

[253] 车应弟，刘旻霞，李俐蓉，等. 基于功能性状及系统发育的亚高寒草甸群落构建[J]. 植物生态学报，2017，41（11）：1157-1167.

[254] 陈国平，程珊珊，丛明旸，等. 三种阔叶林凋落物对下层土壤养分的影响[J]. 生态学杂志，2014，33（4）：874-879.

[255]陈国平，组丽红，高张莹，等. 八仙山不同立地落叶阔叶林凋落物养分特征及土壤肥力评价研究[J]. 植物研究，2016，(06)：878-885.
[256]陈国平，组丽红，赵铁建，冯小梅，刘国泉，石福臣. 八仙山不同立地条件落叶阔叶林群落结构和特征分析[J]. 南开大学学报（自然科学版），2018，51（05）：8-17.
[257]陈国平. 天津典型森林群落和湿地群落对土壤生态特征的影响[D]. 天津：南开大学，2014.
[258]陈俊，艾训儒，等. 木林子次生林中典型群落的结构及多样性[J]. 西南林业大学学报，2017，37（6）：75-82.
[259]陈丽园，桑子阳，陈发菊，马履一. 红花玉兰大小孢子发生及雌雄配子体发育的研究[J]. 西北农林科技大学学报（自然科学版），2016，44（09）：181-185.
[260]陈雅静，唐丽，蒋冬月，李因刚，柳新红. 福建山樱花种子生物学特性研究[J]. 种子，2019，38（04）：70-73.
[261]陈雅静. 福建山樱花花期生物学特性研究[J]. 中南林业科技大学，2019.
[262]陈云，王海亮，韩军旺，等. 小秦岭森林群落数量分类、排序及多样性垂直格局[J]. 生态学报，2014，34（8）：2068-2075.
[263]陈璋. 福建山樱花野生群落物种数量特征与区系分布研究[J]. 福建林业科技，2007，34（3）：48-52.
[264]程莅登. 长江重庆段河岸植物群落及物种多样性研究[D]. 重庆：西南大学，2019.
[265]程鹏，王平，孙吉康，费明亮，杨辉. 植物种子休眠与萌发调控机制研究进展[J]. 中南林业科技大学学报，2013，33（05）：52-58.
[266]丛明旸，石会平，张小锟，等. 八仙山国家级自然保护区典型森林群落结构及物种多样性研究[J]. 南开大学学报（自然科学版），2013，46（04）：44-52.
[267]戴利燕，赖安玲，符潮，刘仁林. 山樱花种子发芽试验研究[J]. 南方林业科学，2017，45（01）：1-4+13.
[268]杜峰，梁宗锁，胡莉娟. 植物竞争研究综述[J]. 生态学杂志，2004，23（4）：157-163.
[269]段仁燕，王孝安. 太白红杉种内和种间竞争研究[J]. 植物生态学报，2005，29（2）：242-250.
[270]方海东，段昌群，纪中华，等. 金沙江干热河谷自然恢复区植物种群生态

位特征[J]. 武汉大学学报（理学版），2008，54（2）：177-182.
[271]方精云，王襄平，沈泽昊，等. 植物群落清查的主要内容、方法和技术规范[J]. 生物多样性，2009，17（6）：533-548.
[272]耿元波，董云社，孟维奇. 陆地碳循环研究进展[J]. 地理科学进展，2000，19（4）：297-306
[273]宫骁. 基于群落系统发育对沿坡向梯度上亚高寒草甸群落构建的分析[D]. 兰州：兰州大学，2016.
[274]顾卓欣. 东北南部三种硬阔木质部细胞特征及其与气候关系[D]. 哈尔滨：东北林业大学，2018.
[275]郭丽萍. 种子休眠原因及休眠解除方法研究[D]. 杨凌：西北农林科技大学，2016.
[276]郭起荣，周建梅，孙立方，廉超，冯云，冉洪，张莹. 毛竹大孢子发生与雌配子体发育研究[J]. 江西农业大学学报，2014，36（05）：925-928.
[277]郭逍宇，张金屯，宫辉力，张桂莲. 安太堡矿区复垦地植被种间关系及土壤因子分析[J]. 生物多样性，2007，15（1）：46-52.
[278]郭永清，郎南军，江期川，等. 元谋干热河谷植物生态位特征研究[J]. 西北林学院学报，2009，24（2）：13-17.
[279]韩英兰，苏卫国. 天津市蓟县八仙山自然保护区木本植物区系的研究[J]. 天津农学院学报，1996，3（4）：1-9.
[280]郝建锋，李艳，齐锦秋，裴曾莉，黄雨佳，蒋倩，陈亚. 人为干扰对碧峰峡栲树次生林群落物种多样性及其优势种群生态位的影响[J]. 生态学报，2016，36（23）：7678-7688.
[281]何松. 嘉陵江中下游河岸植被及植物多样性研究[D]. 重庆：西南大学，2019.
[282]何亚平，刘建全. 植物繁育系统研究的最新进展和评述[J]. 植物生态学报，2003，（02）：151-163.
[283]侯红亚，王立海. 小兴安岭阔叶红松林物种组成及主要种群的空间分布格局[J]. 应用生态学报，2013，24（11）：3043-3049.
[284]侯嫚嫚，李晓宇，王均伟，等. 长白山针阔混交林不同演替阶段群落系统发育和功能性状结构[J]. 生态学报，2017，37（22）：7503-7513.
[285]胡刚，黎洁，覃盈盈，胡宝清，刘熊，张忠华. 广西北仑河口红树植物种群结构与动态特征[J]. 生态学报，2018，38（9）：3022-3034.
[286]胡适宜. 被子植物生殖生物学[M]. 北京：高等教育出版社，2005

[287]胡艳波，惠刚盈，戚继忠等. 吉林蛟河天然红松阔叶林的空间结构分析[J]. 林业科学研究，2003，16（5）：523-530.

[288]胡艳波，惠刚盈. 基于相邻木关系的林木密集程度表达方式研究[J]. 北京林业大学学报，2015，37（9）：1-8.

[289]胡玉佳，王寿松. 海南岛热带雨林优势种-青梅种群增长的矩阵模型[J]. 生态学报，1988，8（2）：10-16

[290]黄甫昭，王斌，丁涛，等. 弄岗北热带喀斯特季节性雨林群丛数量分类及与环境的关系[J]. 生物多样性，2014，22（2）：157-166.

[291]黄建贝，胡庭兴，吴张磊，等. 核桃凋落叶分解对小麦生长及生理特性的影响[J]. 生态学报，2014，34（23）：6855-6863.

[292]黄良美，黄玉源，黎桦，李建龙，王佳卓. 南宁市植物群落结构特征与局地小气候效应关系分析[J]. 广西植物，2008，28（2）：211-217

[293]黄新峰，尤新刚，孙玲. 红松单木断面积生长模型[J]. 西北林学院学报，2011，26（3）：143-146.

[294]黄治昊，周鑫，张孝然，等. 我国大陆黄檗潜在分布区及分布适宜性评价[J]. 生态学报，2018，38（20）：7469-7476.

[295]惠刚盈，Gadow，KV，胡艳波等. 结构化森林经营[M]. 北京：中国林业出版社，2007.

[296]惠刚盈，Klaus von G，Matthias A. 一个新的林分空间结构参数——大小比数[J]. 林业科学研究，1999，1：4-9.

[297]惠刚盈，胡艳波. 角尺度在林分空间结构调整中的应用[J]. 林业资源管理，2006，2：31-35.

[298]惠刚盈，克劳斯·冯佳多. 森林空间结构量化方法[M]. 北京：中国科学技术出版社，2003.

[299]惠刚盈，李丽，赵中华，等. 林木空间分布格局分析方法[J]. 生态学报，2007，27（17）：4717-4728.

[300]贾翔，马芳芳，周旺明，等. 气候变化对阔叶红松林潜在地理分布区的影响[J]. 生态学报，2017，37（02）：464-473.

[301]江蓝，何中声，刘金福，冯雪萍，刘艳会，陈文伟. 戴云山黄山松种群径级结构的海拔分布格局[J]. 福建农林大学学报（自然科学版），2019，48（05）：585-590.

[302]蒋晓轩. 基于系统发育及功能性状的高寒草甸不同弃耕地植物群落构建研究[D]. 兰州：西北师范大学，2020.

[303]蒋有绪. 世界森林生态系统结构与功能的研究综述[J]. 林业科学研究，1995，8（3）：314-32
[304]康冰，王得祥，崔宏安，迪玮峙，杜焰玲. 秦岭山地油松群落更新特征及影响因子[J]. 应用生态学报，2011，22（07）：1659-1667.
[305]康华靖，陈子林，刘鹏，张志祥，周钮鸿. 大盘山香果树（*Emmenopterys henryi*）种内及其与常见伴生种之间的竞争关系[J]. 生态学报，2008，28（7）：3456-3463.
[306]柯碧英，周春燕，李金英，潘坚，周鹏. 珍贵物种顶果木种子休眠及解除方法研究[J]. 种子，2020，39（02）：139-143.
[307]孔昭宸，刘长江，王祺，等. 中国北方朴属（Celtis）植物遗存的发现与研究[J]. 东方考古，2014，（00）：332-342+550-551.
[308]赖江山，米湘成，任海保，马克平. 基于多元回归树的常绿阔叶林群丛数量分类——以古田山 24 公顷森林样地为例[J]. 植物生态学报，2010，34（7）：761-769.
[309]李登武，张文辉，任争争. 黄土沟壑区狼牙刺群落优势种群生态位研究[J]. 应用生态学报，2005，16（12）：2231-2235.
[310]李海燕，张午曲，李宏博. 朝鲜白头翁开花与繁育特性研究[J].时珍国医国药，2020，31（04）：942-944.
[311]李蒙，严邦祥，赵昌高，徐洪峰，李少欣，伊贤贵，王贤荣. 大仰山高山湿地山樱花种群数量结构特征[J]. 南京林业大学学报（自然科学版），2013，37（5）：40-44.
[312]李蒙，伊贤贵，王华辰，商韬，顾宇，王贤荣. 山樱花地理分布与水热环境因子的关系[J]. 南京林业大学学报（自然科学版），2014，38（S1）：74-80.
[313]李蒙. 山樱花高海拔居群生态学特征及组织培养[J]. 南京：南京林业大学，2013.
[314]李瑞霞，闵建刚，彭婷婷，刘娜，郝俊鹏，王东，关庆伟. 间伐对马尾松人工林植被物种多样性的影响[J]. 西北农林科技大学学报（自然科学版），2013，41（03）：61-68.
[315]李帅杰，蔡秀珍. 湖南报春苣苔的花部特征及其繁育系统研究[J]. 园艺学报，2020，47（03）：492-502.
[316]李志军，刘国成. 软枣猕猴桃大小孢子发育过程的细胞形态学观察[J]. 林业科学，2016，52（07）：158-164.
[317]廖宝文，李玫，郑松发，陈玉军，钟才荣，黄仲琪. 海南岛东寨港几种红

树植物种间生态位研究[J]. 应用生态学报，2005，03：403-407.

[318]林大影，鲜冬娅，邢韶华，等. 北京雾灵山自然保护区核桃楸群落的优势种种间联结分析[J]. 北京林业大学学报，2008，05：154-158.

[319]林建勇，李俊福，何应明，唐复呈，李娟，梁瑞龙. 人为干扰（采集）对闽楠群落优势种群生态位的影响[J]. 广西林业科学，2020，49(01)：60-65.

[320]刘贵鹏. 不同处理对野生杏种子休眠及萌发的影响[J]. 防护林科技，2018，07：24-25.

[321]刘华，雷瑞德. 我国森林生态系统碳贮量和碳平衡的研究方法及进展[J]. 西北植物学报，2005，25（4）：835-843.

[322]刘明. 徂徕山木本植物资源调查与评价[D]. 泰安：山东农业大学，2019.

[323]刘润红，姜勇，常斌，李娇凤，荣春艳，梁士楚，杨瑞岸，刘星童，曾惠帆，苏秀丽，袁海莹，傅桂焕，吴燕慧. 漓江河岸带枫杨群落主要木本植物种间联结与相关分析[J]. 生态学报，2018，38（19）：6881-6893.

[324]刘润红，涂洪润，李娇凤，梁士楚，姜勇，荣春艳，李月娟. 桂林岩溶石山青冈群落数量分类与排序[J]. 生态学报，2019，39（22）：8595-8605.

[325]刘晓，丛静，卢慧，蒋军，李广良，宿秀江，王秀磊，李迪强，张于光. 典型阔叶林的物种多样性分布和环境解释[J]. 生态科学，2016，35（04）：125-133.

[326]刘晓莉. 14个樱花品种观赏性状综合评价和樱花园林应用研究[D]. 临安：浙江农林大学，2012.

[327]娄安如，刘文华. 燕山山脉植物群落的间接梯度分析与数量分类[J]. 北京师范大学学报（自然科学版），2001，03：391-395.

[328]卢杰，郭其强，郑维列，徐阿生. 藏东南高山松种群结构及动态特征[J]. 林业科学，2013，49（8）：154-160.

[329]卢炜丽. 重庆四面山植物群落结构及物种多样性研究[D]. 北京林业大学，2009.

[330]陆贵巧，林青，贾旭光. 樱花荫棚嫩枝扦插试验简报[J]. 河北林业科技，1998（01）：3-5.

[331]陆龙龙. 长白山林区阔叶红松林不同演替阶段群落结构特征研究[D]. 北华大学，2019.

[332]吕亚，王愣，马志亮，杨焱，李海泉，张祖兵. 狭瓣辣木的开花动态及花粉活力和柱头可授性[J]. 2019，http://kns.cnki.net/kcms/detail/46.1068.S.20190417.1445.027.html[2020-04-18].

[333] 吕月良，施季森，陈璋，刘初钿，刘训仁. 福建山樱花群落学特征研究[J]. 福建林业科技，2006，33（2）：29-33.
[334] 马红叶，潘学军，张文娥，等. 不同条件下核桃青皮腐解物对土壤肥力的影响[J]. 西北农林科技大学学报（自然科学版），2016，44（12）：88-98+106.
[335] 马克平. 生物群落多样性的测度方法 I α 多样性的测度方法（上）[J]. 生物多样性，1994，03：162-168.
[336] 马艳华，宋瑜，郑健，郭守华. 白腊种子萌发最适条件的研究[J]. 种子，2008，27（12）：94-97.
[337] 苗艳明，刘任涛，毕润成. 山西霍山油松种群结构和动态研究[J]. 植物科学学报，2008，26（3）：288-293.
[338] 牛旭亚. 中更新世以来苏北盆地XH-2孔的古植被与古气候研究[D]. 南京：南京师范大学，2013.
[339] 祁小旭，王红岩，林峰，张思宇，王慧，皇甫超河，杨殿林. 黄顶菊对入侵地群落动态及植物生长生理特征的影响[J]. 生态学报，2019，39（12）：4463-4477.
[340] 秦彦杰，王洋，阎秀峰. 中国黄檗资源现状及可持续利用对策[J]. 中草药，2006，（07）：1104-1107.
[341] 曲仲湘. 植物生态学[M]. 北京：高等教育出版社，1983：152-157.
[342] 任丽华，邹桂霞，李凤鸣. 辽西油松林下幼树分布规律及其天然更新研究[J]. 防护林科技，2010（01）：11-13+35.
[343] 阮丽丽，高亦珂，刘玮，杨占辉，史言妍，张启翔. 糖果鸢尾花粉活力和柱头可授性研究[J].西北农业学报，2017，26（09）：1379-1384.
[344] 邵芳丽，余新晓，宋思铭，等. 天然杨-桦次生林空间结构特征[J].应用生态学报，2011，22（11）：2792-2798.
[345] 沈文清，马钦彦，刘允芬. 森林生态系统收支状况研究进展[J]. 江西农业大学学报，2006，28（2）：312-317.
[346] 沈志强，华敏，丹曲，等. 藏东南川滇高山栎种群不同生长阶段的空间格局与关联性[J]. 应用生态学报，2016，27（2）：387-394.
[347] 石艳兰，林宇环，赵元杰，刘清波，易自力，陈智勇. 二倍体芒小孢子发生及雄配子体发育研究[J]. 西北植物学报，2019，39（05）：770-775.
[348] 时玉娣. 樱属品种资源调查及分类研究[J]. 南京：南京林业大学，2007.
[349] 史春艳，申家恒，李伟. 2014.花生双受精过程及其经历时间[J]. 作物学报，40（08）：1513-1519.

[350]孙宪芝.月季（*Rosa hybrida* L.)单心皮中双胚珠现象研究[J].中国农业通报，2014，30（10）：186-189.
[351]孙小伟. 浙江天童山成熟群落与林窗干扰群落的植被分类研究[M]. 上海：华东师范大学，2018.
[352]谭金桂，吴鸿，李勇，张寿洲. 焕镛木小孢子发生及雄配子体发育研究[J]. 西北植物学报，2009，29（05）：937-944.
[353]唐丽丽，张梅，赵香林，康慕谊，刘鸿雁，高贤明，杨彤，郑璞帆，石福臣. 华北地区胡桃楸林分布规律及群落构建机制分析[J]. 植物生态学报，2019，43（09）：753-761.
[354]童鑫. 从种群遗传和群落组成的空间结构研究群落维持机制[D]. 上海：华东师范大学，2015.
[355]万媛媛，李洪远，莫训强，吕铃钥，鲍海泳，杨佳楠. 天津市临港城市湿地植物群落特征及多样性[J]. 水土保持通报，2016，36（06）：326-332.
[356]王本洋，余世孝，王永繁. 植被演替过程中种群格局动态的分形分析[J]. 植物生态学报，2006，30（6）：924-930.
[357]王进，艾训儒，朱江，刘松柏. 木林子保护区优势种翅柃种群结构与空间分布格局[J]. 西北植物学报，2019，39（11）：2053-2063.
[358]王连军，杨庆华，高伟祥，宋昌梅. 海滨木槿的繁育系统及传粉生物学特征[J]. 甘肃农业大学学报，2020，55（03）：127-133.
[359]王琳，郑育桃，伍艳芳，等. 气象因子对芳香植物始花期的影响[J]. 经济林研究，2017，35（02）：194-199.
[360]王天罡. 天津八仙山自然保护区植物多样性及其保护研究[D]. 北京：北京林业大学，2007.
[361]王喜龙，土艳丽，文雪梅，朱荣杰，段元文. 藏东南兰科植物多样性及其沿海拔梯度的分布格局[J]. 中南林业科技大学学报，2018，38（12）：45-51.
[362]王效科，白艳莹，欧阳志云，等. 全球碳循环中的失汇及其形成原因[J]. 生态学报，2002，22（1）：94-103.
[363]王政权，吴巩胜，王军邦. 利用竞争指数评价水曲柳落叶松种内种间空间竞争关系[J].应用生态学报，2000，11（5）：641-645.
[364]王志梅. 欧李种子休眠发生与解除的研究[D]. 晋中：山西农业大学，2014
[365]尉文，闫琰，刘晓云，张硕新.太白山锐齿栎林群落结构特征[J/OL].应用生态学报：1-11[2020-05-31]. https://doi.org/10.13287/j.1001-9332.202006.003.

[366] 巫志龙，周成军，等. 杉阔混交人工林林分空间结构分析[J].林业科学研究，2013，26（05）：609-615.

[367] 吴国伟，翟连荣，李典谟，兰仲雄. 棉花生长发育模拟模型的研究[J]. 生态学报，1988，8（3）：9-18.

[368] 吴联杯，施晓春，邹丽娜，刘丹萍，李剑飞，郑德祥. 安溪云中山南岭栲径级结构与种间关联性研究[J]. 西南林业大学学报（自然科学），2018，38（05）：116-123.

[369] 吴征镒，孙航，周浙昆，等. 中国种子植物区系地理[M]. 北京：科学出版社，2011.

[370] 吴征镒，王荷生. 中国自然地理——植物地理[M]. 北京：科学出版社，1983.

[371] 吴征镒，周浙昆，李德铢，等. 世界种子植物科的分布区类型系统[J]. 云南植物研究，2003，25：245-257.

[372] 吴征镒. 中国植被[M]. 北京：科学出版社，1995.

[373] 吴征镒. 中国种子植物属的分布区类型[J]. 云南植物研究，1991，13：1-139.

[374] 胥耀平. 植物相邻关系中的化感作用研究[D]. 杨凌：西北农林科技大学，2006.

[375] 徐华鑫，张启良，张聪. 天津蓟县八仙山自然保护区的特点与功能. 自然资源，1994，02：74-78.

[376] 徐涛，王跃华，司马永康，杜寿辉，何素瑞，程晨. 厚皮香小孢子与花药的发育及其比较胚胎学特征[J]. 云南大学学报（自然科学版），2011，33（01）：96-102.

[377] 徐新良，曹明奎，李克让. 中国森林生态系统植被碳储量时空动态变化研究[J]. 地理科学进展，2007，26（6）：1-10

[378] 许小连，金荷仙，陈香波，田旗，朱木兰，陈晓亚. 濒危植物羊角槭小孢子发生与雄配子体发育研究[J]. 植物分类与资源学报，2012，34（04）：339-346.

[379] 杨洁晶，万娟娟，娜丽克斯，任爱天，鲁为华. 28 种植物种子形态学性状及其萌发对绵羊瘤胃消化的反应[J]. 草业学报，2015，24（02）：104-115.

[380] 杨巨仙. 薄壳山核桃等三种植物叶片水浸液对茶树的化感作用研究[D]. 南京：南京林业大学，2016.

[381] 杨磊. 新疆野苹果生殖生物学特性研究[D]. 乌鲁木齐：新疆农业大学，2008.

[382] 杨玲玲. 山薯胚胎发育和种子萌发的研究[D]. 海口：海南大学，2015

[383]杨倩，李宁云，陈丽，李杰，闫凯，赵子娇. 大山包湿地植被群落数量分类及主要种生态位特征研究[J]. 西部林业科学，2020，49（02）：36-42.
[384]杨艳锋，郑小贤，梁雨，刘姗. 北京八达岭林场元宝枫人工林林分结构研究[J]. 林业资源管理，2008，2：57-60.
[385]于贵瑞，李海涛，王绍强. 全球变化与陆地生态系统碳循环和碳蓄积（Global Change，Carbon Cycle and Storage in Terrestrial Ecosystem）[M]. 北京：气象出版社，2003.
[386]于梦凡. 植物群丛的数量分类方法及对比研究[D]. 北京：北京林业大学，2014.
[387]喻泓，杨晓晖，慈龙骏.内蒙古呼伦贝尔沙地不同樟子松林竞争强度的比较[J]. 应用生态学报，2009，20（2）：250-255
[388]袁娟. 大花紫薇生殖生物学研究[D]. 南宁：广西大学，2017.
[389]岳明，周虹霞. 太白山北坡落叶阔叶林物种多样性特征[J]. 云南植物研究，1997，19（2）：171-176.
[390]占玉芳，马力，李小燕，等.黑河流域（张掖段）湿地植物群落优势种群生态位[J]. 东北林业大学学报，2012，40（10）：61-66.
[391]张池，黄忠良，李炯，等. 黄果厚壳桂种内与种间竞争的数量关系[J]. 应用生态学报，2006，17（1）：22-26.
[392]张大爱，杜莹，钱一萍，赵绪明，高金锋，王鹏科，高小丽，杨璞，冯佰利. 甜荞结实性及授粉受精过程中花粉管的生长动态[J]. 西北农林科技大学学报（自然科学版），2015，43（08）：103-108.
[393]张大勇，姜新华. 植物交配系统的进化、资源分配对策与遗传多样性[J]. 植物生态学报，2001，02：130-143.
[394]张佳，李生宇，靳正忠，雷加强. 防护林下草本植物层片物种多样性与环境因子的关系[J]. 干旱区研究，2011，28（01）：118-125.
[395]张佳鑫. 基于叶片功能性状的群落构建机制研究[D]. 武汉：中国科学院大学（中国科学院武汉植物园），2020.
[396]张建宇，王文杰，杜红居，仲召亮，肖路，周伟，张波，王洪元. 大兴安岭呼中地区 3 种林分的群落特征、物种多样性差异及其耦合关系[J]. 生态学报，2018，38（13）：4684-4693.
[397]张金龙，马克平. 种间联接和生态位重叠的计算：SPAA 程序包，马克平编[M]. 中国生物多样性保护与研究进展，北京：气象出版社，2014：165-173.

[398]张金屯，柴宝峰，邱扬，陈廷贵. 晋西吕梁山严村流域撂荒地植物群落演替中的物种多样性变化[J]. 生物多样性，2000，8（4）：378-384.
[399]张金屯. 数量生态学第 2 版[M]. 科学出版社，2011.
[400]张琦. 甜樱桃花粉长期贮存中温度及花药形态对其活力影响的研究[D]. 杨凌：西北农林科技大学，2018.
[401]张群. 天然次生林下人工更新红松幼树生长环境的研究[D]. 北京：中国林业科学研究院，2003.
[402]张荣，刘彤. 古尔班通古特沙漠南部植物多样性及群落分类. 生态学报，2012，32（19）：6056-6066.
[403]张树斌. 中国东北地区落叶松林群落分类及分布的研究[D]. 北京林业大学，2019.
[404]张田田，王璇，任海保，余建平，金毅，钱海源，宋小友，马克平，于明坚. 浙江古田山次生与老龄常绿阔叶林群落特征的比较[J]. 生物多样性，2019，27（10）：1069-1080.
[405]张维伟，薛文艳，杨斌，赵忠. 桥山栎林群落结构特征与物种多样性相关关系分析[J]. 生态学报，2019，39（11）：3991-4001.
[406]张文静 张钦弟，王晶，冯飞，毕润成. 多元回归树与双向指示种分析在群落分类中的应用比较[J]. 植物生态学报，2015，39（6）：586-592.
[407]张学龙，马钰，赵维俊，等. 祁连山青海云杉种群种内竞争分析[J]. 干旱区研究，2013，30（2）：242-247.
[408]张雪. 马哈利樱桃的胚胎学研究[D]. 杨凌：西北农林科技大学，2014.
[409]张永胜，王非，许明洋. 野生大花铁线莲花部特征及繁育系统[J]. 东北林业大学学报，2019，47（05）：9-13.
[410]赵德华，李建龙，齐家国，等. 陆地生态系统碳平衡主要研究方法评述[J]. 生态学报，2006，26（8）：2655-2662.
[411]赵晓光. 打破山桃种子休眠方法的研究[J]. 种子，2005，05：62-66.
[412]中国科学院中国植物志编辑委员会. 中国植物志[M]. 北京：科学出版社，1993.
[413]钟娇娇，陈杰，陈倩，姬柳婷，康冰. 秦岭山地天然次生林群落 MRT 数量分类、CCA 排序及多样性垂直格局[J]. 生态学报，2019，39（1）：277-285.
[414]周瑾婷. 华东黄山山脉、天目山脉植物多样性及群落特征研究[D]. 杭州：浙江大学，2019.

迎红杜鹃 *Rhododendron mucronulatum*

照山白 *Rhododendron micranthum*

山樱花　*Cerasus serrulata*

紫椴　*Tilia amurensis*

葛萝槭　*Acer grosseri*

鹅耳枥　*Carpinus turczaninowii*

苦木　*Picrasma quassioides*

白桦　*Betula platyphylla*

黑桦　*Betula dahurica*

鹿药　*Similacina japonica*

黄花油点草　*Tricyrtis maculata*

大叶铁线莲　*Clematis heracleifolia*

桔梗　*Platycodon grandiflorus*

黄精　*Polygonatum sibiricum*

穿龙薯蓣　*Dioscorea nipponica*

软枣猕猴桃 *Actinidia arguta*

东北土当归 *Aralia continentalis*

大花溲疏 *Deutzia grandiflora*

蚂蚱腿子 *Myripnois dioica*

独根草 *Oresitrophe rupifraga*